U0387618

教育部高等学校电子信息类专业教学指导委员会规划教材
高等学校电子信息类专业系列教材·新形态教材

嵌入式Linux操作系统

基于ARM处理器的移植、驱动、GUI及应用设计

微课视频版

李建祥　瞿苏　编著

清华大学出版社

北京

内 容 简 介

　　本书系统论述了 ARM 嵌入式 Linux 应用开发的全过程,内容包括：宿主机开发环境搭建与配置,常用开发工具的安装与使用,嵌入式编程基础知识以及 ARM 处理器常用命令与 ATPCS 规则等；嵌入式 C 语言编程基础知识,常用硬件部件的使用与编程方法；自定义交叉工具链制作、U-Boot、Linux 内核的分析、配置与移植,rootfs 根文件系统的构造；内核调试与硬件驱动程序编写及移植(I2C、Flash、网络、USB、SD 卡、LCD、ADC 等)；基于设备树的 Linux 5.8.1 的系统移植(设备树基础知识、基于设备树的中断子系统、pinctrl/gpio 子系统)；基于 Qt 5.12 的嵌入式应用程序开发(从编译环境配置到源码编译、移植、tslib 移植等)和 Qt Quick 应用软件开发。

　　由于篇幅有限,嵌入式编程基础知识、NAND Flash 控制器、LCD 控制器、ADC 和触摸屏接口、I2C 总线接口、Linux 驱动程序移植、设备树与内核异常处理机制等内容以电子资源(PDF)提供,详见本书配套资源补充资料。同时本书还提供了微课视频、工程文件、电子教案、教学大纲、教学课件等供读者学习使用,获取方式详见前言。

　　本书由浅入深,循序渐进,既可作为高等院校相关专业嵌入式系统开发的教材,也可供嵌入式 Linux 的初学者和广大嵌入式系统开发人员参考。

图书在版编目(CIP)数据

　　嵌入式 Linux 操作系统：基于 ARM 处理器的移植、驱动、GUI 及应用设计：微课视频版/李建祥,瞿苏编著.—北京：清华大学出版社,2022.8(2023.2重印)

　　高等学校电子信息类专业系列教材·新形态教材

　　ISBN 978-7-302-61206-3

　　Ⅰ.①嵌… Ⅱ.①李… ②瞿… Ⅲ.①Linux 操作系统 Ⅳ.①TP316.85

　　中国版本图书馆 CIP 数据核字(2022)第 119808 号

责任编辑：刘　星
封面设计：刘　键
责任校对：李建庄
责任印制：宋　林

出版发行：清华大学出版社
　　　　　网　　　址：http://www.tup.com.cn,http://www.wqbook.com
　　　　　地　　　址：北京清华大学学研大厦 A 座　　　邮　　　编：100084
　　　　　社 总 机：010-83470000　　　邮　　　购：010-62786544
　　　　　投稿与读者服务：010-62776969,c-service@tup.tsinghua.edu.cn
　　　　　质量反馈：010-62772015,zhiliang@tup.tsinghua.edu.cn
　　　　　课件下载：http://www.tup.com.cn,010-83470236
印 装 者：三河市铭诚印务有限公司
经　　　销：全国新华书店
开　　　本：185mm×260mm　　　印　　张：19　　　　　　　字　　　数：488 千字
版　　　次：2022 年 10 月第 1 版　　　　　　　　　　　印　　　次：2023 年 2 月第 2 次印刷
印　　　数：1501～3000
定　　　价：69.00 元

产品编号：092721-01

前言

一、为什么要写本书

在科技高速发展的今天,各种技术的发展都是日新月异的。短短十多年的时间,芯片从单核发展到双核,再到多核,我国嵌入式操作系统也从无到有(华为鸿蒙操作系统用户数量已超2亿)。如今我国的智能制造、人工智能、数字强国在神州大地落地生根、开花结果,随之而来对专业技术人员的需求也呈爆发式增长,嵌入式系统行业也在其列。智慧城市、智慧工厂、自动驾驶、智慧医疗等热门的领域都离不开嵌入式系统,可以说我们工作与生活的方方面面都与嵌入式系统息息相关。

虽然编者从事嵌入式系统设计开发已经有很多年了,在 CSDN 等技术博客上撰写了很多文章,但想写好一本嵌入式系统开发相关的技术书籍,在编者看来依然是一个庞大的工程,其难度并不亚于设计一款好的嵌入式系统。如今,嵌入式系统行业已经走到风口浪尖上,很多同行、博友都建议编者全面介绍嵌入式系统开发的内容,而现在,读者手中捧着的这本书,就是这部系统介绍嵌入式系统应用开发的书籍。真诚地希望读者可以用心去阅读这本书,因为每多掌握一份知识,就会多一份喜悦。

二、内容特色

本书具有可读性和实用性,许多实例都经过精心的考虑,既能帮助理解知识,又具有启发性。书中还特别增加了基于 Linux 5.8.1 的设备树知识,以及 Qt 5.12 的嵌入式应用程序开发。

1. 循序渐进,由浅入深

涵盖了 ARM 嵌入式 Linux 应用开发的全过程,从如何入手嵌入式系统开发到上层应用程序开发的方方面面。

2. 完整系统,即学即用

首先介绍 ARM 裸机开发(含软硬件知识),随后对嵌入式操作系统开发方法进行介绍,最后介绍基于 Qt 平台的嵌入式应用软件开发知识。

3. 例程丰富,注释翔实

本书许多章节后面都有实验,书中给出了丰富的实验代码,代码后面附有详细的分析注释,这些代码都在开发板上进行了验证。

4. 配套资源,超值服务

- 工程文件(约 1.2GB)、电子教案、教学大纲、教学课件(PPT)等资料,可以扫描下方二维码下载,也可以到清华大学出版社网站本书页面下载。
- 超值补充资源:除书稿内容外,嵌入式编程基础知识、NAND Flash 控制器、LCD 控制器、ADC 和触摸屏接口、I2C 总线接口、Linux 驱动程序移植、设备树与内核异常处理机制等内容以电子资源(PDF)提供,详见配套资源补充资料。
- 微课视频(43 集,共 450 分钟),请扫描本书各章节中对应位置的二维码观看。

- 关注编者的微信公众号（见配套资源），可以获得更多嵌入式系统开发等学习资源，亦可与编者互动交流。

配套资源

三、内容结构

全书分四篇，共 15 章。

第一篇（第 1～3 章）着重介绍嵌入式 Linux 系统开发前的准备。第 1 章介绍嵌入式系统基础知识；第 2～3 章介绍嵌入式开发环境使用，常用开发工具的使用，嵌入式开发交叉工具链的使用，Linux 操作系统的基本使用方法与设置，常用 Shell 脚本的使用，目标板烧写脚本制作等内容。

第二篇（第 4～9 章）着重介绍硬件部件的使用与编程。第 4 章主要介绍 ARM 平台相关的知识，为后续部件编程打下基础；第 5～9 章讲述 GPIO、UART 编程，中断体系结构原理与编程控制，系统时钟与定时器的使用，DDR2 存储器及 NAND Flash 控制器的使用，LCD 控制器与触摸屏的原理与操控方法，ADC 转换、I2C 总线控制器使用等。

第三篇（第 10～13 章）为嵌入式操作系统的构建。第 10～12 章着重介绍基于 ARMv7 处理器的 Bootloader 系统引导程序（U-Boot）的源码分析、移植方法等，嵌入式 Linux 系统的源码分析、工作原理与系统移植的方法，根文件系统的原理、源码结构与系统构建等；第 13 章介绍 Linux 下设备驱动的开发与移植，以及基于 Linux 5.8.1 介绍设备树相关内容。

第四篇（第 14～15 章）为嵌入式系统用户交互系统的开发。第 14 章主要罗列了 Linux 下常见的应用程序开发，基于 Qt 5.12 的环境搭建、配置、源码移植等；第 15 章介绍了 Qt 应用程序开发、Qt Quick、QML 与 C++混合编程、项目演练等内容。

四、致谢

本书由李建祥和瞿苏共同编写，李建祥负责全书统稿。在此，要特别感谢瞿苏老师的鼎力相助，使整本书的知识体系更加完整。另外，仇善梁、丁传伟两位领导对本书写作提供了大力支持，在此表示感谢。本书从写作到出版曾得到张爱明、秦柯、陈浩的指导，他们对本书做了内容建议、勘误检查、代码纠错的工作，并对我个人给予了大力支持，在此一并表示感谢。

限于编者的水平和经验，加之时间比较仓促，书中疏漏或者错误之处在所难免，敬请读者批评指正，联系邮箱见配套资源。

李建祥

2022 年 6 月

C ONTENTS

目 录

第三篇 欲穷千里目，更上一层楼

第四篇　万事俱备，只欠东风

第一篇

工欲善其事，必先利其器

嵌入式系统由硬件与软件两部分组成，而软件又可分为系统软件层与应用软件层。在日常生活中，小到运动手环，大到航空航天领域，以及 5G 万物互联时代的应用，它们都与嵌入式系统息息相关，所以越来越多的人开始学习嵌入式系统开发，而在做开发前，必须要做一些准备工作，磨刀不误砍柴工。

第1章

嵌入式系统概述

本章学习目标
- 了解嵌入式系统概念、特点及发展历史；
- 了解 ARM 处理器的发展历程；
- 了解常用的嵌入式操作系统。

视频讲解

1.1 嵌入式系统基础知识

1.1.1 嵌入式系统简介

从 20 世纪 70 年代单片机的出现到各式各样的嵌入式微处理器、微控制器的大规模应用，嵌入式系统已经有了 50 多年的发展历史。如今嵌入式系统已经应用到科研、工业设计、军事以及人们日常生活的方方面面。表 1-1 列举了嵌入式系统应用的部分领域。

表 1-1 嵌入式系统应用领域举例

领 域	举 例
工业控制	能源系统、汽车电子、工控设备、智能仪表等
信息家电	通信设备、智能家居、智能玩具、家用电器等
交通管理	车辆导航、信息监测、安全监控等
航空航天	飞行设备、卫星等
国防军事	军用电子设备等
环境工程与自然	水源和空气质量监测、地震监测等

根据电子和电气工程师协会(IEEE)的定义，嵌入式系统是用于控制、监视或辅助操作机器和设备的装置，是一种专用的计算机系统。这是从嵌入式系统的应用领域来定义的。

另外，国内普遍认同的嵌入式系统定义：嵌入式系统是以应用为中心，以计算机技术为基础，软、硬件可裁剪，适应应用系统对功能、可靠性、成本、体积、功耗等严格要求的专用计算机系统。

1.1.2 嵌入式系统的特点

从嵌入式系统的概念和应用场景，可以看出嵌入式系统有如下几个重要特征。

1. 软、硬件可裁剪，量身定制

日常用的个人计算机，同一个操作系统适用于所有的硬件环境，反之亦然。而嵌入式系统为了实现低成本、高性能，通常软、硬件的种类繁多、功能各异、系统不具备通用性，通常都是一套硬件配一套操作系统，比较有针对性。这些特征就决定了嵌入式系统在设计时需要精心设计、量身定做、去除冗余。

2. 体积小、低成本、低功耗、高可靠性、高稳定性

由于嵌入式系统应用领域广泛,这也就决定了它要适应不同的环境,比如高温、寒冷、长时间不间断运作等,所以在设计嵌入式系统软、硬件时就需要格外谨慎,使其具有低功耗、高可靠性、高稳定性等性能。

另外对嵌入式产品的外形体积、成本也有很高的要求,以使其可以镶嵌到主体设备之中,或者方便人们随身携带等。

3. 实时性、交互性强

很多嵌入式系统都有实时性的要求,在特定的空间或时间内,及时作出处理,比如温度监控系统等。这就要求其软件要固态存储,以提高速度,而且对软件代码的质量和可靠性也有较高要求。

除了实时性,嵌入式系统在很多时候需要人机交互,比如人们用键盘、鼠标操控嵌入式系统,这就要求嵌入式系统在设计时必须考虑其灵活方便性。

4. 对开发环境、开发人员的要求高

开发不同的嵌入式系统需要不同的开发环境,通常称之为交叉开发环境。比如,做 ARM 嵌入式开发,就要有适合 ARM 架构的编译环境;做 MIPS 开发,就要有适合 MIPS 架构的编译环境。

另外,嵌入式系统不是一门独立的学科,它是将计算机技术、半导体技术、电子技术、软件技术以及各行各业的应用结合于一体的产物。这就要求开发人员必须是复合型人才,对这些技术都要有所了解才行。

1.1.3　嵌入式系统的发展历史

在过去 50 多年的发展中,嵌入式系统主要经历了以下几个发展阶段。

1. SCM(Single Chip Microcomputer)阶段

SCM 中文名称是单片微型计算机,简称单片机。这一阶段系统的特点是芯片结构和功能都比较单一、存储容量较小、速率较低,几乎没有人机交互接口。嵌入式系统也只是一些可编程控制器形式的嵌入式系统,这类系统大部分应用于一些专业性强的工业控制系统中,通常都没有操作系统的支持,软件都通过汇编编写。这一阶段的单片机有 Intel 公司的 8048,也是最早的单片机,1976 年 Motorola 也推出了 68HC05 单片机,之后还有很多厂家也陆续研发出了自己公司的单片机产品。

随着大规模集成电路的出现和发展,以及通用计算机的性能不断提升,单片机式的嵌入式系统也随之发展了起来,这就是下一代嵌入式系统。

2. MCU(Micro Controller Unit)阶段

这一阶段的嵌入式系统是以嵌入式 CPU 为主、以简单操作系统为核心,其中比较著名的有 Ready System 公司的 VRTX。其主要特点是:采用占先式调度,响应时间短,开销小,效率高;操作系统具有简单、可裁剪、可扩充和可移植性;较强的实时性和可靠性,适合嵌入式应用;软件较专业化,用户界面不够友好等。

现在 MCU 的种类更多了,大家耳熟能详的 STM32,其功能比较完善,可以应用在很多微控制系统上。

3. SoC(System on a Chip)阶段

随着设计与制造工艺的发展,集成电路设计从晶体管时代发展到逻辑门时代,到 20 世纪90 年代,又出现了 IP(Intellectual Property)集成,这方面做得非常成功的有 ARM、Intel 等公司,满足了嵌入式片上系统(SoC)发展的需求。SoC 追求系统的最大集成,其最大的特点是成功实现了软、硬件无缝结合。这一阶段的嵌入式操作系统能运行于各种不同类型的微处理器上，兼容性好；操作系统具有高度的模块化和可扩展性，同时具备了文件管理的功能，支持多任务处理，支持网络功能，具备友好的用户界面；操作系统提供大量应用接口 API，使得应用开发变得简单，从而促进了嵌入式应用软件的发展。

在 SoC 阶段，软件的开发相比单片机阶段也来得容易。在单片机阶段，通常是直接操控硬件，编程逻辑通常是用一个死循环轮询处理各种事件。而在 SoC 阶段，软件都是在操作系统上面运行，不需要直接操控硬件，而操作硬件交由驱动程序去完成。

本书用到的 S5PV210 就属于 SoC，它基于 Cortex-A8，集成了处理器、存储控制器、NAND Flash 控制器以及用于复杂算法的 NEON 模块等。关于 S5PV210 在后面章节再详细介绍。

1.1.4　嵌入式系统的组成

一个完整的嵌入式系统必定是由硬件与软件两部分组成，其中硬件是基础，软件是灵魂。图 1-1 简单描述了嵌入式系统两大组成部分之间的关系。

1. 嵌入式系统的硬件组成

嵌入式系统的硬件可以简单地分为嵌入式处理器和外围设备。实际上，由于高度集成技术的迅速发展，很多处理器中都集成了丰富的资源，比如时钟电路、电源控制管理电路、多媒体编解码电路、存储器等。可以把操作系统和应用程序存放在存储器中，而且掉电也不会丢失。

各种外围设备丰富了嵌入式系统的功能，它们可以用于存储、显示、通信、调试等不同用途。目前常用的有存储设备（如 RAM、Flash 等）、通信外设（如 RS-232、RS-485 接口，以太网接口，I2C 接口，USB 接口等）和显示设备（如显示屏）。

2. 嵌入式系统的软件组成

嵌入式系统的软件分为不同的层次，每一层次具有不同的功能、不同的开发方法，难易程度也都不一样，但层与层之间又是相互联系的。嵌入式系统软件层次结构如图 1-2 所示。

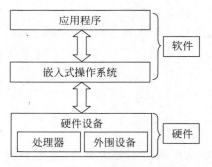

图 1-1　嵌入式系统组成部分

图 1-2　嵌入式系统软件层次结构

从上面对嵌入式系统的介绍知道，嵌入式系统的硬件通常都是可以定制的，这就决定了对于不同的硬件需要有相应的驱动去支持，也就是说驱动软件的开发都是相对于硬件而言的。另外，对于带有操作系统的嵌入式系统，不同的系统又有不同的驱动结构，在此系统上做驱动开发必须遵循其结构规则。处在最顶层的是应用层，比如常见的功能软件、游戏等，它们的开发离不开具体的操作系统和操作系统扩展出来的 API 接口，其中有通用的、操作系统自带的接口，比如图形接口、C 库函数等，也有一些接口是用户定义的，通常是针对特定的功能而定制的 API 接口。

1.1.5 嵌入式操作系统简介

嵌入式操作系统种类很多,简单可分为开源与非开源两大类。所谓开源就是操作系统源代码可以免费从其官方下载获得,用于学习、研究,如果用于商业,只要遵守它们相关的协议就可以。这种类型的操作系统,从长远来看,必定是未来发展的一个趋势。对于非开源,不用多讲,它是要花钱购买的,而且代码不完全公开。下面就从这两个方面简单介绍几种常用操作系统。

1. 开源操作系统

日常见得比较多的有 freeRTOS、freeBSD、freeDOS、Minix、Linux 等,其中 freeRTOS 虽然很流行,也有多线程的概念,但不能算是操作系统,只是为了方便在单片机上做程序开发。freeBSD、freeDOS、Minix 都是很老的操作系统了,现在用得很少。目前比较流行的开源操作系统就是 Linux 系统,无论是桌面开源操作系统,还是嵌入式开源操作系统,几乎都是基于 Linux 而生的。嵌入式 Linux(Embedded Linux)操作系统与标准 Linux 一样,它是对标准 Linux 进行裁剪,同时改善了系统的实时性、高效性,使之适用于不同的应用领域。目前很多智能手机都是基于 Linux 内核开发的,比如非常流行的 Android 系统,其内核就是 Linux;华为的鸿蒙系统其底层除支持自家的 LiteOS 外还支持 Linux。

2. 非开源操作系统

说到非开源的嵌入式操作系统,大家首先想到的肯定是微软公司的 Windows CE 嵌入式系统,它也是基于标准的 Windows 操作系统精简而来的,所以标准 Windows 操作系统上具有的很多特征,在嵌入式 Windows 系统中也存在,比如标准 Windows 上友好的图形界面,在嵌入式 Windows CE 上也同样相当出色。另外,在标准 Windows 上的开发工具(如 Visual C++、Visual Studio 2013 等)、标准 Windows 的 API 函数等,在 Windows CE 平台上同样可以使用,这大大简化了应用程序的开发。遗憾的是,目前微软不再对 Windows CE 系统提供技术支持了。为什么不提供技术支持,不用说大家也知道,现在日常生活中的嵌入式产品,比如手机、智能监控等,几乎都是以 Android 或 Linux 系统为主了。除 Windows CE 外,还有 VxWorks 操作系统,它也是一种实时操作系统(RTOS),不过专利费用比 Windows CE 还要高,这导致了其应用不是很多,功能更新滞后等。此外,用得比较多的 μC/OS,以及升级版的 μC/OS-Ⅱ、μC/OS-Ⅲ,它们也很流行,但主要应用领域还是针对单片机,与 Linux 系统在功能上相差甚远。很多人可能认为它们也是开源的,网上到处都可以下载,其实它们并不是开源的,如果 μC/OS 所属公司查到你用作商业用途,是完全可以向你收取专利费的,所以选择使用 μC/OS 时还是要小心一点,注意是否要用作商业用途。

1.1.6 嵌入式系统开发概述

由于嵌入式系统由硬件和软件两部分组成,所以嵌入式系统的开发自然也就涉及这两大块,本书重点讲解软件开发部分。嵌入式系统的整个开发过程与一般的项目开发流程类似,包括系统定义、可行性研究、需求分析、详细设计、系统集成、测试等,符合软件工程的开发流程,具体可以参考软件工程相关的书籍,本节不作重点介绍。下面主要介绍下嵌入式系统开发过程中的软件编译与调试,它们与通常的软件开发有所不同。

1. 交叉编译

嵌入式软件开发采用的编译方式为交叉编译。所谓交叉编译就是在一个平台上生成可以在另一个平台上执行的代码。一般把进行交叉编译的主机称为宿主机,也就是普通的个人计算机,而把程序实际的运行环境称为目标机,也就是嵌入式系统环境。

交叉编译的过程与普通的编译过程一样，包括编译、链接等几个阶段，每一阶段都有不同的工具，所以在做嵌入式系统开发前，要针对特定的处理器（CPU）制作交叉工具链，详细制作过程在后面再介绍。

2. 交叉调试

在嵌入式软件开发过程中对程序调试是不可避免的。嵌入式系统资源紧缺，通常很多调试软件或工具都只能在宿主机上运行或使用，通过特定的通信媒介（JTAG、网络、串口、USB等）与目标机之间建立调试通道，进而可以控制、访问被调试的进程，并且还可以改变被调试进程的运行状态。在嵌入式 Linux 系统开发中比较常用的是 Gdb 调试，这种调试要求目标操作系统加入相应的功能模块才能进行调试，比如在嵌入式 Linux 系统里安装 GdbServer，在宿主机上启动 Gdb 调试，Gdb 就会自动连到远程的通信进程（GdbServer 所在的进程），目标系统有什么异常都会被 GdbServer 进程捕获，然后再通知宿主机上的 Gdb，这样程序员就知道系统哪里发生了异常，从而找到问题（bug）所在。另外，用得比较多也是比较方便的调试技巧，就是在源码里添加串口打印信息，或者通过 GPIO 引脚点亮硬件上的 LED 指示灯来跟踪程序或系统运行情况等。

1.2　基于 ARM 架构的处理器

1.2.1　ARM 处理器概述

1. ARM 的字面含义

ARM 的英文全称为 Advanced RISC Machines，既可以认为是一个公司的名字，也可以认为是对微处理器的统称，还可以认为是一种技术的代名词。

2. ARM 的背景

第一片 ARM 处理器是 1985 年 4 月由位于英国剑桥的 Acorn Computer 公司开发出来的，ARM 公司成立于 1990 年 11 月。

ARM 成立至今主要致力于精简指令集（RISC）系列处理器的设计，ARM 公司不直接生产和销售 ARM 芯片，只专注于产品的研发设计，最终将 ARM 技术知识产权（IP）授权给芯片制造商（TI、Samsung、ST、台积电等）。

未来是万物互联的时代，物联网、人工智能、5G 这些高科技名词发展的背后都离不开芯片，而芯片中 ARM 是翘楚，目前在消费类电子产品、工业控制、人工智能等领域占有 75% 以上的市场份额，ARM 技术正在逐步渗入日常生活的各个方面。苹果公司在 2020 年推出了基于 ARM 的笔记本计算机，与此同时，Windows 10 也发布了 ARM 版本。

1.2.2　ARM 处理器的结构特点及其应用

视频讲解

视频讲解

1. ARM 处理器特点

ARM 处理器具有独特的 RISC 处理器架构，广泛应用在嵌入式系统设计中。过去，32 位的 ARM 是主流，随着技术的迭代，目前 ARM 与个人计算机（PC）的处理器一样支持 64 位，性能提升了很多倍。ARM 处理器有如下特点：

（1）小体积、低功耗、低成本、高性能。

（2）支持 Thumb（16 位）/ARM（32 位）双指令集，能很好地兼容 8 位/16 位器件（如 ARM7、ARM9、Cortex-A8 等）。

（3）在 32 位指令基础上增加 64 位操作能力，提供 A64 指令集，同时向下兼容（如 ARM

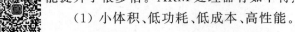

Cortex-A57 等基于 ARMv8 指令集的处理器）。

（4）大量使用寄存器，指令执行速度更快。

（5）数据操作基本都在寄存器中完成。

（6）寻址方式灵活简单，执行效率高。

（7）指令长度固定。

2. ARM 处理器体系架构

体系架构定义了指令集（ISA）和基于 ARM 体系架构下处理器的编程模型。基于相同体系架构可以有多种处理器，处理器性能不同，所面向的应用领域也就不同。

ARM 处理器在不断往前发展，目前，ARM 体系架构共定义了 8 个版本，每一个版本都可以应用于不同领域。

1）v1 架构

v1 架构的 ARM 处理器并没有实现商业化，采用的地址空间是 26 位，寻址空间是 64MB，有限的处理指令，且不支持乘法，现在已不再使用这种架构。

2）v2 架构

该架构对 v1 架构进行了扩展，例如 ARM2 和 ARM3（V2a）架构。v2 架构包含了对 32 位乘法指令和协处理器指令的支持，地址空间还是 26 位。

3）v3 架构

v3 架构对 ARM 体系架构进行了较大改动，寻址空间增至 32 位（4GB），增加了 CPSR（Current Program Status Register，当前程序状态寄存器）和 SPSR（Saved Program Status Register，备份程序状态寄存器）、两种异常模式、MRS/MSR 指令以访问 CPSR/SPSR 寄存器等。

4）v4 架构

v4 架构对 v3 进行了进一步扩充，增加了 T 变种——v4T，处理器可工作于 Thumb 状态，此状态采用 16Thumb 指令集。此架构有很多经典处理器，如 ARM7、ARM8、ARM9 和 StrongARM 都采用该架构，此架构目前在一些中低端设备上使用仍比较广泛，如工业控制、医疗、安防、智能家电、智慧城市等领域。

5）v5 架构

v5 架构在 v4 基础上又增加了一些新的指令，比如数字信号处理指令（V5TE 版）。这些处理指令为协处理器增加了更多可选择的指令，同时也改进了 ARM/Thumb 状态之间的切换效率。另外，还有 E 指令集（增强型 DSP 指令集）和 J 指令集（提高 Java 程序的执行效率）等。

6）v6 架构

v6 架构是 2001 年发布的，首先在 2002 年发布的 ARM11 处理器上使用，不仅降低了能耗，还强化了图形处理性能。

7）v7 架构

v7 架构是在 v6 基础上诞生的，采用了 Thumb-2 技术，它是在 ARM 的 Thumb 代码压缩技术的基础上发展起来的，并且保持了对已有的 ARM 解决方案的完整兼容。Thumb-2 技术比纯 32 位代码少用了 31% 的内存空间，降低了系统开销，同时却能拥有比已有的基于 Thumb 技术的解决方案高出 38% 的性能表现。此外，v7 还采用了 NEON 技术，将 DSP 和多媒体处理能力提高了近 4 倍，并支持改良的浮点运算，满足下一代 3D 图形和游戏物理应用及传统的嵌入式控制应用的需求。本书实验使用的处理器 Cortex-A8 就是基于 ARMv7 架构，此处 Cortex-A7/A9/A15 也是基于 ARMv7 架构。

8）v8 架构

v8 架构是基于 v7 架构发展而来的，于 2011 年发布，其主要特点是实现了一套全新的 64 位指令集，开启了 ARM 64 位时代，这也是技术日新月异发展的需要。在 32 位指令集的处理器上，我们经常会听到最大 4GB 的内存寻址空间，这就是 32 位 ARM 架构上的限制，所以 v8 架构突破这个"枷锁"，现在电子产品的内存越来越大，速度也越来越快。其中 Cortex-A53/A57 是 ARMv8 架构的代表，性能相比 A15 提高了 25%～30%；Cortex-A72 号称面向高端市场，其性能约是 Cortex-A15 的 3.5 倍。

3. ARM 流水线技术的发展

处理器的核心是中央处理器（CPU）和存储器。CPU 负责处理从存储器取出来的指令，这中间需要经过一系列的过程：取指（fetch）、译码（decode）、执行（execute）、访存（memory）、回写（write）等，每个动作都需要专门的硬件部件去处理。如果上个动作处理结束，比如取指动作结束，则可接着做执行动作，这时取指动作及执行后面的动作都处于空闲状态，这样就会导致资源浪费、效率低下。

要解决这个问题，可以在一个部件处理结束后交给下一个部件时，让它再去处理下一条指令，这就类似于实际生产中的流水线作业方式。所谓处理器中的流水线（pipeline），是指在程序执行时多条指令重叠进行操作的一种准并行处理技术，这样就大大地提高了处理器的效率和吞吐率，当然每一阶段还是做特定的处理任务，只是它们没有一个闲着，都在进行并行处理。

ARM 处理器在设计时也采用了这样的技术。随着 ARM 的不断发展，流水线技术不断改进，常见的有 3 级流水线技术（ARM7）、5 级流水线技术（ARM9）、6 级流水线技术（ARM10）、8 级流水线技术（ARM11）及 13 级流水线技术（Cortex-A8），相信不久的将来还会有更多级的处理器诞生，下面以图示方式简单说明一下 3 级、5 级、13 级流水线，如图 1-3～图 1-5 所示。

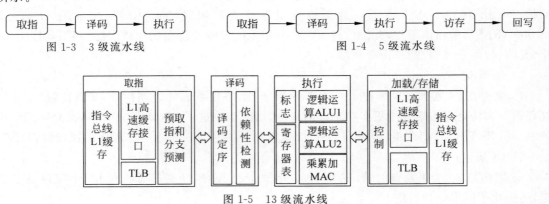

图 1-3   3 级流水线   图 1-4   5 级流水线

图 1-5   13 级流水线

13 级流水线较之前的流水线看上去要复杂，其实它是一个并行双发 13 级流水线，但取指、译码、执行和加载/存储环节的回写顺序和功能都没有改变。

关于 ARM 流水线更多的知识，读者可以参考 ARM 处理器相关的资料介绍，以了解更多 ARM 处理器方面的知识。这里提到的流水线技术，主要是想告诉读者，正因为流水线技术在 ARM 处理器上的应用，在操作系统开发或程序调试时，经常会做一些反汇编的调试分析工作，特别是在分析程序执行的状态时，常常会遇到 PC＝PC＋8（注意，这里针对 32 位处理器而言）之类的程序语句。这里的 PC 是一种特殊寄存器，学名叫程序计数器，它是用来取指令的，在软件上可以看作一个指针（地址），它总是指向下一条将要取指的指令地址。至于为什么是+8，而不是+4，这可以根据上面的流水线原理图来理解，比如图1-3所示的3级流水线包括取指、译码、执行，因此执行阶段的PC值和取指阶段的PC值的关系为PC(execute)＝PC(fetch)＋8，所以在后面讲解到中断处理时，再看到类似的指针跳转指令就不会感到陌生了。

4. ARM处理器的应用

目前，使用ARM处理器比较多的领域大致可概括为三类。

一是对性能要求不是很高，但要求实时性，或者对安全性有要求的领域。比如小型支付终端是对实时性和安全性都有要求的，但它不需要做太多的图像处理等耗资源的工作，另外还有一些控制系统对实时性要求比较高的领域，如日常家用电器、工业控制终端等。常用的ARM处理器有Cortex-M系列、Cortex-R系列。R系列顾名思义，就是实时性的意思，这类处理器具有很好的实时性；而M系列做了一些深度的资源定制，具有典型的安全机制，支持与公共安全密钥管理PKI相关的技术。

二是可以运行操作系统，但对应用软件要求不高的领域。我们很快可以想到，就是能运行嵌入式Linux系统，也就是本书所介绍的内容。这方面应用得最多的领域，还是工业控制，现在比较流行的工业4.0、工业自动化，很多时候需要一个控制终端而且带操作界面，可以实现人机交互。当然，要实现人机交互，还需要在嵌入式系统上开发应用软件才行。在嵌入式Linux上开发应用软件，比较常见的也是很流行的开发工具就是基于Qt，目前用得比较多的是Qt 4和Qt 5系列，最新的版本为Qt 6，只是还没有普及。另外，Qt还推出了For MCU版本，顾名思义就是在单片机（MCU）上也可以用Qt开发应用软件，所以在本书的后面会为读者介绍Qt的应用程序开发。在这一领域比较典型的ARM处理器有ARM7、ARM9。

三是对应用软件要求很高的领域。这个领域不用介绍大家都可以想到，我们使用的手机、平板电脑、人工智能及对图像、影音等要求比较高的领域，它们要求系统可以运行一些高清的图像或动画，所以对硬件的配置和性能要求很高，而且操作系统可以支持应用软件的管理，比如可以安装、卸载应用软件等，常见的操作系统有Android、iOS等，这一领域比较典型的ARM处理器为Cortex-A系列。

1.2.3 典型ARM处理器

从ARM诞生至今，其家族的产品很多，它们的架构、使用方法都有一些类似之处，比如启动方式、寄存器的操作方式等，所以学习ARM并不需要把所有型号的ARM处理器都学一遍，只需要对某一型号的ARM架构进行学习，这样当以后遇到其他版本的ARM处理器时就可以很快上手，这也是写作本书的目的。本书选择的是ARMv7架构下的Cortex-A8处理器，选择它是因为它是一个跨时代的过渡产品，向下可以看到ARM7、ARM9的身影，向上可以看到Cortex-A15/A57的趋势。ARM Cortex-A8处理器能够将主频从600MHz提高到1GHz以上，可以满足需要在300mW以下运行的移动设备的功耗优化要求，以及需要2000DMIPS（Dhrystone MIPS，单位时间内执行百万条指令）的消费类应用领域的性能优化要求，具有增强的多媒体处理能力。

视频讲解

基于Cortex-A8的SoC芯片主要有如下几种：

（1）TI公司的OMAP3420，基于Cortex-A8 600MHz（诺基亚N96手机）；OMAP3530，基于Cortex-A8 ＋ DSP数字信号处理器。

（2）SAMSUNG公司的S5PC100、S5PC110、S5PC210（iPhone 4手机）。

1. ARM Cortex-A8 处理器的特征

Cortex-A8 处理器是一款高性能、低功耗的处理器核，并支持高速缓存、虚拟存取，它有以下一些特征：

(1) 完全执行 v7-A 体系指令集。

(2) 可配置 64 位或 128 位的 AMBA 高速总线接口 AXI。

(3) 对称、超标量流水线(13 级)，以便获得完全双指令执行功能。

(4) 通过高效的深流水线获得高频率。

(5) 高级分支预测单元，具有 95% 以上准确性。

(6) 集成 2 级高速缓存，以便在高性能系统中获得最佳性能。

(7) 128 位的 SIMD(单指令多数据)数据引擎。

(8) 性能是 v6 SIMD 的 2 倍。

(9) 通过高效媒体处理降低功耗。

(10) 灵活处理将来的媒体格式。

(11) 通过 Cortex-A8 上的 NEON 技术可以在软件中轻松地集成多个编解码器。

(12) 增强用户界面渲染。

2. ARM Cortex-A8 处理器的工作模式

Cortex-A8 共有 8 种工作模式，如表 1-2 所示。

表 1-2　Cortex-A8 处理器工作模式

工 作 模 式	描　　　　述
用户模式(usr)	正常程序执行模式，大部分任务执行在这种模式下
快速中断模式(fiq)	用于高速数据传输和通道处理，通常高优先级中断进入这一模式
中断模式(irq)	用于通用的中断处理，通常低优先级中断进入这一模式
管理模式(svc)	操作系统使用的保护模式，通常复位或软件中断时进入这一模式
数据访问中止模式(abt)	数据或指令预取终止时进入该模式，可用于虚拟存储和存储保护
系统模式(sys)	运行具有特权的操作系统任务
未定义指令中止模式(und)	当未定义指令执行时进入该模式，可用于支持硬件协处理器的软件仿真
监控模式(mon)	可以在安全模式与非安全模式之间进行转换

除用户模式，其他 7 种模式都属于特权模式。在特权模式下，程序可以访问所有的系统资源，包括被保护的系统资源，也可以任意地进行处理器模式切换，处理器模式可以通过软件控制进行切换，也可以通过外部中断或异常处理过程进行切换。

其中快速中断模式、中断模式、系统模式、数据访问中止模式和未定义指令中止模式又称为异常模式。当应用程序发生异常中断时，处理器进入相应的异常模式。在每种异常模式中都有一组专用寄存器以供相应的异常处理程序使用，这样就可以保证在进入异常模式时，用户模式下的寄存器(程序状态寄存器)不被破坏，这样当异常处理结束并返回后，可以继续运行被中断的程序，具体的内容在后面系统移植章节会有介绍。

大多数程序运行于用户模式，只有少数程序运行于特权模式。处理器工作在用户模式时，应用程序不能访问受操作系统保护的一些系统资源，应用程序也不能直接进行处理器模式的切换。当需要进行处理器模式切换时，应用程序可以产生异常处理，在异常处理过程中进行处理器模式的切换。这种体系结构可以使操作系统控制整个系统资源的分配和调度。

3. ARM Cortex-A8 处理器的存储系统

Cortex-A8 处理器的存储系统与其他 ARM 家族的存储系统(ARM7、ARM9 等)一样，有非常灵活的体系结构,可以使用地址映射,也可以使用其他技术提供更为强大的存储功能,比如高速缓存技术、写缓存技术(Write Buffer)及虚拟内存和 I/O 地址映射技术等。

其中虚拟空间到物理空间的映射技术,在嵌入式系统中非常重要,比如多进程环境下的程序执行问题,即当它们都读取同一个指定地址上的数据时,它们如何共存,被读的数据如何保护?如果有了虚拟内存的存在,它们就可以运行在各自独立的虚拟空间中,互不干扰。在较高级的操作系统中常常会采用基于硬件的存储管理单元(MMU)来处理这些多任务,使它们都在各自独立的私有空间中运行,了解这些有助于对日常软件开发中的多任务、多线程进行理解。

4. ARM Cortex-A8 处理器的 NEON 技术和安全域(TrustZone)

NEON 技术是在 Cortex 处理器上引入的一种新技术,主要通过 SIMD 引擎可有效处理当前和将来的多媒体格式,从而改善用户体验。NEON 技术可加速多媒体和信号处理算法(如视频编码/解码、2D/3D 图形技术、音频和语音处理技术、图像处理技术、电话和声音合成技术等),其性能至少为 ARMv5 性能的 3 倍,为 ARMv6 SIMD 性能的 2 倍。

ARM TrustZone 技术是系统范围的安全方法,针对高性能计算平台上的大量应用,它们对安全性要求极高,包括安全支付、数字版权管理(DRM)和基于 Web 的安全服务等。

TrustZone 技术和 Cortex-A 处理器紧密集成,并通过 AMBA AXI 总线和特定 TrustZone 系统 IP 块在系统中进行读/写处理,保证了读/写的安全性。这就意味着通过这一技术可以确保外设工作的安全性(包括处理器周边的键盘和显示屏等),同时,在操作系统层面,针对这一技术也做了很多技术革新,比如手机上的指纹密码、人脸识别等。这方面的应用如下:

(1)实现安全 PIN 输入,在移动支付和银行业务中加强用户身份验证。

(2)安全 NFC 通信通道。

(3)数字版权管理。

(4)软件许可管理。

(5)基于忠诚度的应用。

(6)基于云的文档的访问控制。

(7)电子售票和移动电视。

5. ARM 寄存器组介绍

ARM 家族都有寄存器组的概念,只是随着产品性能的提升,其功能越来越丰富。对寄存器组的了解,将有利于对 ARM 启动过程的了解,以及对相关启动程序源码的理解,具体内容在后面相关章节会涉及。ARM Cortex-A8 处理器有 40 个 32 位的寄存器。

(1)32 个通用寄存器。

(2)7 个状态寄存器:1 个 CPSR 和 6 个 SPSR。

(3)1 个 PC。

ARM Cortex-A8 处理器共有 8 种工作模式,每种模式有一组相应的寄存器组,如表 1-3 所示。

表 1-3 Cortex-A8 各工作模式下的寄存器组

Cortex-A8 通用寄存器和程序计数器						
usr/sys	fiq	irq	svc	und	abt	mon
r0	r0	r0	r0	r0	r0	r0
r1	r1	r1	r1	r1	r1	r1
r2	r2	r2	r2	r2	r2	r2

续表

usr/sys	fiq	irq	svc	und	abt	mon
r3	r3	r3	r3	r3	r3	r3
r4	r4	r4	r4	r4	r4	r4
r5	r5	r5	r5	r5	r5	r5
r6	r6	r6	r6	r6	r6	r6
r7	r7	r7	r7	r7	r7	r7
r8	r8_fiq	r8	r8	r8	r8	r8
r9	r9_fiq	r9	r9	r9	r9	r9
r10	r10_fiq	r10	r10	r10	r10	r10
r11	r11_fiq	r11	r11	r11	r11	r11
r12	r12_fiq	r12	r12	r12	r12	r12
r13(sp)	r13_fiq	r13_irq	r13_svc	r13_und	r13_abt	r13_mon
r14(lr)	r14_fiq	r14_irq	r14_svc	r14_und	r14_abt	r14_mon
r15(pc)	r15(pc)	r15(pc)	r15(pc)	r15(pc)	r15(pc)	r15(pc)
Cortex-A8 程序状态寄存器						
CPSR	CPSR	CPSR	CPSR	CPSR	CPSR	CPSR
	SPSR_fiq	SPSR_irq	SPSR_svc	SPSR_und	SPSR_abt	SPSR_mon

注：阴影部分表示备份寄存器。

表中 r0～r15 可以直接访问，这些寄存器中除 r15 外都是通用寄存器，即它们既可以用于保存数据也可以用于保存地址。另外，r13～r15 稍有不同。r13 又被称为栈指针寄存器，通常被用于保存栈指针。r14 又被称为程序连接寄存器（Subroutine Link Register）或连接寄存器，当执行 BL 子程序调用指令时，r14 中会得到 r15（程序计数器）的备份，用于从子程序返回主程序；而当发生中断或异常时，对应的 r14_svc、r14_irq、r14_fiq、r14_und 或 r14_abt 中会保存 r15 中的地址信息作为中断处理结束的返回值。

快速中断模式有 7 个备份寄存器 r8～r14(r8_fiq～r14_fiq)，这使得进入快速中断模式执行程序时，只要 r0～r7 没有被改变，其他的寄存器状态都不需要保存，因为它们是独立的一组寄存器。此外用户模式、管理模式、数据访问中止模式和未定义指令中止模式都含有两个独立的寄存器副本 r13 和 r14，这样可以使每个模式都拥有自己的栈指针寄存器和连接寄存器。

程序状态寄存器 CPSR 可以在任何处理器模式下被访问，它包含下列内容：

（1）算术逻辑单元（Arithmetic Logic Unit，ALU）状态标志的备份。

（2）当前的处理器模式。

（3）中断使能标志。

（4）设置处理器的状态。

CPSR 寄存器中各位的意义如图 1-6 所示。

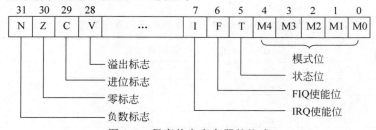

图 1-6　程序状态寄存器的格式

其中,T 为状态控制位,当 T=0 时,处理器处于 ARM 状态(执行的是 32 位的 ARM 指令);当 T=1 时,处理器处于 Thumb 状态(执行 16 位的 Thumb 指令)。当然,T 位只有在 T 系列的 ARM 处理器上才有效,在非 T 系列的 ARM 中,T 位将始终为 0。

I 位和 F 位属于中断禁止位,当它们被置为 1 时,IRQ 中断、FIQ 中断分别被禁止。

此外,M[4:0]是模式控制位,这些位的组合可以确定处理器处于什么工作模式,所以通过编写这些位可以使 CPU 进入指定的工作模式,其具体含义如表 1-4 所示。

表 1-4   M[4:0]模式控制位

M[4:0]	工作模式	Thumb 状态下可访问寄存器	ARM 状态下可访问寄存器
0b10000	usr	r7~r0,LR,SP,PC,CPSR	PC,r14~r0,CPSR
0b10001	fiq	r7~r0,LR_fiq,SP_fiq,PC,CPSR,SPSR_fiq	PC,r14_fiq~r8_fiq,r7~r0,CPSR,SPSR_fiq
0b10010	irq	r7~r0,LR_irq,SP_irq,PC,CPSR,SPSR_irq	PC,r14_irq~r13_irq,r12~r0,CPSR,SPSR_irq
0b10011	svc	r7~r0,LR_svc,SP_svc,PC,CPSR,SPSR_svc	PC,r14_svc~r13_svc,r12~r0,CPSR,SPSR_svc
0b10111	abt	r7~r0,LR_abt,SP_abt,PC,CPSR,SPSR_abt	PC,r14_abt~r13_abt,r12~r0,CPSR,SPSR_abt
0b11111	sys	r7~r0,LR,SP,PC,CPSR	PC,r14~r0,CPSR
0b11011	und	r7~r0,LP_und,SP_und,PC,CPSR,SPSR_und	PC,r14_und~r13_und,r12~r0,CPSR,SPSR_und
0b10110	mon	r7~r0,LP_mon,SP_mon,PC,CPSR,SPSR_mon	PC,r14_mon~r13_mon,r12~r0,CPSR,SPSR_mon

6. SAMSUNG S5PV210 处理器介绍

S5PV210 又名"蜂鸟"(Hummingbird),是三星公司推出的一款适用于智能手机和平板电脑等多媒体设备的应用处理器。S5PV210 采用了 ARM Cortex-A8 架构,ARMv7 指令集,主频可达 1GHz,32 位内部总线结构,32KB 的数据/指令一级 Cache,512KB 的二级 Cache,可以实现 2000DMIPS(每秒运算 20 亿条指令集)的高性能运算能力。

S5PV210 还支持双通道内存,其中 DRAM 接口可配置支持 DDR、DDR2、LPDDR2,支持更大容量更多型号的内存。

此外还有如下一些功能:

(1) 先进的电源管理模块,可以通过软件动态地调节 CPU 功耗。

(2) 用于安全启动的片内 ROM 和片内 RAM。

(3) 具有 AHB/AXI Bus 高速总线,实现 CPU 内部各模块之间的通信。

(4) MFC 多媒体转换模块,支持 MPEG-4/H.263/H.264 的编解码,具有 30 帧/秒的处理能力,JPEG 硬件编解码,最大支持 8192×8192 分辨率。

(5) 支持 2D/3D 多媒体加速技术。

(6) 24 位 TFT LCD 控制器,支持 1024×768(XGA)。

(7) 支持模拟电视信号输出及高清晰多媒体接口(HDMI)。

(8) 支持 14×8 矩阵键盘。

(9) 4 路 MMC 总线,可接 SD 卡、TF 卡和 SDIO 接口。

(10) TS-ADC(12bit/10ch),12 位数模转换,可以用于电阻屏的触摸功能等。

（11）4 通道 UART 接口，包括 1 个 4Mb/s 的蓝牙 2.0 接口。

（12）1 个 USB 2.0 OTG 控制器，1 个 USB 2.0 Host，传输速率可达到 12～16Mb/s。

（13）24 通道 DMA 控制器。

（14）可扩展的 GPIO 接口资源。

（15）2 路 SPI 总线支持。

（16）3 路 I2C 总线支持。

（17）NEON 信号处理扩展功能，加速 H.264 和 MP3 等多媒体编解码技术。

（18）Jazelle RCT Java 加速技术，增强了即时编译（JIT）和动态自适应编译（DAC）性能，同时降低了代码转换所需的存储空间大小，约是原来的 1/3。

（19）TrustZone 技术，用于安全交易和数字权限管理（DRM）。

（20）实时时钟、PLL、看门狗等片上外设。

（21）存储接口模块，支持多种启动方式。

（22）支持 ATA 接口。

S5PV210 处理器支持大/小端模式，其寻址空间可达 4GB，对于外部 I/O 设备的数据宽度可以是 8/16/32 位，具体的结构框图如图 1-7 所示。

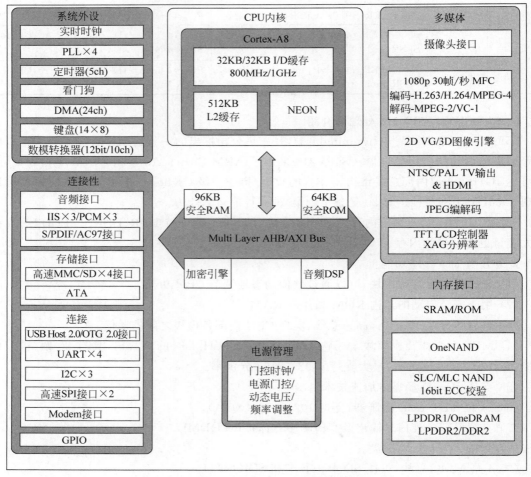

图 1-7　S5PV210 结构框图

## 第2章

常用开发工具和Linux基本操作

本章学习目标

- 掌握 Windows 下的代码阅读、编辑工具 Source Insight；
- 掌握 Windows 与 Linux 进行交互的工具：FileZilla 和 PuTTY；
- 掌握一些常用的 Linux 操作命令以及 SD 卡烧写命令。

2.1 Windows 环境下的工具

视频讲解

2.1.1 代码阅读、编辑工具 Source Insight

Source Insight 是一个功能强大的代码浏览器，特别是对代码量很大的工程，比如本书的 u-boot 源码、Linux 源码，使用它来阅读将会事半功倍，它拥有 C、C++、C♯、Java、HTML、Python 等多种语言分析器，可以分析源码并在工作的同时动态维护它自己的符号数据库，包括函数、方法、全局变量、结构和类等，并自动显示上下文信息。当把鼠标指针移到函数或变量上时，Source Insight 会自动显示相关函数或变量的定义，如果配合键盘上的 Ctrl 键，选择相应的函数或变量，还可以直接跳到定义其的文件中去。对一些关键字，比如函数名、全局变量、宏等都会以特定颜色显示，在编辑代码时，会根据输入的信息自动判定是否要缩进、补齐等。

Source Insight 作为 Windows 环境下的一款强大的代码阅读、编辑工具，读者可以从其官方网站下载（注：下载下来的只是一个试用版本，如需正式版本则需要购买）。

下面以 u-boot-2014.04 源码为例，介绍 Source Insight 的使用。

1. 创建 Source Insight 工程

打开 Source Insight，它默认的文件过滤器不支持.S 后缀的汇编文件，为了便于阅读汇编文件，选择菜单 Options→Document Options，在弹出的对话框中选择 Document Type 为 C Source File，在 File filter 里需另添加 ∗.S 类型，如图 2-1 所示。

直接选择 Close 按钮退出文件类型设置对话框，再选择菜单 Project→New Project 创建一个新工程，如图 2-2 所示。

在创建新工程的对话框中输入工程的名称和工程存放的路径。本书中假设工程存放的路径是 D:\jxes\boot_projects\u-boot-2014.04\si，工程名为 u-boot-2014.04，然后单击 OK 按钮，如图 2-3 所示。

在随后弹出的对话框中设置 U-Boot 源代码所在路径，其他配置项用默认设置即可，然后单击 OK 按钮，如图 2-4 所示。

在随后弹出的 Add and Remove Project Files 对话框中，单击 Add All 按钮，在弹出的对话框中选择 Include top level sub-directories（表示添加第一层子目录里的文件）和 Recursively

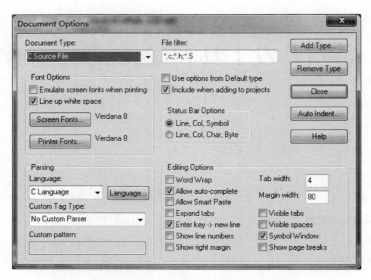

图 2-1　Source Insight 文件类型设置

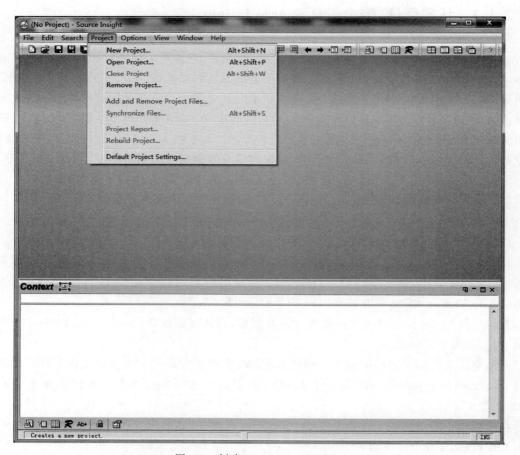

图 2-2　创建 Source Insight 工程

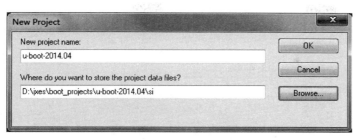

图 2-3　工程名称与存放路径

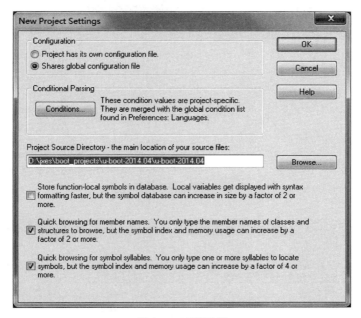

图 2-4　工程设置

add lower sub-directories(表示递归添加底层目录),如图 2-5 所示。单击 OK 按钮开始添加源文件到工程,添加完成后直接单击 Close 按钮退出对话框,至此 Source Insight 工程创建完成。

现在虽然将所有源码文件都添加成功,但由于 U-Boot 实际支持多种 CPU 架构和 Board 类型,而现在我们只关心 S5PV210 开发板和 Cortex-A8 处理器,所以为了方便代码的阅读,则要把不需要的目录从工程中移除。在图 2-5 所示界面上(或者选择 Project→Add and Remove Project Files 打开此界面),选择要移除的目录,然后单击 Remove Tree 将整个目录下的文件从工程中移除。要移除的目录如下,操作如图 2-6 所示。

(1) arch 目录下除 arm 以外所有目录。

(2) arch/arm/cpu 下除 Armv7 以外的所有目录。

(3) arch/arm/cpu/Armv7 下除 S5p-common 和 S5pc1xx 以外的所有目录。

(4) arch/arm/include/asm 下以 Arch-开头的目录(除 Arch-s5pc1xx)。

(5) board 目录下除 samsung 以外所有目录。

(6) board/Samsung 下除 Common 和 Smdkc100 以外的所有目录。

(7) include/configs 下除 smdkc100.h 以外的所有文件。

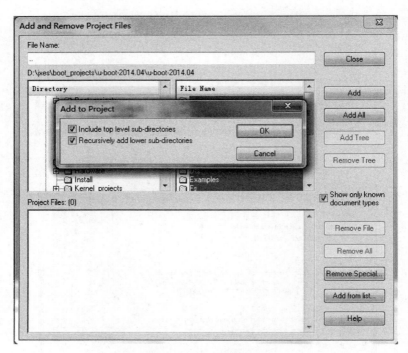

图 2-5　添加文件到工程

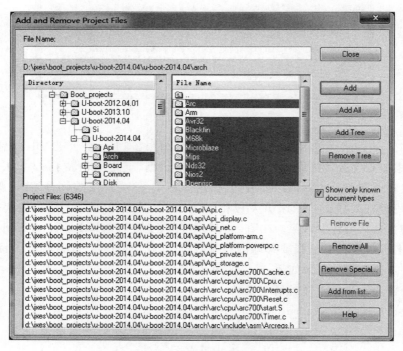

图 2-6　从工程中移除文件

2. 同步 Source Insight 工程

同步的目的是在 Source Insight 工程中建立一个数据关系连接，它里面保存了源文件中的各个变量、函数、宏等之间的关系，便于代码阅读、编辑时快速提供各种提示信息，比如快速跳转到函数定义文件中,变量、函数名以特殊颜色显示等。

选择 Project→Synchronize Files 弹出一个对话框,如图 2-7 所示,选中 Force all files to be re-parsed(表示强制解析所有文件),然后单击 OK 按钮开始同步并生成关系连接。

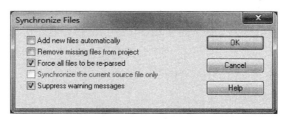

图 2-7　同步工程文件

3. Source Insight 使用简介

Source Insight 可以用来阅读、编辑代码。编辑时只需选择 File→New 新建一个空白文件即可在里面编写代码,比较简单,所以不过多介绍。下面主要介绍阅读代码时的一些使用技巧。

将光标定位到函数名或变量名上,在上下文窗口可以看到函数或变量的具体定义。双击上下文窗口可以跳到函数或变量定义处,或者按住 Ctrl 键,单击函数或变量名,也可跳到它们的定义处,如图 2-8 所示,显示了 s5p_gpio_cfg_pin 函数的定义。

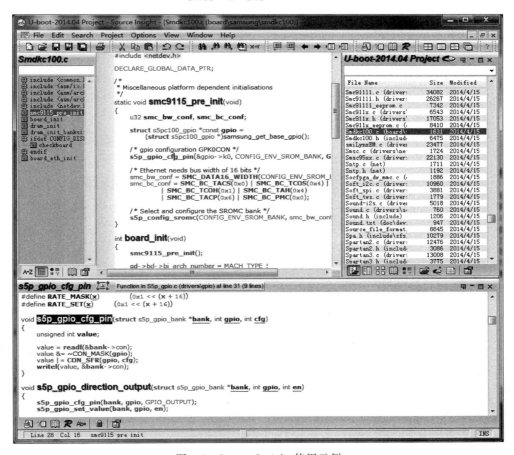

图 2-8　Source Insight 使用示例

按 Alt 和"，"组合键可以退到上一个画面，按 Alt 和"．"组合键可以前进到下一个画面，便于在不同源文件之间切换。

右击函数、变量、宏，在弹出的快捷菜单里选择 Lookup References，可以在整个工程中找到哪些文件引用了它，此方法比直接搜索工程要快很多。

以上是一些常用的使用技巧，其他的使用技巧读者可以通过帮助文档以及菜单上的提示信息了解。

2.1.2　文件传输工具 FileZilla

视频讲解

为了方便 Windows 与安装在虚拟机上的宿主 Linux 操作系统之间传输文件，比如把修改好的 u-boot-2014.04 代码上传到宿主系统上编译，这时可以借助 FTP 工具进行上传与下载。FTP 工具很多，本书选择 FileZilla 作为例子，它是基于 GNU 的相关授权规范，可以免费使用，而且操作也很简单，相关的安装文件可以从 FileZilla 官方网站下载。

在 Windows 上安装 FileZilla 非常简单，这里不再过多说明，下面是本书使用的 FileZilla 工作界面，如图 2-9 所示，宿主操作系统的 IP 地址是 192.168.1.199，用户名是 book，密码是 123456，端口号是 21（不填写表示使用默认），直接单击"快速连接"按钮即可。

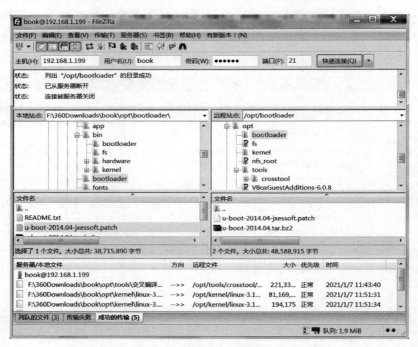

图 2-9　FileZilla 工作界面示例

2.1.3　终端仿真工具 PuTTY

PuTTY 是一个免费的 Telnet/SSH 客户端软件，支持 Windows 系统和所有类 UNIX 系统（如 Linux、Mac 系统），体积小巧，功能强大，PuTTY 目前由 Simon Tatham 负责维护。本书使用此工具实现对宿主机 Ubuntu 系统的终端仿真和对目标板的串口调试功能（实现虚拟机 Ubuntu 系统只是 Windows 系统下的一个"工具软件"）。

PuTTY 有绿色版和安装版，具体安装过程比较简单，这里不过多介绍。安装好后运行 PuTTY.exe，如图 2-10 所示，默认连接类型即是 SSH，端口号是 22，这里只需要输入宿主机

Ubuntu 系统的 IP 地址即可,然后单击"打开"按钮即可连接宿主机 Ubuntu 系统,实现终端仿真功能。有的 Windows 系统第一次创建 SSH 连接会失败,如图 2-11 所示。

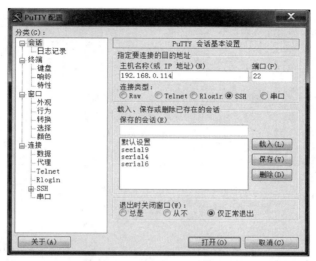

图 2-10　创建 SSH 连接

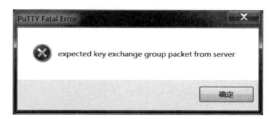

图 2-11　连接失败

遇到上面这种情况,在打开 PuTTY 工具时,先设置一下 SSH 的密钥算法,将 Diffie-Hellman group exchange 算法移出第一个位置,然后再按照图 2-12 所示方式打开即可,算法移出后如图 2-12 所示。

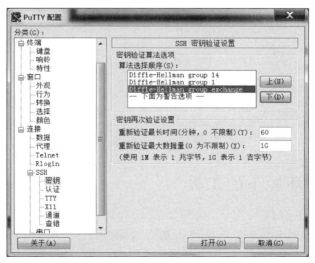

图 2-12　设置 SSH 算法

连接成功后，输入远程宿主机 Ubuntu 系统的账户与密码即可实现终端仿真，终端仿真界面如图 2-13 所示，是与 Ubuntu 系统一样的控制台界面。

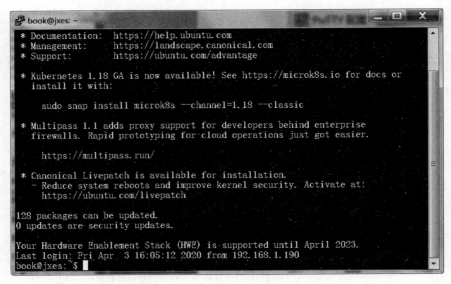

图 2-13　终端仿真

PuTTY 还支持串口通信，可以作为目标板串口调试，其设置比较简单，确定计算机上用于调试的端口号以及目标板串口的波特率，即可成功连接，具体设置界面如图 2-14 所示。

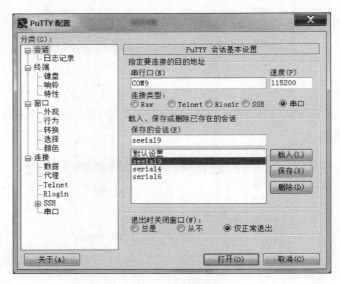

图 2-14　串口连接

2.2　Linux 环境下的工具

在 Linux 环境下也有代码阅读、编辑以及远程访问工具，只是很多用户通常习惯在 Windows 环境下开发，对 Linux 下的操作不是很熟练，因此本书对 Linux 系统下的工具只进行简单介绍。

2.2.1 代码阅读、编辑工具

Linux 系统是开源的,所以其代码阅读、编辑工具也很多,而且百花齐放,各有千秋,比如 vi、cscope、global、sourcenav、KScope 等。如果读者习惯使用 Linux 系统,这里推荐使用 KScope,它的界面做得非常好,与 Windows 下的 Source Insight 有很多相似之处,只是这个工具目前没有再去升级维护。此外,作者再推荐一款 IDE 工具 Eclipse,此工具除了可以编译代码外,也可以用来作代码的阅读与编辑用,而且它还是跨平台的,在 Windows 和 Linux 环境下都可以使用。

2.2.2 终端访问工具

直接在 Linux 环境下做开发,终端工具具有串口通信即可,比较常用的有 Cutecom、Minicom、C-Kermit 等,其中 C-Kermit 除具有串口通信功能外,还具有网络通信功能,类似于前面介绍的 PuTTY;Minicom 是一款类似于超级终端的工具,在 Ubuntu 系统下可以直接用命令"sudo apt-get install minicom"安装这个工具。

2.3 Linux 基本操作

2.3.1 编辑命令 vi(vim)

vi 是类 UNIX 系统里极为普遍的文本编辑器,vim 是它的改进版本,通常安装了 vim,使用 vi 命令与 vim 命令都调用 vim 编辑器。vi 没有任何菜单操作,只能通过命令,它的命令相当多。还可以安装一些 vi 插件,使其可以对不同语言的代码进行分析,其功能不亚于 Source Insight、KScope。

vi 可以对文本进行添加、删除、查找、替换等各种操作,若在 vi 执行时没有指定一个文件,那么 vi 命令会自动产生一个空的工作文件;若指定的文件不存在,那么就按指定的文件名创建一个新的文件;若对文件修改不保存,不会改变原文件内容(注:vi 命令并不会锁住所编辑的文件,因此多个用户可以同时编辑同一个文件,那么最后保存的文件将会被保留)。

由于只能用命令操作,vi 通常有三种工作模式:命令行模式、文本输入模式和末行模式。

1) 命令行模式

vi 刚被打开的时候就处于命令行模式,另外,在任何模式下,按键盘上的"Esc"键都可进入此模式。命令行模式的操作命令很多,比如移动光标命令、屏幕翻滚命令、文本删除、复制、粘贴命令、搜索命令等,如表 2-1 所示。

表 2-1 vi(vim)常用命令

命 令	作 用	命 令	作 用
移动光标类命令			
h/Backspace	光标左移一个字符	}	光标移至段落开头
l/Space	光标右移一个字符	{	光标移至段落结尾
k/Ctrl+p	光标上移一行	nG	光标移至第 n 行首
j/Ctrl+n	光标下移一行	n+	光标下移 n 行
)	光标移至句尾	n-	光标上移 n 行
(	光标移至句首	n$	光标移至第 n 行尾
H	光标移至屏幕顶行	0(数字零)	光标移至当前行首
M	光标移至屏幕中间行	$	光标移至当前行尾
L	光标移至屏幕最后行	Enter	光标下移一行

续表

命　　令	作　　用	命　　令	作　　用
屏幕翻滚类命令			
Ctrl+u	向文件首翻半屏	Ctrl+d	向文件尾翻半屏
Ctrl+f	向文件尾翻一屏	Ctrl+b	向文件首翻一屏
插入文本类命令			
i	在光标前	a	在光标后
I	在当前行首	A	在当前行尾
o	在当前行之下新开一行	O(大写字母 O)	在当前行之上新开一行
文本删除类命令			
d0	删至行首	x	删除光标后的一个字符
d$ 或 D	删至行尾	X	删除光标前的一个字符
ndd	删除当前行及其后 n−1 行	Ctrl+u	删除所输入的文本
搜索及替换类命令			
/pattern	从光标开始处向文件尾搜索 pattern	?pattern	从光标开始处向文件首搜索 pattern
n	在同一方向重复上一次搜索命令	N	在反方向上重复上一次搜索命令
:s/p1/p2/g	将当前行中所有 p1 均用 p2 替代	:n1,n2s/p1/p2/g	将第 n1 至 n2 行中所有 p1 均用 p2 替代
:g/p1/s//p2/g	将文件中所有 p1 均用 p2 替换		
退出保存类命令			
:w	保存当前文件	:q	退出 vi
:wq	先保存当前文件再退出 vi	:q!	不保存文件并退出 vi

2）文本输入模式

在命令行模式下输入文本输入命令就进入文本输入模式，命令如表 2-1 所示，可以输入任何文本内容保存到相应文件中，在此模式下按 Esc 键退回命令行模式。

3）末行模式

在命令行模式下按“：”即进入末行模式，“：”是末行模式的提示符，等待用户输入命令，输完后按回车即可执行命令，执行完后，又自动回到命令行模式或直接退出。

2.3.2　常用 13 个命令介绍

Linux 是典型的以命令操作的系统，其命令相当庞大，对于嵌入式开发人员来说，并不需要对每一个命令都要精通，只需对一些常用操作命令熟悉即可。下面介绍一些常用的 Linux 命令。

1. cd 命令

这是每一个使用类 UNIX 的用户都要使用的命令，它用于切换当前目录，它的参数是要切换到的目录的路径，可以是绝对路径，也可以是相对路径，比如：

```
cd /opt/tools        # 切换到目录/opt/tools
cd ./crosstool       # 切换到当前目录下的 crosstool 目录中(即/opt/tools/crosstool),
                     # "."表示当前目录
cd ../KScope         # 切换到上层目录中的 KScope 目录中(即/opt/tools/KScope),
                     # ".."表示上一层目录
```

视频讲解

2. ls 命令

用于查看文件或目录的命令,根据不同的参数可以显示更多文件或目录的属性,常用的参数有:

-l 显示文件的属性、权限、大小等;

-a 列出全部文件,连同隐藏文件(即以".."开头的文件);

-d 仅列出目录本身,而不是列出目录的文件数据;

-h 将文件大小以较易读的方式(比如 KB、GB 等)列出来;

-R 连同子目录的内容一起列出来(递归列出),相当于该目录下所有文件都显示出来。

注:以上这些参数还可以组合使用,以显示更多信息。

3. grep 命令

常用此命令列出含有某个字符串的文件,也可与管道命令一起使用,用于对一些命令的输出进行筛选加工等,它的语法为:

grep [option]'"待查找字符串"'[filename...] #filename 可以省略,省略表示在当前目录查找

常用参数有:

-a 将 binary 文件以 text 文件的方式查找数据;

-c 计算找到的"待查找字符串"的次数;

-i 忽略大小写;

-n 显示"待查找字符串"所在的行数;

-R 递归查找子目录。

举例:

grep −nRi"待查找的字符" *

* 表示查找当前目录下的所有文件、目录,* 也可以替换为具体的目录名或省略,-nRi 表示递归查找子目录,并且忽略大小写,显示所在行数。

4. find 命令

find 查找命令功能非常强大,参数也很多,只需用它查找指定文件名的文件即可,语法格式:

find [path...] [option] [expression] #path 省略代表在当前目录下查找

常用参数有:

-name filename 找出文件名为 filename 的文件,此处文件名可以带有通配符"*"、"?";

-user name 列出文件所有者为 name 的文件。

举例:

find -name "* filename *"

默认如果没有指定被查找目录,则表示在当前目录下查找文件名中含有 filename 字样的文件,如果要指定当前目录下的具体目录查找,可以写成: find pathname -name "* filename *",其中 pathname 为目录路径。

5. cp 命令

cp[OPTION]...SOURCE...DIRECTORY

该命令用于复制文件,也可以一次把多个文件复制到一个目录下,常用参数如下:

-a　将文件的特性一起复制；

-p　连同文件的属性一起复制；

-i　若目标文件已经存在时，在覆盖前会先询问；

-r　递归复制，常用于目录的复制；

-u　目标文件与源文件有差异时才复制；

-f　强制复制。

6. mv 命令

```
mv[OPTION]...SOURCE...DIRECTORY
```

该命令用于移动文件、目录或更名，也可以将多个文件一起移到一个目录下。

-f　force 强制的意思，如果目标文件已经存在，不会询问直接覆盖；

-i　若目标文件已经存在，就会询问是否覆盖；

-u　若目标文件已经存在，且比目标文件新，才会更新。

7. rm 命令

```
rm[OPTION]...[FILE]...
```

该命令用于删除文件或目录，常用参数有：

-f　force 强制的意思，强制删除；

-i　在删除前会询问；

-r　递归删除，常用于目录删除。

注：此命令及其参数使用时一定要谨慎，以免误删。

8. ps 命令

```
ps[options]
```

该命令用于将某个时间点的进程（process）运行情况列出来，常用参数有：

-A　所有的进程均显示出来；

-a　不与终端（terminal）有关的所有进程；

-u　有效用户的相关进程；

-x　一般与 a 参数一起使用，可列出较完整的信息；

-l　较长、较详细地将 PID 的信息列出；

-e　选择所有进程，类似-A 参数。

与 grep 命令搭配使用，例如：

```
ps - aux | grep "待查找进程信息"
```

注：以上命令也可搭配使用，以显示更多信息。"|"表示管道的意思，此处表示 grep 在 ps 命令列出的内容中查找指定的信息，即 ps 的输出即为 grep 的输入。

9. kill 命令

该命令用于向某个任务（job）或进程（PID）传送一个信号，比如杀掉进程等，它常与 jobs 或 ps 命令一起使用，语法格式如下：

```
kill - signal PID
```

常用的信号有：

SIGHUP(01)　启动被中止的进程；

SIGINT(02)　相当于输入 Ctrl+C，中止一个进程；

SIGKILL(09)　强制中止一个进程运行；

SIGTERM(15)　以正常的结束方式中止进程；

SIGQUIT(03)　当用户从键盘按 ESC 键时执行的操作。

举例：

```
kill - 9 processid        //中止 processid 进程,processid 指某个进程的 PID 号
```

10. man 命令

该命令用于查看 Linux 各种命令、函数的帮助手册,前面介绍的 9 个命令,都可以通 man 命令查找其帮助信息。man 语法格式如下：

```
man [section] name
```

其中,section 被称为区号,当直接用"man name"时,man 在默认区号里查找,如果没有查到,可以指定区号查找。表 2-2 是 Linux 帮助手册的区号说明。

表 2-2　Linux 帮助手册区号说明

区号	说　　　明	区号	说　　　明
1	Linux 常用命令,例如 cd、ls、grep 等	6	游戏命令
2	系统调用,例如 open、read、write 等	7	其他命令
3	库调用,例如 fopen、fread、fwrite 等	8	系统惯例命令,只有系统管理员才能执行的命令
4	特殊文件,例如/dev/目录下文件等	9	内核命令(基本不被使用)
5	文件格式和惯例,例如/etc/passwd 等		

为了便于在手册里查找,man 也提供一些按键命令,如表 2-3 所示。

表 2-3　man 按键命令

命　　令	说　　明	命　　令	说　　明
h	显示帮助信息	G	跳转到手册的最后一行
j	前进一行	? string	向后搜索字符串 string
k	后退一行	/string	向前搜索字符串 string
f 或空格	向前翻页	r	刷屏
b	向后翻页	q	退出
g	跳转到手册的第一行		

11. tar 命令

该命令用于打包、解包、压缩和解压缩,常用的压缩或解压缩方式有 gzip、bzip2 和 x2 三种,以".gz"".z"后缀的文件用 gzip 方式进行解压缩,以".bz2"后缀的用 bzip2 进行解压缩,后缀中有 tar 字样的表示它是一个打包文件。tar 命令有 5 种常用选项,如表 2-4 所示。

表 2-4　tar 常用参数选项

参 数 选 项	说　　　明
c	表示创建,用来生成文件包
x	表示提取,从文件包中提取文件
z	使用 gzip 方式进行处理,它与"c"结合表示压缩,与"x"结合表示解压缩
j	使用 bzip2 方式进行处理,它与"c"结合表示压缩,与"x"结合表示解压缩
J	使用 xz 方式的压缩与解压缩,是目前压缩效率最高的方式
f	表示文件,后面接着一个文件名

举例（假设当前目录为"/opt/tools"）：

1）将"crosstool"目录制作为压缩包

```
$ tar czf crosstool.tar.gz crosstool          //以 gzip 方式进行压缩
$ tar cjf crosstool.tar.bz2 crosstool         //以 bzip2 方式进行压缩
$ tar －cJf crosstool.tar.xz crosstool         //以 xz 方式进行压缩
```

2）将压缩包解压到当前目录下

```
$ tar xzf crosstool.tar.gz                     //以 gzip 方式解压
$ tar xjf crosstool.tar.bz2                    //以 bzip2 方式解压
$ tar －xJf crosstool.tar.xz                    // 以 xz 方式解压
```

注：如果要指定解压目录，可以加上参数"-C path"，其中"path"为指定的目录，可以是绝对目录，也可以是相对目录。

12. diff 命令

该命令用来比较文件、目录，还可以用来制作补丁文件（修改前与修改后文件的差异），本书主要使用此命令来制作补丁文件。常用的参数选项如下：

-u　表示在比较结果中显示两文件中的一些相同行，这有利于人工定位；

-r　表示递归比较各个子目录下的文件；

-N　将不存在的文件当作空文件；

-w　忽略对空格的比较；

-B　忽略对空行的比较。

假设在"/opt/tools"下有两个目录 A1 和 A2，每个目录下都有一些文件，A2 是基于 A1 修改后的目录，现在制作 A1.patch 的补丁文件（原始目录在前，修改后目录在后）：

```
$ diff －urNwB A1 A2 > A1.patch
```

13. patch 命令

该命令与 diff 命令相对应，上述是制作补丁，这里就是为原始文件打补丁，使其成为修改后的文件。patch 命令也有一些参数选项，主要介绍-pn，表示忽略路径中第 n 个斜线之前的目录。

仍以上述 A1、A2、A1.patch 为例，且它们处于同一目录下：

```
$ cd A1
$ patch －p1 < ../A1.patch
```

14. mount 命令

该命令的作用是加载文件系统，它的用户权限是超级用户或/etc/fstab 中允许的使用者，其语法格式如下：

```
mount －a[－fv][－t vfstype][－n][－o option][－F]device dir
```

常用参数有：

-h　显示帮助信息；

-v　显示详细信息，通常和-f 一起用来除错；

-V　显示版本信息；

-f　通常用于除错，它会使 mount 不执行实际挂接的动作，而是模拟整个挂接的过程；

-a　将/etc/fstab中定义的所有文件系统挂载上；

-F　任何在/etc/fstab中配置的设备会被同时加载，可加快执行速度，需与-a参数同时使用；

-t　vfstype　指定加载文件系统的类型，例如：NFS网络文件系统等；

-n　通常mount挂上后会在/etc/mtab中写入一些信息，在系统中没有可写入文件系统的情况下，可以用这个选项取消这个动作；

-o　主要用来描述设备或档案的挂接方式，通常有：rw、ro、loop(把一个文件当成硬盘分区挂接上系统)和iocharset(指定访问文件系统所用字符集)；

device　要挂接(mount)的设备；

dir　设备在系统上的挂接点(mount point)。

2.3.3　SD卡烧写命令df、dd

视频讲解

df命令用于显示文件系统的信息及使用情况，语法格式是：

df [－option]

常用参数有：

-a　显示所有文件系统的磁盘使用情况，包括0块的文件系统，如/proc文件系统；

-k　以K字节为单位显示。

dd命令通常用于复制文件，并且可以在复制的同时转换文件为指定的格式，功能非常强大，其语法格式是：

dd[option]

常用参数有：

bs＝Bytes　同时设置读/写缓冲区的字节数，即通常说的扇区大小(相当于设置ibs和obs)；

if＝filename　指定输入文件；

of＝filename　指定输出文件；

iflag＝flag[，flag]　指定访问输入文件的方式，比如dsync同步I/O方式访问数据；

oflag＝flag[，flag]　指定访问输出文件的方式，比如dsync同步I/O方式访问数据；

seek＝num　num为扇区号，常用来指定烧写扇区。

举例，将led.bin烧写到SD卡的扇区1：

$ dd bs＝512 iflag＝dsync oflag＝dsync if＝led.bin of＝/dev/sdb seek＝1

注：/dev/sdb为本书SD卡在Ubuntu系统下的节点，不同宿主机上的节点可能会不同，可以用cd命令在/dev目录下查询实际节点名称。

2.3.4　shell命令解析器

前面介绍的所有命令，它们各自都是一个应用程序，可以独立运行。当在终端控制台输入这些命令，回车后就会看到相应的输出信息，这整个过程都是通过一个叫作shell的程序控制的。

shell就是一个应用程序，可以通过键盘或串口向它发送命令，回车后它就会去执行这些命令。它的作用与Windows下的DOS控制台类似，都属于一个应用程序，用来解析输入的命令并执行命令。另外，Windows Explorer也是一种shell，它是一种图形界面shell。所有这些

shell,它们的作用都是一样的,提供一个人机交互的环境。在 Linux 系统上,shell 种类众多,常见的有 Bourne Shell(/usr/bin/sh 或/bin/sh)、Bourne Again Shell(/bin/bash)、C Shell(/usr/bin/csh)、K Shell(/usr/bin/ksh)。

当输入某个命令后,shell 是如何找到对应命令程序的呢? 这就需要通过 PATH 这个环境变量,这个变量的值就是一个个用冒号分隔的路径,如下所示:

```
book@jxes:~ $ echo $ PATH
/usr/local/sbin:/usr/local/bin:/usr/sbin:/usr/bin:/sbin:/bin:/usr/games:/usr/local/games:/
opt/tools/crosstool/arm－cortex_a8－linux－gnueabi/bin:/snap/bin
```

其中的 echo 也是一个命令(应用程序),shell 就是逐一到这些路径目录下寻找输入的命令,找到后就调用并执行这个命令。如果找不到,自然就不会执行输入的命令,只是报出找不到的错误信息。

如果想让一个自定义目录下的应用程序也可以像执行命令一样执行,那就需要把这个目录添加到 PATH 中。下面以/home/book/Desktop 这个目录为例,通常有 3 种添加方式。

(1) 临时设置。

```
export PATH = $ PATH:/home/book/Desktop
```

这里 export 也是一个命令——导出的意思,$ PATH 表示 PATH 变量的值,即前面看到的那些路径,冒号后面跟上新添加的路径。需要注意的是,此方法只对当前终端起作用,在其他终端下不起作用。

(2) 对当前用户永久设置。

修改"~/. bashrc",在文档行尾添加或修改,然后重启系统或重新登录生效。

```
export PATH = $ PATH:/home/book/Desktop
```

(3) 对所有用户永久设置。

修改/etc/environment,然后重启系统或重新登录生效。

```
book@jxes:~ $ vi /etc/environment
PATH = "/usr/local/sbin:/usr/local/bin:/usr/sbin:/usr/bin:/sbin:/bin:/usr/games:/usr/local/
games:/opt/tools/crosstool/arm－cortex_a8－linux－gnueabi/bin:/home/book/Desktop "
```

最后介绍一下 shell 脚本。它是一种为 shell 编写的脚本程序,有类似 C、Java 程序的变量、运算符、流程控制、函数等,不同的是:shell 脚本不需要编译运行,它是通过解释运行的,实际上还是调用相应的 shell 应用程序逐行解释执行。有兴趣的读者可以查阅相关资料,以了解更多关于 shell 脚本编程的知识。

## 第3章

嵌入式Linux开发环境搭建

本章学习目标
- 掌握嵌入式交叉编译环境的搭建；
- 掌握制作交叉工具链的方法；
- 了解 NFS、TFTP、SSH 等服务的配置方法；
- 掌握嵌入式宿主机开发环境的安装、配置和使用。

3.1　交叉开发模式

3.1.1　嵌入式交叉开发模式

在安装有 Windows 操作系统或者 Linux 操作系统的个人计算机上开发软件时，程序的编辑、编译、链接、调试以及最终的发布运行都是在个人计算机上完成的。而对于嵌入式系统，由于其硬件的特殊性，比如体积小、存储空间小、处理器的处理能力低等因素，一般不能直接使用普通个人计算机上的操作系统和开发工具，所以就要为特定的目标板定制操作系统，而定制的过程都是在普通的个人计算机环境下进行的，人们把这种在个人计算机环境下开发编译出来的软件，放到特定目标板上运行的开发模式叫作交叉开发模式。

市面上的 TQ2440、Mini2440、S5PV210、IMX6 等开发板都是目标板，最初的目标板里面什么程序都没有烧写和安装。以嵌入式 Linux 为例，需要给目标板安装开机引导程序 Bootloader、内核 Kernel 以及文件系统 rootfs，这三部分是最基本的，可能还会有其他一些内容，比如开机 Logo、参数配置、设备树、安全数据等一些定制化的内容。这里 Bootloader 的作用是对硬件进行初始化，加载内核，完成系统启动。系统启动后可以挂载文件系统、运行应用程序等。应用程序存放在文件系统下某个目录里。对于嵌入式 Linux 系统从启动到应用程序运行这一系列过程，与个人计算机的启动过程是相对应的。下面通过一张表格与个人计算机软件做个比较，如表 3-1 所示。

表 3-1　个人计算机系统与嵌入式系统比较

个人计算机系统	嵌入式系统
BIOS	Bootloader(U-boot 等)
操作系统(Windows 7/Windows 10)	操作系统(Linux)
本地磁盘(C 盘、D 盘等)	Flash 存储器(文件系统)

对于嵌入式 Linux 开发，一般可分为如下 3 个步骤，且所有开发过程都是在个人计算机上进行的。

1）Bootloader 开发

通常 Bootloader 就类似于个人计算机的 BIOS，这是硬件上的第一个程序（相对开发者而言），通常只能通过硬件提供的一些调试接口，比如 JTAG 接口，将编译好的镜像文件通过 JTAG 工具烧到目标板上对应的存储区域。随着技术的进步，现在很多芯片的初化程序烧写也变得简单了，直接通过串口、网口或 USB 接口将程序烧到芯片（比如 Flash 芯片）上。有时也可以把程序事先烧写到存储卡 SD、U 盘等外部存储设备上，然后插到目标板上，上电后从外接存储介质启动。

2）Linux 内核开发

内核编译好后，一般不再需要上述 JTAG 工具直接烧写，由于 Linux 内核镜像文件比较大，JTAG 烧写的速度比较慢。通常可以在 Bootloader 程序中增加一些功能，比如通过 USB 或网线将镜像（编译后的 Linux，通常称为镜像文件）烧写到目标板的存储器中。

3）制作文件系统

文件系统的大小也很大，有的文件系统可能会有几十兆字节或几百兆字节，所以一般也不会用 JTAG 直接烧写，通常也是通过 Bootloader 去烧写。除此之外，在开发调试时，为了避免频繁烧写系统，可以使用操作系统提供的 NFS 网络文件系统，这样就可以远程挂载文件系统，将要调试的程序放在计算机上对应的文件系统目录下就可以。

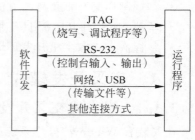

图 3-1　交叉开发模式

下面用一张图简单描述主机与目标板之间的交叉开发模式，如图 3-1 所示。

3.1.2　硬件需求

（1）宿主机计算机要求。

嵌入式 Linux 系统开发，对开发主机的性能不是特别要求，台式机或笔记本计算机均可。现在的计算机配置都很高，不存在不满足需求的问题。原则上需要有一个串口且具有上网功能。

注：笔记本计算机可以通过 USB 转串口实现串口功能，即购买一个 USB 转串口的转接头即可。

（2）目标板要求。

基于 ARMv4、v5、v6、v7、v8 架构的处理器都可以用来学习 ARM 技术，比如 ARM7、ARM9、Cortex-A8、Cortex-A15、Cortex-A57 等，本书基于 Cortex-A8，选用的是三星 S5PV210 芯片进行讲解，书中例子都在 TQ210 开发板上调试通过。针对 ARM9 S3C2440 开发板，由于开发过程、开发原理与 S5PV210 类似，所以相关的知识不再重复介绍，只在本书配套的公众号上以视频形式做介绍。另外，对于其他厂家的 ARM 开发板，原理都是一样的，不同的只是寄存器的配置，所以本书的例子也同样适用于这些开发板，只需要稍做修改即可移植到开发板上使用。另外，在学习的过程中如果没有用于实践的开发板，只要能坚持将本书的例子自己写一遍，或参考本书的例子移植更高版本的 Bootloader 和 Linux 系统，并且能编译通过，那对学习嵌入式 Linux 系统开发都是很有帮助的。

3.2　软件环境搭建与配置

3.2.1　宿主机 Linux 操作系统的安装

视频讲解

因为本书讲的是嵌入式 Linux 系统开发，所有的程序开发都要在 Linux 操作系统上进行，必须要在计算机上安装 Linux 操作系统。而一般开发人员都习惯在 Windows 操作系统上操作，主要是 Windows 的图形操作界面很友好。所以为了既可以使用 Windows 操作系统，又可以开发基于 Linux 的程序，我们就需要在 Windows 上安装一个虚拟机实现一机双系统，这样就不影响我们正常使用 Windows 操作系统，在后面介绍了 SSH 这个服务之后，我们完全可以把装在虚拟机上的 Linux 系统当成 Windows 上的一个"开发工具"来使用。

虚拟机（Virtual Machine）指通过软件模拟的具有完整硬件系统功能的、运行在一个完全隔离环境中的完整计算机系统。流行的虚拟机有 VMware、VirtualBox 和 Virtual PC 等。

Linux 操作系统我们选用 64 位的 Ubuntu18.04 LTS，这是一个稳定的版本，Ubuntu 的资源也比较丰富，可以从 Ubuntu 官方网站下载。虚拟机选择 VirtualBox-6.0.8，它是基于 GPL 协议的开源虚拟机工具。

注：Ubuntu 版本选择，建议使用本书推荐的版本，选用其他版本可能会遇到软件版本不一致等细微差异。关于 VirtualBox 的版本，读者也可以选择其他高版本，本书使用的版本也是比较新的了。

1. 在 Windows 上安装虚拟机

VirtualBox 从官网下载后，先解压，然后直接运行 exe 安装文件进行安装。对于这个软件的具体安装过程比较简单，本书不做重点介绍，一般默认安装在计算机 C 盘下，如果读者不希望安装在 C 盘下，可以手动指定安装路径。下面重点讲解怎么创建一个虚拟机。

创建过程以作者的环境为例，计算机是 8GB 内存、1TB 机械硬盘（如是固态硬盘性能更佳），Windows 7 64 位操作系统（支持 Windows 10），所以在创建虚拟机时，配置 2GB 内存（从系统使用流畅度考虑，建议虚拟机内存大小为实际内存的四分之一，如果计算机本身内存不是很大，给虚拟机分配 1/2 即可），硬盘 80GB（通常不小于 60GB 即可）。下面仅列出关键步骤，其他步骤比较简单，根据提示操作即可。

（1）检查计算机的 BIOS 是否开启虚拟化功能，如图 3-2 所示。

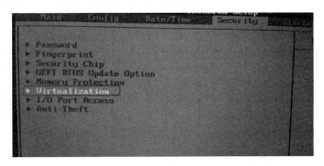

图 3-2 开启虚拟化

不同牌子的计算机，进入 BIOS 的快捷键是不同的，但方式都一样，在开机前按住键盘上 F1～F12 功能键中的某一个，进去后找到图 3-2 所示的 Virtualization 字样的选项，单击进去开启该项功能即可。

（2）启动 VirtualBox，选择"新建（N）"，如图 3-3 所示。

（3）自定义虚拟计算机名称为 u1864book，选择安装路径为 E:\VirtualBox，操作系统类型为 Linux，操作系统版本为 Ubuntu（64-bit），以及内存大小设置、硬盘容量设置等，设置完成后，单击"创建"按钮，即完成虚拟机创建，如图 3-4 所示。

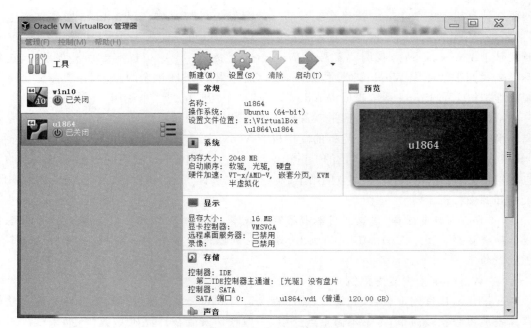

图 3-3　启动 VirtualBox

图 3-4　虚拟机设置

2. 在虚拟机上安装 Linux 操作系统

本书以 64 位 Ubuntu 18.04 LTS 版作为范例，读者如果对 Ubuntu 系统的使用比较熟悉，也可以选择其他版本的 Ubuntu，这里没有强制要求，但建议选择 LTS 版本，可以从官方获得软件支持（服务期 5 年）。下面只列举关键步骤，其他都比较简单，读者可按提示操作即可。

注：在虚拟操作系统 Ubuntu 18.04 中，可以按 Ctrl＋Alt 组合键释放当前鼠标光标，回到 Windows 操作系统中。

（1）打开上面创建好的虚拟机 u1864book，选择"启动（T）"，然后在启动盘界面选择下载好的 64 位 Ubuntu 18.04 镜像文件，如图 3-5 所示。

（2）选择 Install Ubuntu，选择键盘布局类型（默认即可），如图 3-6 所示。

（3）将在线下载升级选项的钩去掉，否则会边安装边升级，需要很长时间，本书使用默认

图 3-5 启动虚拟机

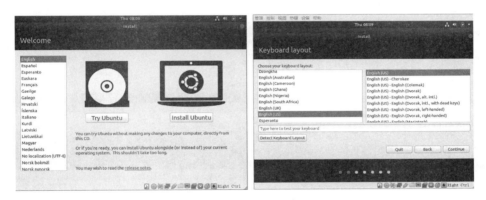

图 3-6 键盘类型选择

的系统即可,无须升级。接下来的一步很关键,要按照图 3-7 所示选择 Something else,如果选择 Erase disk and install Ubuntu 会格式化硬盘,所以通常在虚拟机上安装 Ubuntu 都不会选择这一项,需要特别注意。

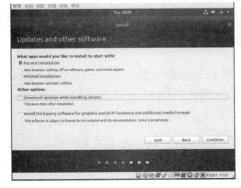
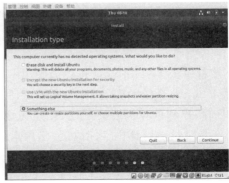

图 3-7 安装类型选择

　　（4）给虚拟机上的硬盘分区，通常只需要分两个区就可以：一个主分区和一个交换分区swap。交换分区的大小一般是虚拟机内存的2倍，所以本书交互分区是4GB(4096MB)，剩下的空间都留给主分区。"/dev/sda"可以看作虚拟机硬盘的名称，双击它弹出一个对话框提示是否要分区，单击Continue按钮继续操作即可，这样就创建了一个free space的空分区，双击它就会弹出具体分区配置界面，默认第一个分区是主分区，所以只需要将挂载点Mount point修改为"/"（斜杠符号是Linux系统的根结点，或者叫根目录，文件系统的内容都是挂载在这个目录下面，后续讲文件系统再做详细介绍），大小Size设置为81803（这是总分区大小减去swap分区大小后的Size：85899−4096＝81803），最后单击OK按钮完成主分区创建。接下来再创建交换分区，需要注意的是Use as这里选择swap area，其他默认即可，具体如图3-8所示。

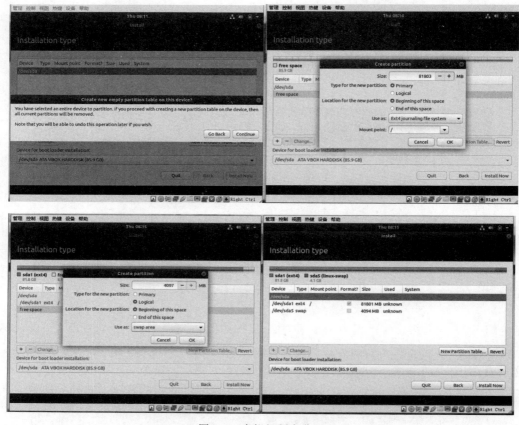

图 3-8　虚拟机硬盘分区

　　（5）接着单击Install Now按钮会弹出一个硬盘分区确认提示框，这里直接单击Continue按钮开始Ubuntu系统的安装，首先提示选择时区，默认选择Shanghai即可，单击Continue按钮进入用户账户和计算机名的创建，创建完成后单击Continue按钮开始安装系统，等待大约30分钟（安装时长由计算机性能决定）弹出重启系统提示界面，即完成Ubuntu系统的安装，具体如图3-9所示。

　　（6）重启系统输入账号和密码登录Ubuntu系统，为了方便对虚拟机上Ubuntu系统的操作，比如窗口自动缩放，需要安装Ubuntu的增强工具包，具体安装只需要选择虚拟机菜单"设

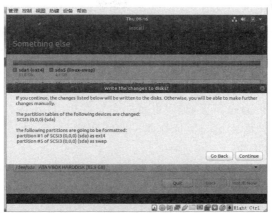

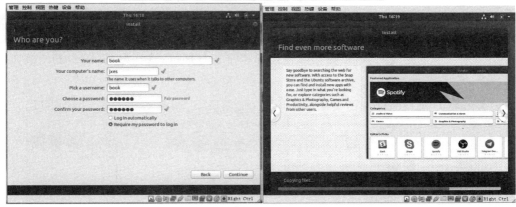

图 3-9　账户设置与系统安装

备"→"安装增强功能",即开始自动安装,安装过程中会提示输入用户密码(即登录账户的密码),具体如图 3-10 所示。

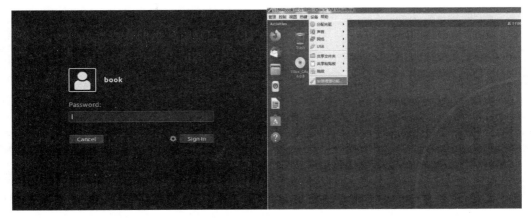

图 3-10　安装增强工具包

3.2.2　配置宿主机 Linux 操作系统

为方便 Windows 操作系统与虚拟机上的 Ubuntu 操作系统(即宿主操作系统,相对于目标板而言)相互访问,以及目标开发板与宿主操作系统之间的通信,需要配置宿主操作系统。

视频讲解

　　下面主要介绍宿主操作系统网络配置，以及设置网络服务。对于 Windows 操作系统的网络设置，主要是设置网络 IP 地址和网关。如果系统开启了 DHCP 功能，一般都会自动获得 IP 地址，格式都是 192.168.x.x 形式。读者只需确认本机的 IP 地址是什么，然后确定宿主操作系统的 IP 地址与 Windows 系统在同一网段、网关设置与 Windows 操作系统一致即可，本书 Windows 操作系统的 IP 地址为 192.168.1.123，网关为 192.168.1.1。如果所在网络环境管控严格，比如需要代理、防护墙隔离等，可以准备一台交互机（Hub），将开发主机与目标板的网络都接到 Hub 上，以保证开发主机与目标在同一网络环境下。

1. 宿主操作系统网络设置

　　VirtualBox 虚拟机提供了 3 种网络连接方式：桥接方式（Bridged）、网络地址转译方式（NAT）和主机网络方式（Host-only）。对于嵌入式交叉开发模式，需要将 Windows 操作系统、宿主 Linux 操作系统和目标开发板的 IP 地址设为同一个网段，所以选择桥接方式。具体操作：单击 VirtualBox 的菜单"控制（M）"，选择"设置"弹出如图 3-11 所示的设置页面，连接方式选择"桥接网卡"，界面名称指计算机网卡的名称，对于笔记本计算机可能有两个名称，一个有线网卡，另一个是无线网卡，根据实际使用那一个选择即可，选择好后，单击 OK 按钮保存退出。

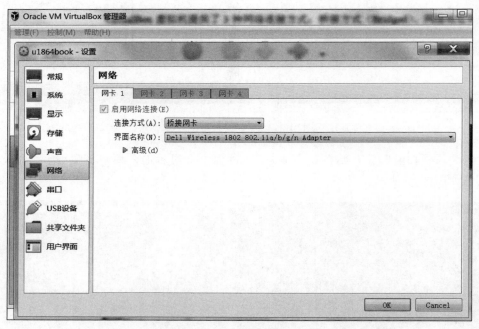

图 3-11　宿主机网络设置

　　设置完桥接方式后，每次启动 Ubuntu 系统都会自动获取一个与 Windows 在同一网段的 IP 地址，宿主机与 Windows 系统即可通信，比如通过 FTP 传输送文件等，即满足本书后续嵌入式系统开发的需要，如需给宿主机设置固定的 IP 地址，可以参考下面的步骤进行配置。不同版本的 Ubuntu 可能网卡设备名称不一样，比如 eth0、enp0s3，以实际系统为准，可以用 ifconfig 命令查看网卡名称（如果没有此命令，用 sudo apt install ifconfig 安装即可），如下所示：

```
book@jxes:~ $ sudo apt install ifconfig
```

```
book@jxes:~ $ ifconfig
enp0s3: flags = 4163 < UP, BROADCAST, RUNNING, MULTICAST > mtu 1500
        inet 192.168.1.199 netmask 255.255.255.0 broadcast 192.168.1.255
        inet6 fe80::378:7547:155b:2fbc prefixlen 64 scopeid 0x20 < link >
        ether 08:00:27:e1:a8:0d txqueuelen 1000 (Ethernet)
```

（1）在 Ubuntu 的控制台上打开/etc/network/interfaces，在里面添加静态 IP 设置。

Ubuntu 控制台实际就是一个命令行工具窗口，同时按住键盘上的 Ctrl＋Alt＋T 即可快速打开控制台。

```
♯设置静态网卡
auto enp0s3
iface enp0s3 inet static
♯设置 IP
address 192.168.1.199
♯设置子网掩码
netmask 255.255.255.0
♯设置网关
gateway 192.168.1.1
♯设置 dns - nameservers 通过 host 访问 Internet
dns - nameservers 192.168.1.1
dns - nameservers 210.6.10.11
```

注：
- 必须设置 dns-nameservers，否则无法访问 Internet，dns-nameservers 后面跟的是网关地址和本地实际的 DNS。
- 如果读者访问 Internet 是通过代理服务器访问的，上述配置无法访问 Internet，但不影响嵌入式交叉开发，目标板、Windows 操作系统和 Ubuntu 三者之间仍可互通。如果要访问外网，需要安装代理软件并配置，这里不作介绍。

（2）在/etc/network/interfaces 设置完后，需要重启网络服务设置才会生效，可以用如下方式重启服务。

```
book@jxes:~ $ sudo service network - manager restart
```

或者

```
book@jxes:~ $ sudo ifdown enp0s3
book@jxes:~ $ sudo ifup enp0s3
```

或者直接重启 Ubuntu 操作系统。

注：配置时需要有 root 权限，而"book"是一个普通管理员账户，所以需要用 sudo 命令（sudo 是 Ubuntu 独有的命令，用于在普通用户下执行 root 权限）执行 root 权限下的命令。

（3）验证宿主机网络是否配置成功。

```
book@jxes:~ $ ping www.baidu.com
PING www.a.shifen.com (180.101.49.12) 56(84) bytes of data.
64 bytes from 180.101.49.12 (180.101.49.12): icmp_seq = 1 ttl = 55 time = 239 ms
64 bytes from 180.101.49.12 (180.101.49.12): icmp_seq = 2 ttl = 55 time = 32.4 ms
```

（4）使用 netplan 配置网络。

Ubuntu 从版本 V17 开始引入了 netplan 方式配置网络，一改传统配置的烦琐，只需要打开/etc/netplan/目录下的 yaml 文件，在里面配置好后，执行 sudo netplan apply 配置立即生效。

```
book@jxes:~ $ ls /etc/netplan/
01 - network - manager - all. yaml
```

配置后的 yaml 文件如下所示：

```
1  # Let NetworkManager manage all devices on this system
2  network:
3      ethernets:
4          enp0s3:
5              dhcp4: no
6              addresses: [192.168.1.199/24]
7              optional: true
8              gateway4: 192.168.1.1
9              nameservers:
10                  addresses: [8.8.8.8, 8.8.4.4]
11      version: 2
12      renderer: NetworkManager
```

修改 yaml 配置文件需要注意以下 3 点：

- 子行只能在父行下方，而且要缩进几格，一般缩进 2 格或 4 格即可。
- 缩进不可用 Tab 键，只能以空格方式缩进。
- 同层级的缩进格数要一样。

2. 开启 FTP、SSH 和 NFS 服务

（1）更新软件源列表和系统。

虽然 Ubuntu 的系统资源比较丰富，但不保证所有软件都事先为我们安装配置好，所以在安装这 3 个服务前先更新 Ubuntu。

更新软件源列表：

```
book@jxes:~ $ sudo apt - get update
```

注：apt-get 是 Ubuntu 系统的一个在线安装命令，通过它可以在线安装与升级系统软件以及工具包等，此命令也可直接简写为 apt。

更新系统：

```
book@jxes:~ $ sudo apt - get dist - upgrade
book@jxes:~ $ sudo apt - get autoremove
```

注：这里更新完成后，在后续开发过程中，如果 Ubuntu 系统有任何更新提示，都可忽略，而且也不建议随便更新系统，以免破坏我们配置好的交叉开发环境。

（2）安装、设置、启动 FTP 服务。

执行以下命令安装 FTP 服务：

```
book@jxes:~ $ sudo apt install vsftpd
```

修改 vsftpd 的配置文件/etc/vsftpd. conf，去掉下面两个选项前面的"#"：

```
# local_enable = YES    # 是否允许本地用户登录
# write_enable = YES     # 是否允许上传文件
```

重启 FTP 服务，使设置生效：

```
book@jxes:~ $ sudo /etc/init. d/vsftpd restart
```

（3）安装、设置、启动 SSH 服务。

执行以下命令安装 SSH server 服务，安装后就会自动运行，无须配置：

book@jxes:～$ sudo apt install openssh‐server

（4）安装、设置、启动 NFS 服务。

执行以下命令安装 NFS 服务：

book@jxes:～$ sudo apt install nfs‐kernel‐server portmap

设置/etc/exports，添加以下内容，后续就可通过网络文件系统访问/opt/nfs_root 目录：

/opt/nfs_root ＊(rw,sync,no_root_squash) (注:no_root_squash 关掉 root 限制)

重启 NFS 服务使设置生效：

book@jxes:～$ sudo /etc/init.d/nfs‐kernel‐server restart

注：如果/opt/nfs_root 这个共享目录不存在，重启 NFS 服务会失败：

```
$ sudo /etc/init.d/nfs‐kernel‐server restart
[....] Restarting nfs‐kernel‐server (via systemctl): nfs‐kernel‐server.serviceJob for nfs‐
server.service canceled.
failed!
```

查看本地对外共享的目录：

```
book@jxes:～$ showmount ‐e
Export list for jxes: /opt/nfs_root ＊
```

3.2.3　在宿主机上安装、配置开发环境

本节主要介绍一些常用 C\C++ 开发环境的安装，以及 Linux 下的常用编辑工具，为后面学习嵌入式 C 编程做准备。这些工具在 Ubuntu 18.04 版本都已自带，所以下面重点了解它们的用途。

1. 安装编译环境

安装主要编译工具 gcc、g++ 和 make：

book@jxes:～$ sudo apt install build‐essential

安装语法、词法分析器：

book@jxes:～$ sudo apt install bison flex

安装 C 函数库的 man 手册：

book@jxes:～$ sudo apt install manpages‐dev

安装 autoconf、automake 用于制作 makefile：

book@jxes:～$ sudo apt install autoconf automake

安装帮助文档（可选择安装，仅作参考）：

book@jxes:～$ sudo apt install binutils‐doc cpp‐doc gcc‐doc glibc‐doc stl‐manual

2. 安装编辑工具 vim

执行以下命令安装：

```
qinfen@JXES:~ $ sudo apt install vim
```

修改 vim 配置文件/etc/vim/vimrc，在最后添加以下内容，配置完成后下次输入 vi 工具命令就会直接调用 vim 命令：

```
book@jxes:~ $ sudo vim /etc/vim/vimrc
book@jxes:~ $ source /etc/vim/vimrc
set nu "显示行号"
set tabstop = 4 "制表符宽度"
set cindent "C/C++语言的自动缩进方式"
set shiftwidth = 4 "C/C++语言的自动缩进宽度"
```

注：source 命令只能使配置在当前控制台有效，重启系统后都有效。

3. 修改工作目录 opt 的所有者

opt 目录是 Linux 自带的一个目录，通常这些目录下面没有任何其他文件或目录，因此可以作为开发目录使用，其所有者默认是 root，所以本书的普通用户 book 是不允许操控 opt 目录的。所以用 book 账户登录后，无法用 FTP 工具上传文件到 opt 目录下，需要修改 opt 的所有者（所属组 root 可以不修改），用命令 chown 修改。

```
book@jxes:~ $ sudo chown − R book /opt
```

其中，"-R"是循环修改的意思，如果 opt 下面有其他目录存在，执行此命令后都会被修改。

修改后：

```
book@jxes:~ $ ls / − l          //斜杠代表根目录,opt 是在根目录下面
drwxr − xr − x   3 book root   4096   4月   7 23:54 opt
```

视频讲解

3.2.4　制作交叉编译工具链

本书介绍的交叉工具链主要是针对 ARM 处理器的，相关的工具链可通过两种途径获得：一是直接用官方制作好的工具链，可以省去制作过程；二是自己手工制作。为了使读者全面了解工具链，本书对这两种途径分别进行详细介绍。

1. 使用制作好的工具链

制作好的工具链可以从所选芯片官方渠道获得，也可直接使用本书制作好的工具链。本书的工具链是基于 ARMv7 架构，适用于 Cortex-A8 处理器的交叉编译工具链。下面开始解压工具链：

```
book@jxes:~ $ cd /opt/tools/crosstool
book@jxes:~ $ tar xjf arm − cortex_a8 − linux − gnueabi_gcc − 4.9.3_glibc − 2.22.tar.bz2
book@jxes:/opt/tools/crosstool $ ls
arm − cortex_a8 − linux − gnueabi arm − cortex_a8 − linux − gnueabi_gcc − 4.9.3_glibc − 2.22.tar.bz2
```

在环境变量 PATH 里添加工具链的 bin 目录，以便直接使用 bin 下面的工具：

```
 $ export PATH = $ PATH:/opt/tools/arm − cortex_a8 − linux − gnueabi/bin
```

以上设置只适用于当前终端（即当前控制台），重启系统后，设置就自动失效。要想当前用户不失效，可以在/etc/environment 文件里添加 bin 目录：

```
book@jxes:/opt/tools/crosstool $ sudo vim /etc/environment
PATH = "/usr/local/sbin:/usr/local/bin:/usr/sbin:/usr/bin:/sbin:/bin:/usr/games: /opt/tools/
arm −
Cortex − a8 − linux − gnueabi/bin"
```

```
book@jxes:/opt/tools/crosstool $ source /etc/environment
```

由于现在很多芯片都是基于 ARM 架构的,因此,Ubuntu 系统也支持直接安装 ARM 交叉工具链,可以使用 sudo apt-get install gcc-arm-linux-gnueabi 安装,这样安装好后,就可以直接使用。但是需要注意的是,这样默认安装的工具链版本都是比较新的版本,有时 gcc 或 glib 的版本过高,可能与我们的程序不匹配,所以还是推荐去网站下载需要的版本,或自己制作。

2. 自己制作工具链

本书制作的工具链基于 crosstool-ng-1.22.0,源代码可以从官方网站下载,下载后的压缩包为 crosstool-ng-1.22.0.tar.xz,将下载后的文件通过 FTP 上传到/opt/tools 目录下。

注:crosstool-ng 版本要根据实际需要编译的源码版本来选择,比如后面章节介绍的 U-Boot、Kernel 和 Qt 应用开发,这是定制交叉工具链的难点,也是很多人觉得定制很麻烦的原因。

(1)解压。

```
$ cd /opt/tools
$ tar xJf crosstool - ng - 1.22.0.tar.xz
book@jxes:/opt/tools $ ls
crosstool - ng crosstool - ng - 1.22.0.tar.xz
```

(2)安装 crosstool-ng 的软件依赖包。

安装 crosstool-ng 需要相关软件包支持,如果第一步不先安装所需的软件包,直接进入 crosstool-ng 安装会提示缺少软件。下面提供的软件包是作者制作时收集的一些软件包。

注:如果选择其他版本的 crosstool-ng 制作工具链,可能会提示缺少其他软件包,可以先退出安装,把缺少的软件安装好后再安装。

所需软件包汇总安装如下,安装过程中会提示输入确认信息,直接输入"y"即可。

```
sudo apt - get install autoconf automake libtool libtool - bin libexpat1 - dev libncurses5 - dev
bison flex patch curl cvs texinfo build - essential subversion gawk python - dev gperf g++libexpat1
- dev help2man
```

缺少相关软件包(libexpat1-dev)时的提示信息:

```
[INFO ]    Installing cross - gdb
[EXTRA]    Configuring cross - gdb
[EXTRA]    Building cross - gdb
[ERROR]    configure: error: expat is missing or unusable
[ERROR]    make[2]: *** [configure - gdb] Error 1
[ERROR]    make[1]: *** [all] Error 2
```

(3)编译安装 crosstool-ng。

制作交叉工具前需要配置、安装 crosstool-ng,在安装前先创建两个目录分别用于安装和制作工具链。

```
$ mkdir crosstool_install crosstool_build
```

配置 crosstool-ng:

```
book@jxes:/opt/tools $ cd crosstool - ng
book@jxes:/opt/tools/crosstool - ng $ ./configure -- prefix = /opt/tools/crosstool_install
checking build system type... x86_64 - pc - linux - gnu
checking host system type... x86_64 - pc - linux - gnu
checking for a BSD - compatible install... /usr/bin/install - c
```

```
checking for grep that handles long lines and - e... /bin/grep
...
checking ncurses. h presence... yes
checking for ncurses. h... yes
checking for library containing initscr... - lncurses
checking for library containing tgetent... none required
configure: creating ./config. status
config. status: creating Makefile
```

注：

- prefix 自定义安装的路径，如果路径的所有者不是当前用户或非 root 用户，配置不会成功，所以推荐使用当前用户，本书的/opt 目录已经是当前用户权限。
- cosstool-ng 默认是非 root 用户安装，root 用户安装需要修改/scripts/crosstool-ng. sh. in 这个文件，在"♯Check running as root"这句上面添加"CT_ALLOW_BUILD_AS_ROOT_SURE＝true"，这个方式安装一般很少用到。

编译、安装 crosstool-ng：

```
book@jxes:/opt/tools/crosstool - ng $  make
    SED     'ct - ng'
    SED     'scripts/crosstool - NG. sh'
    SED     'scripts/saveSample. sh'
    SED     'scripts/showTuple. sh'
...
    CC      'nconf. o'
    CC      'nconf. gui. o'
    LD      'nconf'
    SED     'docs/ct - ng. 1'
    GZIP    'docs/ct - ng. 1. gz'
book@jxes:/opt/tools/crosstool - ng $  make install
    GEN     'config/configure. in'
    GEN     'paths. mk'
    GEN     'paths. sh'
    MKDIR   '/opt/tools/crosstool_install/bin/'
    INST     'ct - ng'
...
    INST     'docs/ * . txt'
    MKDIR   '/opt/tools/crosstool_install/share/man/man1/'
    INST     'ct - ng. 1. gz'
For auto - completion, do not forget to install 'ct - ng. comp' into
your bash completion directory (usually /etc/bash_completion. d)
```

注：编译 crosstool-ng-1. 22. 0 时如果遇到如下错误提示：

```
    DEP     'zconf. tab. dep'
    CC      'zconf. tab. o'
In file included from zconf. tab. c:213:0:
zconf. hash. c:163:1: error: conflicting types for 'kconf_id_lookup'
 kconf_id_lookup (register const char * str, register size_t len)
zconf. hash. c:34:25: note: previous declaration of 'kconf_id_lookup' was here
 static struct kconf_id * kconf_id_lookup(register const char * str, register unsigned int len);
```

这是由于 kconf_id_lookup 这个函数的参数类型不一致，找到相关的源码后，将 size_t len 改为 unsigned int len，再编辑就不会有问题，修改如下：

```
book@jxes:/opt/tools/crosstool - ng $  vim kconfig/zconf. hash. c
```

163 kconf_id_lookup (register const char * str, register size_t len)

修改后：

163 kconf_id_lookup (register const char * str, register unsigned int len)

（4）将 crosstool-ng 工具命令添加到环境变量 PATH。

```
$ cd /opt/tools
$ export PATH = $ PATH: /opt/tools/crosstool_install/bin
```

在当前终端就可以直接使用 ct-ng 命令。

```
$ ct - ng help
This is crosstool - NG version crosstool - ng - 1.22.0
...
Use action "menuconfig" to configure your toolchain
Use action "build" to build your toolchain
Use action "version" to see the version
See "man 1 ct - ng" for some help as well
```

上述信息说明 crosstool-ng 的配置与安装是成功的。另外，通过帮助提示可以看到，crosstool-ng 有点类似于 Linux，也有 menuconfig 用于配置工具链。

（5）选择配置文件。

用命令 ct-ng list-samples 可以查看此版本的 crosstool-ng 默认支持哪些处理器。

```
$ ct - ng list - samples
...
[L.X]   arm - cortex_a15 - linux - gnueabi
[L..]   arm - cortex_a8 - linux - gnueabi
[L.X]   arm - cortexa9_neon - linux - gnueabihf.......
```

此版本已支持 Cortext-A8 处理器，接下来直接使用这个默认配置文件制作交叉工具链。

复制默认配置文件到 crosstool_build，并复制 crosstool.config 为 .config：

```
$ cd /opt/tools/crosstool - ng/samples/arm - cortext_a8 - linux - gnueabi
$ cp * /opt/tools/crosstool_build
$ cd /opt/tools/crosstool_build
$ cp crosstool.config .config
```

（6）执行 menuconfig 配置工具链（见图 3-12）。

```
$ cd /opt/tools/crosstool_build
$ ct - ng menuconfig
```

针对打开的默认配置，做如下修改。

Paths and misc options →   (/opt/tools/crosstool/src)Local tarballs directory

指定软件安装包目录，将下载好的安装包放在此目录可以避免安装时下载。

(/opt/tools/ crosstool/ ${CT_TARGET})Prefix directory

此项指定交叉编译器的安装路径。

（4）Number of parallel jobs

此项指定同时执行 4 个工作线程，提高编译速度。

注：计算机配置的不同，这里的设置也不同。作者的处理器是 4 核，所里这里设为 4；如

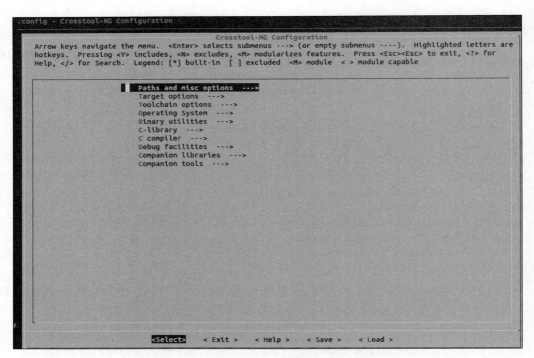

图 3-12　Crosstool 配置界面

果读者是 8 核，这里设为 8 就可以；如果还支持超线程技术，设为 16 也可以。

　　Target options →
　　　　Floating point:(Softfp(FPU)) →

此项表明使用软浮点技术，具体要视处理器情况而定。

　　Toolchain options →
　　　　(cortex_a8)Tuple's vendor string

由于本书选用默认配置，此处默认为 cortex_a8。这样制作后的交叉编译器名前缀即为"arm-cortex_a8-linux-gnueabi-"，如果此处不设置，编译器名前缀即为："arm-unknown-linux-gnueabi-"。

　　(arm - linux)Tuple's alias

设置别名，这样会给每个工具创建一个软链接，比如：arm-linux-gcc 链接到 arm-cortex_a8-linux-gnueabi-gcc。

　　Operating System →
　　　　Linux kernel version(3.10.93) →

指定内核版本，这个选择对后续编译 Kernel 源码有帮助。

　　Linkers to enable (ld,gold,) →

支持 gold 连接，搭建 Qt 5 开发环境时用到。

　　C compiler →
　　　　gcc version(4.9.3) →

指定 gcc 软件包的版本(升级到 4.9.3 支持 Qt 5 开发,Qt 5 需要 C++11 的支持),本书提供的 gcc-4.9.3.tar.bz2 已经将下面错误修复,可直接使用。

　　注:如果 Ubuntu 系统自带的 gcc 版本高于 4.9.3,即在高版本下编译低版本会报如下错误:

```
[ERROR]    cfns.gperf:101:1: error: 'const char * libc_name_p(const char *, unsigned int)'
redeclared inline with 'gnu_inline' attribute
```

修改如下两个源码文件:

```
/opt/tools/crosstool_build$ vim .build/src/gcc-4.9.3/gcc/cp/cfns.h
/opt/tools/crosstool_build$ vim .build/src/gcc-4.9.3/gcc/cp/cfns.gperf
cfns.h 第 56~57 行中间插入
#ifdef __GNUC_STDC_INLINE__
__attribute__ ((__gnu_inline__))
#endif
cfns.gperf 第 25~26 行中间插入
#ifdef __GNUC_STDC_INLINE__
__attribute__ ((__gnu_inline__))
#endif
    [ * ]Compile libmudflap
```

这是一个软件调试工具,可以检查内存泄露,不是必选项。

```
C-library →
    glibc version (2.22) →
```

指定 C 库版本。

```
[ * ] Force unwind support (READ HELP!)
```

C 库配置时需要此功能。

```
Paths and misc options →
    [ * ] Try features marked as EXPERIMENTAL
```

选择此扩展项后即开启 Companion tools 功能选项。

```
Companion tools →
    [ * ] Build some companion tools
    [ * ]    make
```

选择 make 后,编译时就会用选择的 make 来编译。

　　注:建议直接使用本书配套软件包里 make-3.81.tar.bz2,如果是编译时自动下载的 make 软件包,需要做如下修改(与 C 库的兼容):

未修改的错误提示:

```
/opt/tools/crosstool_build/.build/src/make-3.81/glob/glob.c:1361: undefined reference to
'__alloca'
```

修改 glob.c 如下:

```
210 //#if !defined __alloca && !defined __GNU_LIBRARY__ //此处注释掉
211
212 # ifdef __GNUC__
213 # undef alloca
    …
```

```
228
229 ♯ define __alloca        alloca
230
231 //♯ endif        //此处注释掉
```

其他配置项，可以对照下面软件包中软件的版本选择即可，最后选择 Save an Alternate Configuration 将上面的修改保存后退出，所有配置信息会自动保存在.config 文件里。

注：配置软件包版本时一定要注意软件包之间的匹配性，否则制作过程中会出错，一旦出错，可以退出制作，重新打开 menuconfig 修改相应软件包的版本。

（7）下载工具链所依赖的软件包。

创建 crosstool/src 目录：

```
$ cd /opt/tools
$ mkdir - p crosstool/src
```

打开.config 查找所需要软件包及其版本信息，然后逐一下载，都下载完成后，通过 FTP 上传到/opt/tools/crosstool/src 目录。下面是本书工具链所需软件包：

```
cloog - ppl - 0.18.4.tar.gz libelf - 0.8.13.tar.gz glibc - 2.16.tar.xz ltrace_0.7.3.orig.tar.bz2
glibc - ports - 2.22.tar.xz dmalloc - 5.5.2.tgz duma_2_5_15.tar.gz expat - 2.1.0.tar.gz
binutils - 2.24.tar.bz2 strace - 4.10.tar.xz ncurses - 6.0.tar.gz gdb - 7.1.0.tar.xz libiconv - 1.
14.tar.gz
gmp - 6.0.0a.tar.xz mpfr - 3.1.3.tar.xz ppl - 0.10.2.tar.bz2 gcc - 4.9.3.tar.bz2 isl - 0.14.
tar.bz2
expat - 2.1.0.tar.gz linux - 3.10.93.tar.bz2 mpc - 1.0.3.tar.gz make - 3.81.tar.bz2 m4 - 1.4.13.
tar.xz
autoconf - 2.65.tar.xz automake - 1.11.1.tar.bz2 gettext - 0.19.6.tar.xz libtool - 2.4.6.tar.xz
```

注：ncurses-6.0.tar.gz 是修改后的软件包，如果从网络下载编译，可能会报下面错误：

```
[ALL  ]                    from ../ncurses/lib_gen.c:19:
[ERROR]    _29430.c:835:15: error: expected ')' before 'int'
[ALL  ]    ../include/curses.h:1594:56: note: in definition of macro 'mouse_trafo'
[ALL  ]    ♯ define mouse_trafo(y,x,to_screen) wmouse_trafo(stdscr,y,x,to_screen)
```

修改如下：

```
/opt/tools/crosstool_build/.build/src/ncurses - 5.9 $ vim include/curses.tail
104 extern NCURSES_EXPORT(bool)     mouse_trafo(int *, int *, bool);              /*
generated */去掉后面的注释
```

（8）编译。

进入 crosstool_build 目录执行 build 编译，整个编译过程主要是安装软件包。

```
$ cd /opt/tools/crosstool_build
$ ct - ng build
```

编译成功后会看到如下提示信息：

```
[INFO ]   Performing some trivial sanity checks
[INFO ]   Build started 20200401.083540
[INFO ]   Building environment variables
[EXTRA]   Preparing working directories
[EXTRA]   Installing user - supplied crosstool - NG configuration
...
[EXTRA]   Removing installed documentation
```

```
[ INFO ]    Cleaning-up the toolchain's directory: done in 2.47s (at 97:53)
[ INFO ]    Build completed at 20200401.101332
[ INFO ]    (elapsed: 97:52.18)
[ INFO ]    Finishing installation (may take a few seconds)...
[61:12]    book@jxes:/opt/tools/crosstool_build $
```

整个编译过程大约需要 62 分钟,实际制作时间取决于读者计算机的性能。

(9) 修改环境变量 PATH 并测试工具链。

本书制作好的工具链 bin 目录为/opt/tools/crosstool/arm-cortex_a8-linux-gnueabi/bin
具体怎么修改环境变量,可以参考前面所讲,方法一致。

在环境变量 PATH 里添加好新制作的工具链后,可以用如下方法测试,如果看到工具的
版本信息,说明制作成功。

```
$ arm-linux-gcc -v
gcc version 4.9.3 (crosstool-NG crosstool-ng-1.22.0)
```

关于嵌入式编程基础知识的介绍,见配套资源补充资料第 1 章,下载方式详见前言。

第二篇

千里之行，始于足下

嵌入式系统开发最终给原本冰冷的元器件赋予了"灵魂"，使其有了"生机"，所以在进行系统开发前，必须要了解各种元器件的工作原理、编程方式。在接下来的章节中，将会以 S5PV210 开发板为例，介绍一些常见硬件模块的工作原理以及怎样编写程序使其正常工作。

第4章

基于ARMv7的S5PV210启动流程

本章学习目标
- 了解 S5PV210 的启动流程及内存分布情况；
- 掌握 S5PV210 上的程序烧写方法。

4.1 S5PV210 启动流程概述

4.1.1 外部启动介质

  S5PV210 的 iROM(internal ROM)启动方式支持的外部启动介质有 MoviNAND/iNAND、MMC/SD Card、pure NAND、eMMC、eSSD、UART 和 USB,因此,S5PV210 提供了如下一些硬件功能来支持这些启动方式:

  (1) S5PV210 微处理器基于 ARM Cortex-A8 架构;

  (2) 64KB 的 iROM;

  (3) 96KB 的片内 SRAM;

  (4) SDRAM 及其控制器;

  (5) 4/8 位高速 SD/MMC 控制器;

  (6) NAND 控制器;

  (7) OneNAND 控制器;

  (8) eSSD 控制器;

  (9) UART 控制器;

  (10) USB 控制器。

4.1.2 iROM 启动的优势

S5PV210 采用 iROM 方式启动有如下优点:

(1) 减少 BOM 成本。

  S5PV210 通过 MoviNAND、iNAND、MMC Card、eMMC Card、eSSD 启动,不需要其他启动 ROM,比如 NOR Flash。

(2) 提高读取的准确度。

  NAND Flash 启动时,S5PV210 可以支持 8/16 位的 H/W ECC 校验。需要注意的是,NAND 方式启动都支持 8 位 H/W ECC 校验,而 16 位 ECC 只有 4KB 5 周期的 NAND 支持。

(3) 启动设备可选性,减少产品开发的成本(可选)。

视频讲解

4.2 S5PV210上电初始化及内存空间分布

4.2.1 启动流程

1. 启动流程

按照芯片手册上的启动分析图及描述,S5PV210的启动流程可概括为图4-1所示,具体总结如下。

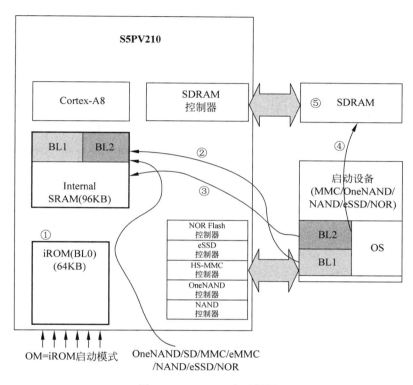

图4-1 S5PV210启动框图

(1) S5PV210上电后执行 iROM 中的固化代码,即 BL0(Bootloader0),这个代码是厂家出厂前烧写好的,不提供源代码,但提供相应的功能说明,比如进行一些时钟初始化、设备控制器初始化和启动相关的初始化等。相关的代码其实在 U-Boot 或 Kernel 里都见过,即上电后最先执行的那些代码,通常都是用汇编语言编写的,现在 S5PV210 只是在出厂时将这部分内容固化在片内存储器中,所以我们在开发系统时如果没有将这部分初始化,系统也可以正常工作,就是因为芯片中原先已经固化了这部分代码。

(2) iROM 继续执行加载 Bootloader 到片内 SRAM(总大小 96KB)中,即 BL1(最大不超过 16KB),并跳到 BL1 中执行。

(3) 执行 BL1 加载 Bootloader 剩余部分到 SRAM 中,即 BL2(最大不超过 80KB),并跳到 BL2 中执行。

(4) 执行 BL2 初始化 DRAM 控制器,并加载 OS 到 SDRAM。

(5) 跳转到 OS 起始地址处执行。

2. BL0 启动序列

(1) 关看门狗时钟;

（2）初始化指令缓存；

（3）初始化栈、堆；

（4）初始化块设备复制函数；

（5）初始化 PLL 及设置系统时钟；

（6）根据 OM 引脚设置，从相应启动介质复制 BL1 到片内 SRAM 的 0xD002_0000 地址处（其中 0xD002_0010 之前的 16 字节存储的是 BL1 的校验信息和 BL1 的大小），并检查 BL1 的 CheckSum 信息，如果检查失败，iROM 将自动尝试第二次启动（从 SD/MMC 通道 2 启动）；

（7）检查是否是安全模式启动，如果是，则验证 BL1 完整性；

（8）跳转到 BL1 起始地址处。

注：关于第二次启动的序列，通常建议在调试时使用，所以这里不进行详细介绍，有兴趣的读者可以参考 S5PV210 手册。

3. S5PV210 启动流程不是固定的

在实际应用中，上述启动流程有时并不适用，比如在后面章节介绍 U-Boot 时，编译好的 U-Boot 在 200KB 以上，大于片内 SRAM 96KB 的限制，所以实际操作时，需要修改流程，比如在 BL1 中初始化时钟、SDRAM 控制器等，并复制 BL2 到外部的 SDRAM 中，跳转到 SDRAM 中执行 BL2，然后 BL2 加载 OS 到 SDRAM 中，并跳转到 OS 起始地址执行。这里的 BL1 可以是一段独立的程序，也可以是 U-Boot 的开头一部分，同理，BL2 可以是完整的 U-Boot 程序，或者是 U-Boot 剩余部分，详细过程在后面章节中再介绍。

4.2.2　空间分布

关于 S5PV210 地址空间分布，下面通过一个表格详细说明其地址映射情况，如表 4-1 所示。

表 4-1　S5PV210 设备地址空间

地　　址		大　　小	描　　述
0x0000_0000	0x1FFF_FFFF	512MB	启动区域，由启动模式决定的镜像文件映射区域
0x2000_0000	0x3FFF_FFFF	512MB	DRAM 0
0x4000_0000	0x7FFF_FFFF	1024MB	DRAM 1
0x8000_0000	0x87FF_FFFF	128MB	SROM Bank 0
0x8800_0000	0x8FFF_FFFF	128MB	SROM Bank 1
0x9000_0000	0x97FF_FFFF	128MB	SROM Bank 2
0x9800_0000	0x9FFF_FFFF	128MB	SROM Bank 3
0xA000_0000	0xA7FF_FFFF	128MB	SROM Bank 4
0xA800_0000	0xAFFF_FFFF	128MB	SROM Bank 5
0xB000_0000	0xBFFF_FFFF	256MB	OneNAND/NAND 控制器和 SFR
0xC000_0000	0xCFFF_FFFF	256MB	MP3_SRAM 输出缓存
0xD000_0000	0xD000_FFFF	64KB	iROM
0xD001_0000	0xD001_FFFF	64KB	保留
0xD002_0000	0xD003_7FFF	96KB	iRAM
0xD003_8000	0xD7FF_7FFF	128MB	未使用
0xD800_0000	0xDFFF_FFFF	128MB	DMZ ROM
0xE000_0000	0xFFFF_FFFF	512MB	特殊功能寄存器区域

S5PV210还提供了许多功能函数,可以将镜像文件从外部启动设备复制到内存SDRAM中执行,这些功能函数的代码都固化在片内只读ROM的区块中,相应函数的入口地址被映射到片内存储区域的相应位置,用户可以通过这些映射地址调用合适的功能函数。此外,还提供了一些全局变量用于记录启动设备的信息,比如SD卡的信息,详细介绍可以参考S5PV210手册。下面重点介绍一下iROM与iRAM的内存空间映射,如图4-2所示。

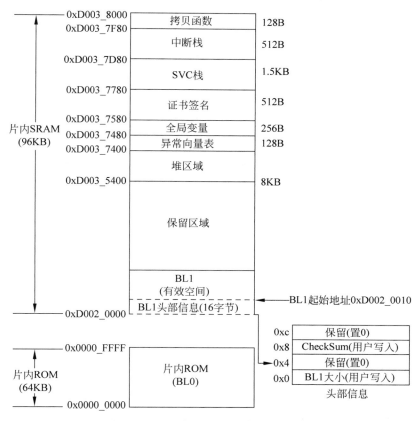

图 4-2　iRAM 与 iROM 内存映射示例图

4.2.3　SD 卡引导块分配情况

前面介绍过SD卡烧写相关的命令,具体要将镜像文件(比如U-Boot、Kernel、Filesystem等)烧写到SD卡什么区块,S5PV210也有严格的定义,下面通过图4-3来介绍SD卡引导块的分布情况。

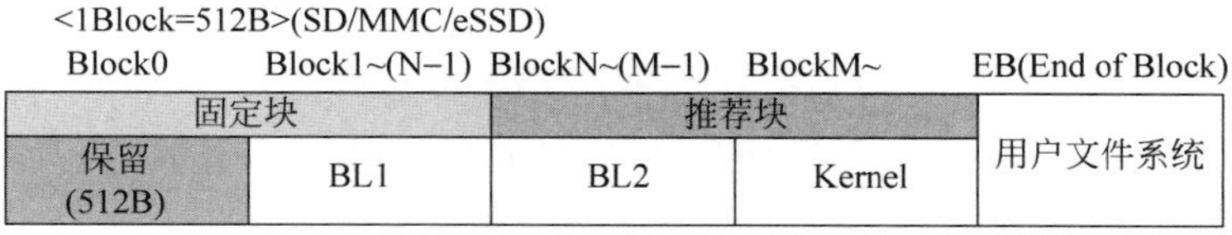

图 4-3　SD 卡引导块布局示例图

上图Block0～Block(N－1)为固定区块,不建议往此区块写其他的数据,且不能写Block0,作为保留块用,另外,BL1的镜像需写到块Block1～(N－1)。推荐区块里的内容可以根据需要写入相应的内容,这里推荐将BL2镜像与Kernel镜像写到此区块。剩下的区块可以写入其他数据，比如文件系统的镜像。

最后，在使用SD卡作为启动设备时，SD卡需要用FAT32方式格式化，且每个分区的大小为512字节，即1Block＝512B。

4.2.4　iROM 中的时钟配置

S5PV210上电后，iROM中的固化代码会以24MHz的外部晶振配置系统时钟，详细配置介绍如下。

1）APLL

其中 M＝200，P＝6，S＝1，由公式 $F_{OUT}=(MDIV\times F_{IN})/(PDIV\times 2^{SDIV-1})$ 可知 APPL 的频率为800MHz，由 APLL 产生的时钟如表4-2所示。

表4-2　iROM 中配置的 APLL 时钟

类　　别	ARMCLK	ACLK200	HCLK200	PCLK100	HCLK100
频率/MHz	400	133	133	66	66

2）MPLL

其中 M＝667，P＝12，S＝1，由公式 $F_{OUT}=(MDIV\times F_{IN})/(PDIV\times 2^{SDIV})$ 可知 MPLL 的频率为667MHz，由 MPLL 产生的时钟如表4-3所示。

表4-3　iROM 配置的 MPLL 时钟

类　　别	HCLK166	PCLK83	SCLK_FIMC	ARMATCLK	HCLK133	PCLK66
频率/MHz	133	66	133	133	133	66

3）EPLL

其中 M＝80，P＝3，S＝3，K＝0，由公式 $F_{OUT}=((MDIV+KDIV)\times F_{IN})/(PDIV\times 2^{SDIV})$ 可知 EPLL 的频率为80MHz。

4.3　S5PV210 上的程序烧写

4.3.1　程序烧写概述

视频讲解

关于嵌入式系统程序烧写，这里主要指裸机程序烧写，或者说目标机上第一个程序的烧写，在以前的平台上，通常用得比较多的是通过 JTAG 口向目标机上烧写，比如之前的 S3C2440 平台。对于 S5PV210 平台，除支持传统的 JTAG 烧写外，还支持用 SD 卡烧写裸机程序，所以本书后面章节的实验程序也都是通过 SD 卡烧写到开发板上运行测试的。

根据前面 S5PV210 启动流程的介绍，iROM 中的程序是厂家提供并且固化在片内 ROM 中的，上电后就会先执行这段固化程序，然后根据 OM 配置的启动方式，从对应的介质中读取程序到片内 RAM 中执行，这个程序就是 BL1，然后通过 BL1 再引导其他程序的执行，比如操作系统等，所以先要理清如下两件事（假设已写好 BL1 代码）。

（1）怎么为 BL1 添加 16 字节头部信息？

（2）怎么将处理后的 BL1 烧写到 SD 卡？

4.3.2　制作启动代码头信息

由于片内 ROM 中固化的启动代码需要验证外部启动代码的有效性，大家知道 BL1 头信息的大小是 16 字节,第 0~3 字节存放 BL1 的大小,第 8~11 字节存放 BL1 的 CheckSum 信息,其他字节都设为 0。关于 BL1 的大小的计算比较简单,下面主要介绍 CheckSum 的计算方法,可参考 S5PV210 手册。

```
for(count = 0;count < dataLength;count += 1)
{
    buffer = ( * (volatile u8 * )(uBlAddr + count));
    checksum = checksum + buffer;
}
```

count 是无符号整型变量;dataLength 是无符号整型变量,表示 BL1 的大小(字节为单位);buffer 是无符号短整型变量,用于存放从 BL1 读取的 1 字节数据;checksum 是无符号整型变量,表示 BL1 中各字节的和。

根据以上方法,可以写一个小工具将 BL1 转换为 my_BL1(添加了 16 字节头信息),相关工具放在配套资源代码文件里(/book/opt/tools/shell/AddheaderToBL1)。

4.3.3　烧写 SD 卡

将制作好的 my_BL1 烧写到 SD 卡,这里介绍在宿主机 Ubuntu 系统下使用 dd 命令烧写 SD 卡的方法。

首先,将 SD 卡插入读卡器中,打开 VirtualBox 软件,启动 Ubuntu,然后将读卡器插入计算机。在 VirtualBox 的菜单中选择"设置"→USB,找到新出现的 USB 存储设备,比如作者的是 Alcor Micro Mass Storage Device,然后选中新添加的设备,这样在 Linux 操作系统下就可以识别到 SD 卡。

在 Linux 系统下输入命令"df",可以看到 SD 卡设备已挂载到/media/54EB-CA10,如下所示:

```
$ df
文件系统          1K-块        已用        可用        已用%      挂载点
/dev/sda1       7688360     6176936    1120872     85%       /
udev            505820      4          505816      1%        /dev
tmpfs           205132      800        204332      1%        /run
/dev/sdb1       243278      1          243277      1%        /media/54EB-CA10
```

或者输入"ls /dev/sd * ",通常最后一个不带数字的设备节点为 SD 卡的设备名(即/dev/sdb),执行后显示如下信息:

```
$ ls /dev/sd *
/dev/sda   /dev/sda1   /dev/sda2   /dev/sda5   /dev/sda6   /dev/sdb   /dev/sdb1
```

使用"dd"命令烧写 SD 卡,命令格式如下:

```
$ dd bs = 512 iflag = dsync oflag = dsync if = led_on. bin of = /dev/sdb seek = 1
```

bs 参数指定扇区大小为 512 字节,dsync 表示为数据使用同步 I/O,if 指定输入文件,of 指定输出设备,seek 指定起始扇区号。

4.3.4　制作 Shell 脚本

通过上面的介绍,可以为 BL1 添加头信息,并成功烧入 SD 卡。这样有点烦琐,下面将添加头信息和烧写 SD 卡合并到一个 Shell 脚本中执行,代码存放在/opt/tools/shell/sd_fusing. sh,这样每次只需执行此脚本就可以将开发的程序自动处理后烧写到 SD 卡中,使用脚本烧写只需执行如下命令即可：

```
$ ./sd_fusing.sh /dev/sdb led_on.bin 1
/dev/sdb device is identified.
-------------------------------------
BL1 fusing...
记录了 0 + 1 的读入
记录了 0 + 1 的写出
68 字节(68 B)已复制,0.110619 秒,0.6 KB/秒
flush to disk
-------------------------------------
----- cheer!!!fused successfully------
Copyright (c) 2020 jxessoft.com
```

注：使用前为 sd_fusing.sh 添加可执行权限 $ chmod ＋x sd_fusing.sh,否则会提示命令找不到的错误。

脚本代码如下所示：

```
7 #!/bin/sh
8 if [ －z $1 ]    #判断参数1的字符串是否为空,如果为空,则打印出帮助信息
9 then
10      echo "usage: sd_fusing.sh < SD device node > < src file > < section > [not bl1]"
11      exit 0
12 fi
13 if [ －z $2 ]    #判断参数2的字符串是否为空,如果为空,则打印出帮助信息
14 then
15      echo "usage: sd_fusing.sh < SD device node > < src file > < section > [not bl1]"
16      exit 0
17 fi
18 if [ －b $1 ]    #判断参数1所指向的设备节点是否存在
19 then
20      echo " $1 device is identified."
21 else
22      echo " $1 is NOT identified."
23      exit － 1
24 fi
25 ################################################################
26 #检查 SD 卡容量
27 BDEV_NAME = 'basename $1'
28 BDEV_SIZE = 'cat /sys/block/ ${BDEV_NAME}/size'
29 #如果卡的容量小于 0,则打印失败信息并退出
30 if [ ${BDEV_SIZE} － le 0 ]; then
31   echo "Error: NO media found in card reader."
32   exit 1
33 fi
34 ################################################################
35 if [ －z $4 ] #判断参数4的字符串是否为空,如果为空,则烧写对象是 BL1
36 then
37      echo "Add 16bytes header info for BL1..."
38      # 为 BL1 添加 16 字节头信息
39      SOURCE_FILE = $2
40      MKBL1 = /opt/tools/shell/AddheaderToBL1
41      #检查 src file 是否存在
42      if [ ! － f ${SOURCE_FILE} ]; then
43        echo "Error: $2 NOT found."
```

```
44        exit −1
45      fi
46      # 使用 AddheaderToBL1 工具来处理传入的 bin 文件,从而生成新的 bin 文件 my_bl1.bin
47      ${MKBL1} ${SOURCE_FILE} my_bl1.bin
48      # 如果失败则退出
49      if [ $? −ne 0 ]
50      then
51          echo "make BL1 Error!"
52          exit −1
53      fi
54  else
55      echo "This is BL2."
56  fi
57  #############################################################
58  # 烧写镜像到 SD 卡
59  echo " −−−−−−−−−−−−−−−−−−−−−−−−−−−−−−−−−− "
60  if [ −z $4 ]
61  then
62      # BL1 镜像烧写到 SD 卡的第 1 个扇区
63      echo "BL1 fusing..."
64      # 烧写 MY_BL1 到 SD 卡 512 字节处
65      sudo dd bs=512 iflag=dsync oflag=dsync if=./my_bl1.bin of=$1 seek=$3
66      # 如果失败则退出
67      if [ $? −ne 0 ]
68      then
69          echo Write BL1 Error!
70          exit −1
71      fi
72  else
73      echo "fusing $3..."
74      sudo dd bs=512 iflag=dsync oflag=dsync if=./$2 of=$1 seek=$3
75      # 如果失败则退出
76      if [ $? −ne 0 ]
77      then
78          echo Write $3 Error!
79          exit −1
80      fi
81  fi
82  #############################################################
83  # 同步文件
84  echo "flush to disk"
85  sync
86  #############################################################
87  # 删除生成的 my_bl1.bin
88  rm my_bl1.bin
89  #############################################################
90  # 打印烧写成功信息
91  echo " −−−−−−−−−−−−−−−−−−−−−−−−−−−−−−−−−−−−− "
92  echo " −−−−− cheer!!!fused successfully −−−−−− "
93  echo "Copyright (c) 2020 jxessoft.com"
```

注:如果/sd_fusing.sh 的第 4 个参数(即最后一个参数)为空,则会自动添加 BL1 头部信息,否则不会添加。在本书后面移植 U-Boot 时,对于 SPL(BL1)需要添加头部信息,而 u-boot.bin 不需要添加,它们就是通过第 4 个参数是否为空来决定的。

第5章

通用输入/输出接口 GPIO

本章学习目标

- 了解 GPIO 功能及寄存器操作；
- 了解 S5PV210 芯片的 GPIO 控制器及其应用。

5.1 GPIO 硬件介绍

5.1.1 GPIO 概述

GPIO(General Purpose Input/Output，通用输入/输出接口)，通俗点讲就是一些引脚，可以通过它们向外输出高低电平，或者读入引脚的状态，这里的状态也是通过高电平或低电平来反应，所以 GPIO 接口技术可以说是众多接口技术中最为简单的一种。

GPIO 接口具有更低的功率损耗、布线简单、封装尺寸小、控制简单等优点，故其使用非常广泛，在嵌入式系统中占有很大的比重。GPIO 接口通常至少有两个寄存器，即"通用 I/O 控制寄存器"和"通用 I/O 数据寄存器"，数据寄存器的各位直接引到芯片外部供外部设备使用，各位上对应的信号是输入、输出还是其他特殊功能，可以通过设置控制寄存器中的对应位独立地控制。除这两种基本的寄存器外，有时还有上拉寄存器，通过它可以设置 I/O 输出模式是高阻态的，还是带上拉电平输出的，或不带上拉电平输出的。在 S5PV210 中，还引入了驱动强度控制寄存器来调节输出电流的强度，此外，还有功耗控制寄存器用来设置相应引脚的功耗。这些额外增加的寄存器可以使电路设计变得简单，在信号控制上也方便很多。

5.1.2 S5PV210 的 GPIO 寄存器

S5PV210 的 GPIO 寄存器在数量和功能上比之前的 S3C2440 增加了许多，有些 PIN 脚不能作为通常的输入/输出引脚来用，比如不能直接用作 OneNAND 控制信号和数据信号、I2S 接口等。另外，GPIO 接口组寄存器由 4 位来控制，扩展了 GPIO 引脚的功能。所以 S5PV210 的 GPIO 已不仅仅只有 GPIO 的功能，同时向后也是兼容的。本章只讨论常用的 GPIO 相关的知识，对于其他的功能引脚不做特别介绍，在后续章节用到时再做分析。

1. S5PV210 的 GPIO 寄存器总览

GPA0：8 in/out port——带流控的 2×UART；

GPA1：4 in/out port——带流控的 2×UART 或 1×UART；

GPB：8 in/out port——2×SPI 总线接口；

GPC0：5 in/out port——I2S 总线接口、PCM 接口、AC97 接口；

GPC1：5 in/out port——I2S 总线接口、SPDIF 接口、LCD_FRM 接口；

GPD0：4 in/out port——PWM 接口；

GPD1：6 in/out port——3×I2C 接口、PWM 接口、IEM 接口；

GPE0、1：13 in/out port——Camera 接口；

GPF0、1、2、3：30 in/out port——LCD 接口；

GPG0、1、2、3：28 in/out port——4×MMC 通道(通道 0 和 2 支持 4 位、8 位模式,通道 1 和 3 仅支持 4 位模式)；

GPI：低功率 I2S 接口、PCM 接口(不使用 in/out port),通过 AUDIO_SS PDN 寄存器配置低功耗 PDN；

GPJ0、1、2、3、4：35 in/out port——Modem 接口、CAMIF、CFCON、KEYPAD、SROM ADDR[22:16]；

MP0_1,2,3：20 in/out port——外部总线接口(EBI)信号控制(SROM、NF、OneNAND)；

MP0_4_5_6_7：32 in/out memory port——EBI；

MP1_0～8：71 DRAM1 port(不使用 in/out port)；

MP2_0～8：71 DRAM2 port(不使用 in/out port)；

ETC0、ETC1、ETC2、ETC4：28 in/out ETC port——JTAG、Operating Mode、RESET、CLOCK(ETC3 保留)。

2. 特征介绍

S5PV210 关键特征如下：

- 支持 146 个可控的 GPIO 中断；
- 支持 32 个可控外部中断；
- 支持 237 个多功能输入/输出接口；
- 支持在系统睡眠模式下引脚可控(除 GPH0、GPH1、GPH2 和 GPH3)。

3. S5PV210 的 GPIO 功能介绍

S5PV210 的 GPIO 包含两部分,即带电部分(alive-part)和不带电部分(off-part),对于 alive-part 模式下的 GPIO 寄存器,在睡眠模式时提供电源,所以寄存器中的值不会丢失;在 off-part 模式下则不同。S5PV210 的功能如图 5-1 所示。

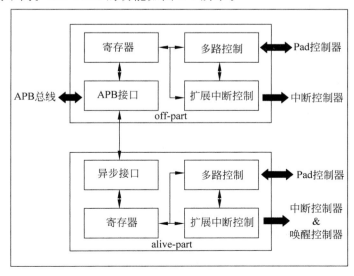

图 5-1　GPIO 功能模块图

5.1.3　实验用到的寄存器详解

S5PV210 的 GPIO 寄存器非常多，每个接口组有两种类型的控制寄存器，一种工作在正常模式，另一种工作在掉电模式(STOP、DEEP-STOP、SLEEP mode)，下面只针对本章实验用到的 GPIO 接口 GPC0 进行介绍，其他的 GPIO 接口用法可以依葫芦画瓢。GPC0 的控制寄存器有 GPC0CON、GPC0DAT、GPC0PUD、GPC0DRV、GPC0CONPDN 和 GPC0PUDPDN，前面 4 类工作在正常模式，后面 2 类工作在掉电模式。

1) GPC0CON 寄存器

此寄存器为 GPC0 引脚的控制寄存器，主要用途是配置各引脚的功能，此引脚对应的内存地址是 0xE020_0060。表 5-1 是 S5PV210 手册里关于 GPC0_3、GPC0_4 引脚的配置信息。

表 5-1　GPC0 控制寄存器

GPC0CON	位	描　述	初始状态
GPC0CON[4]	[19:16]	0000 = 输入 0001 = 输出 0010 = I2S_1_SDO 0011 = PCM_1_SOUT 0100 = AC97SDO 0101～1110 = 保留 1111 = GPC0_INIT[4]中断	0000
GPC0CON[3]	[15:12]	0000 = 输入 0001 = 输出 0010 = I2S_1_SDI 0011-PCM_1_SIN 0100 = AC97SDI 0101～1110 = 保留 1111 = GPC0_INIT[3]中断	0000

从表中可以看出，每 4 位控制一个引脚(GPC0_3 或 GPC0_4)，当值为 0b0000 时引脚被设为输入功能，当值为 0b0001 时设为输出功能，当值为 0b0010～0b0100 时引脚设为特殊功能引脚，当值为 0b1111 时设为中断引脚，0b0101～0b1110 保留未使用。

2) GPC0DAT 寄存器

此引脚对应的内存地址是 0xE020_0064，该寄存器决定了引脚的输入或输出电平的状态，当引脚设为输入时，通过读寄存器可知对应引脚电平状态是高还是低。当引脚设为输出时，写寄存器对应位可使引脚输出高电平或低电平；当引脚被设为功能引脚时，如果读寄存器对应引脚的值是不确定的。实验使用的引脚是 GPC0DAT[4:3]。

3) GPC0PUD 寄存器

此引脚对应的内存地址是 0xE020_0068，使用两位来控制 1 个引脚。当值为 0b00 时，对应引脚无上拉/下拉电阻；当值为 0b01 时，有内部下拉电阻；当值为 0b10，有内部上拉电阻；当值为 0b11 时为保留。

上拉/下拉电阻的作用是当 GPIO 引脚处于高阻态（既不是输出高电平，也不是输出低电平，相当于没有接入）时，它的电平状态由上拉电阻或下拉电阻决定。

4) GPC0DRV 寄存器

此引脚对应的内存地址是 0xE020_006C，该寄存器为接口组驱动能力控制寄存器，主要用于调节引脚的电流强度,S5PV210 给出了 4 种强度,由 2 位控制,数值越大强度越大。通常对于高速信号或较弱的周边装置,可调大对应引脚的强度值,在实际使用中需要合理使用该寄存器,强度越大电流消耗也越大。

5)GPC0CONPDN 寄存器

此引脚对应的内存地址是 0xE020_0070,用 2 位来控制引脚的功能。当值为 0b00 时,引脚输出低电平;当值为 0b01 时,输出高电平;当值为 0b10 时,对应引脚被设为输入;当值为 0b11 时,引脚保持原来的状态。

6)GPC0PUDPDN 寄存器

此引脚对应的内存地址是 0xE020_0074,用 2 位来控制引脚。当值设为 0b00 时,无上拉/下拉电阻;当值为 0b01 时,有下拉电阻;当值为 0b10 时,有上拉电阻;当值为 0b11 时保留。GPC0PUDPDN 寄存器的功能与 GPC0PUD 类似。

5.2　S5PV210 的 GPIO 应用实例

5.2.1　GPIO 实验

1. 实验目的

利用 S5PV210 的 GPC0_3、GPC0_4 这两个 GPIO 引脚控制 2 个 LED 发光二极管,分别用汇编语言和 C 语言实现。

2. 实验原理

如图 5-2 所示,LED1、LED2 分别与 GPC0_3、GPC0_4 相连,中间接两个 NPN 型三极管。当 GPIO 引脚输出高电平时三极管与地(GND)导通,LED 灯亮;反之,输出低电平,LED 灯就灭。这里的三极管有点像"开关",控制着 LED 的亮灭。

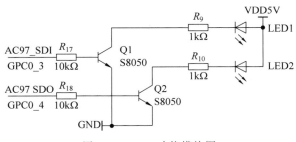

图 5-2　GPIO 功能模块图

注:从本章开始所有的实验都基于 TQ210 开发板设计与测试,但是原理适用于所有 ARM 架构学习板,读者有兴趣可以将本书所有实验移植到其他学习板上,做到学以致用。

5.2.2　程序设计与代码详解

1. 用汇编语言实现点亮 LED1

在上一章我们对 S5PV210 的启动过程以及 SD 启动卡的制作都进行了详细的介绍,下面主要分析程序设计部分,源代码存放在/opt/hardware/ch6/led_on,汇编语言操控 GPIO 的代码如下所示,相关代码在 led_on.S 文件中。

```
01 .text
02 .global _start              /* 声明一个全局的标号 */
03 _start:
04  ldr  r0,  = 0xE0200060   /* GPC0CON 寄存器的地址为 0xE0200060 */
```

```
05   ldr r1, [r0]              /* 读出 GPC0CON 寄存器原来的值 */
06   bic r1, r1, #0xf000       /* bit[15:12]清零 */
07   orr  r1,  r1,  #0x1000    /* 设置 GPC0_3[15:12] = 0b0001 */
08   str  r1,  [r0]            /* 写入 GPC0CON,配置 GPC0_3 为输出引脚 */
09   ldr  r0,  = 0xE0200064    /* GPC0DAT 寄存器的地址为 0xE0200064 */
10   ldr  r1, [r0]             /* 读出 GPC0DAT 寄存器原来的值 */
11   bic  r1,  r1,  #0x8       /* bit[3]清零 */
12   orr  r1,  r1,  #0x8       /* bit[3] = 1 */
13   str  r1,  [r0]            /* 写入 GPC0DAT,GPC0_3 输出高电平 */
14 halt_loop:
15   b  halt_loop              /* 死循环,不让程序跑飞 */
```

整个代码量很少也很简单,这里有两个地方需要注意:

（1）在 S3C2440 等平台上,我们都要先关看门狗,如果是用 C 语言实现,还要设置栈。而在 S5PV210 中,这些动作都已在厂家固化的代码 BL0 里做好了,如对此不清楚,可以再回顾第 4 章的内容。

（2）对寄存器位的修改,通常都是先读出寄存器,然后修改对应位,再写回寄存器,其他位保持不变,这样做的目的是不改变其他引脚状态。

下面是编译用到的 Makefile 文件:

```
01 led_on.bin:led_on.S
02   arm－linux－gcc － c － o led_on.o led_on.S
03   arm－linux－ld － Ttext 0xD0020010 led_on.o － o led_on_elf
04   arm－linux－objcopy － O binary － S led_on_elf led_on.bin
05   arm－linux－objdump － D led_on_elf > led_on.dis
06 clean:
07   rm － f led_on.bin led_on_elf * .o
```

这个 Makefile 文件可以说是一个最基本的 Makefile 语法格式（目标-依赖-命令）,各编译工具及其参数在配套资源补充资料第 1 章中有介绍。0xD002_0010 为程序的链接地址（即运行地址,也是 BL1 的有效地址）。这里要再次提醒的是,命令前面一定要有一个 Tab 制表符,这是 Makefile 语法上的规定,否则 make 工具就不认识了!

接下来就可以用 FTP 将所有代码上传到宿主机（Ubuntu 系统）编译,编译非常简单,只要在代码所在的目录下执行 make 命令即可,最终生成二进制格式的 bin 文件。

```
$ cd /opt/examples/ch6/led_on
$ make
```

最后将生成好的 bin 文件按第 4 章介绍的步骤烧写到 SD 卡中,将目标板拨到 SD 卡启动,插入 SD 卡上电即可看到 LED1 灯被点亮。

关于本书所使用的 TQ210 开发板的 SD 卡启动方式和 NAND 启动方式,对应拨码开关的设置如图 5-3 所示。

2. 用 C 语言实现循环点亮两个 LED

用 C 语言实现,其汇编代码就变得更加简单了,只需一个跳转语句。下面分三步来实现 C 语言。

循环点亮两个 LED 灯,代码在/opt/hardware/ch6/led_on_c。

1）启动代码 start.S

```
01 .text
02 .global _start              /* 声明一个全局的标号 */
```

SD卡启动：

SW2	
OM1	OFF
OM2	ON
OM3	ON
OM5	OFF

NAND启动：

SW2	
OM1	ON
OM2	OFF
OM3	OFF
OM5	OFF

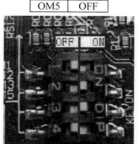

图 5-3 TQ210 开发板启动方式拨码开关设置

```
03 _start:
04   bl main                      /* 跳转到 C 函数中执行 */
05
06 halt_loop:
07   b  halt_loop                 /* 死循环,不让程序跑飞 */
```

2）循环点亮 LED 灯

```
01 #define GPC0CON     *((volatile unsigned int *)0xE0200060)
02 #define GPC0DAT     *((volatile unsigned int *)0xE0200064)
03
04 #define  GPC0_3_out   (1<<(3*4))
05 #define  GPC0_4_out   (1<<(4*4))
06
07 #define  GPC0_3_MASK  (0xF<<(3*4))
08 #define  GPC0_4_MASK  (0xF<<(4*4))
09
10 void delay(volatile unsigned long dly)
11 {
12   volatile unsigned int t = 0xFFFF;
13   while (dly--)              //Cortex-A8 默认时钟频率都达到了 667MHz
13     for(; t > 0; t--);    //循环次数必须设大一点,否则看不出闪烁效果
14 }
15
16 int main(void)
17 {
18   unsigned long i = (1 << 3);
19   GPC0CON &= ~(GPC0_3_MASK | GPC0_4_MASK);       //清 bit[15:12]和 bit[19:16]
20   GPC0CON |= (GPC0_3_out | GPC0_4_out);          //配置 GPC0_3 和 GPC0_4 为输出引脚
21
22   while (1)
23   {
24     delay(0x50000);                              //延时
25     GPC0DAT &= ~(0x3 << 3);                      //LED1 和 LED2 熄灭
26     if (i == 0x08)
27       i = (1 << 4);
28     else
29       i = (1 << 3);
```

```
30      GPC0DAT | = i;                           //循环点亮 LED 灯
31      }
32    return 0;
33 }
```

上述代码的功能实现比汇编稍复杂，这里是循环点亮了两个 LED，不过基本原理是一样的，都是配置寄存器和往寄存器写入数值。在操作方法上，C 语言对寄存器的操作是通过宏函数实现的，这个宏就代表了寄存器的地址，往这个地址中写入数据就可以配置 GPIO 引脚的功能。下面通过一个 C 语言指针的例子来理解宏定义的功能。

```
int a;                                       //定义一个整型变量 a
int * p;                                     //定义一个整型指针变量 p
p  =  &a;                                    //指针指向变量 a
* p = 6                                      //变量 a 的值等于 6
```

上面几行代码是 C 语言指针最基本的用法，通常可以把指针看作一个地址，比如这里指针 p 就等于变量 a 的地址，假设变量 a 的地址为 0x12345678，对指针 p 操作就相当于操作地址：

```
int * p;
p = 0x12345678;
```

为方便理解，实际 p = (int *)0x12345678，这里的(int *)是将地址转换为 int 类型。

* p 表示地址中的内容，比如上面的 6，换句话说，变量 a 的值与 * p 是同一个值，现在修改地址 0x12345678 的内容为 8，只需要如下操作即可：

```
* p = 8;                                     //与 a = 8 是等价的
```

也就相当于：

```
* (0x12345678) = 8;或者严格写成 * ((int * )0x12345678) = 8;
```

上面这样写看上去有点别扭，可以定义一个宏来表示：

```
#define A * ((int * )0x12345678)
A = 8;
```

分析到这里，再看看程序中定义的宏与这里的宏是不是很相似了。这里还有一个关键字 volatile 需要说明下，它的本意是"易变的"，由于访问寄存器要比访问内存单元快得多，所以编译器一般都会进行减少存取内存的优化，直接从缓存 cache 中取数据这样会有一个问题，即可能会读取到"脏"数据（数据被其他程序代码修改）。当用 volatile 声明的时候，其实就是告诉编译器对访问该地址的代码不要优化了，使用的时候系统总是从它的内存读取数据，以保证不"脏"。

3）编写 Makefile

```
01 objs : = start.o leds.o
02
03 leds.bin: $ (objs)
04   arm - linux - ld - Ttext 0xD0020010 - o leds.elf $ ^
05   arm - linux - objcopy - O binary - S leds.elf $ @
06   arm - linux - objdump - D leds.elf > leds.dis
07
08 %.o : %.c
09   arm - linux - gcc - c - O2 $ < - o $ @
```

```
10 %.o: %.S
11   arm-linux-gcc -c -O2 $< -o $@
12 clean:
13   rm -f *.o *.elf *.bin *.dis
```

这里的 Makefile 文件看似比上一个 Makefile 要复杂,主要是引入了一些变量的用法,目的是加深对 Makefile 的了解,更多 Makefile 知识见配套资源补充资料第 1 章中的内容。

## 第6章

通用异步收发器UART

本章学习目标
- 了解 UART 通信的基本原理;
- 掌握 S5PV210 的 UART 控制器的使用方法。

6.1　UART 介绍及其硬件使用方式

6.1.1　UART 通信的基本原理

1. UART 简介

UART(Universal Asynchronous Receiver/Transmitter,通用异步收发器),通常计算机与外部设备通信的端口分为并行与串行,并行端口有多条数据通道同时进行传送,其特点是传输速度快,但当传输距离远、位数多时,通信线路变得复杂且成本提高。串行通信是指数据一位位地顺序传送,其特点是适合于远距离通信,通信线路简单,只要一对传输线就可以实现全双工通信,从而大大降低成本。

串行通信又分为异步与同步两种类型,两者之间最大的差别是前者以一个字符为单位,后者以一个字符序列为单位。采用异步传输,数据收发完毕后,可通过中断或置位标志位通知微控制器进行处理,大大提高微控制器的工作效率。

提到 UART 就会想到 RS-232。RS-232 是一个标准,表示数据终端设备和数据通信设备之间串行二进制数据交换的接口标准,所谓数据终端设备,就是通常说的 DTE(Data Terminal Equipment),数据通信设备即 DCE(Data Communication Equipment)。通常,将通信线路终端一侧的计算机或终端称为 DTE,而把连接通信线路一侧的调制解调器称为 DCE。但 RS-232 标准中提到的"发送"和"接收"是相对于 DTE 而言的,这也符合了计算机系统中全双工通信的需求,双方都可以收发。

UART 使用标准的 TTL/CMOS 逻辑电平(0~5V、0~3.3V、0~2.5V 或 0~1.8V)来表示数据,高电平表示 1,低电平表示 0。为了提高数据的抗干扰能力,增加传输长度,通常将 TTL/CMOS 逻辑电平通过合适的电平转换器转换为 RS-232 逻辑电平,3~12V 表示 0,-3~-12V 表示 1。UART 除可将电平转换为 RS-232 外,还可以转换为 RS-485 等,所以它们在手持设备、工业控制等领域应用广泛。

2. UART 的数据传输

1) 数据传输介绍

发送数据时,数据被写入 FIFO(先进先出的缓存),并且根据控制寄存器中已编程的设置(即数据位、校验位、启停位的个数等设置),将数据按一定格式组好发出,一直到 FIFO 中没有数据为止。接收数据时,此时数据输入变成低电平,即表示接收到了起始位,这时接收计数器开始运行,并且对校验错误、帧错误、溢出错误和线中止(line-break)错误进行检测,并将检测到的状态附加到被写入接收 FIFO 的数据中(通过状态寄存器可以读出检测到的状态),而且可以通过中断告诉 CPU 去执行相应的处理。

2) UART 的信号时序

目前常用的串口有 9 针串口和 25 针串口,最简单的是三线制接法,即信号地、接收数据和发送数据三引脚相连,信号地通常是为收发双方提供参考电平。数据线以"位"为最小单位传输数据,帧(Frame)由具有完整意义的、不可分割的若干位组成,它包括开始位、数据位、校验位(可有可无)和停止位。发送数据之前收发双方要约定好数据的传输速率(即传送一位所需的时间,其倒数称为波特率)和数据的传输格式(即多少个数据位,是否校验,有多少个停止位)。UART 的数据传输过程如图 6-1 所示。

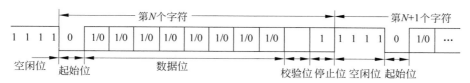

图 6-1 UART 传输时序图

(1) 数据线上没有数据传送时处于"空闲"状态,对应的电平为高,即 1 状态。

(2) 当要发送数据时,UART 改变发送数据线的状态,即变为 0 状态。

(3) UART 一帧中可以有 4、5、6、7 或 8 位的数据,发送端一位一位地改变数据线的电平状态将其发送出去,最低位先发送。

(4) 数据位加校验位后,使得"1"的位数为偶数(偶校验)或奇数(奇校验),以此来校验数据传送的正确性。

(5) 最后,发送停止位,数据线恢复到"空闲"状态,即 1 状态。停止位的长度有 3 种:1 位、1.5 位和 2 位。

6.1.2 S5PV210 的 UART

1. S5PV210 的 UART 概述

S5PV210 有 4 个 UART 模块,提供了 4 个独立的异步串行输入/输出端口。它们可工作于中断模式或 DMA 模式,支持 3Mbps 的位速率,每一个 UART 通道包含 2 个 FIFO 缓存,用于接收和发送数据,其中通道 0 的 FIFO 支持 256 字节,通道 1 支持 64 字节,通道 2 和通道 3 支持 16 字节。

UART 还包含可编程的波特率、红外收发、1 或 2 个停止位、5~8 位数据位和校验位,并且每一个 UART 模块都由波特率产生装置、发送装置、接收装置和控制单元组成。其中波特率可由外部时钟或系统时钟提供,发送/接收装置分别由各自的 FIFO 和数据移位寄存器组成。图 6-2 所示为 S5PV210 的 UART 结构框图。

关于 S5PV210 的 UART 的操作,比如数据收发、中断产生、波特率产生、回环(loop-back)模式、红外模式和自动流控的详细介绍,可以参考 S5PV210 的使用手册。

2. S5PV210 的 UART 使用

S5PV210 的 UART 有 4 个,本书讲解的开发板使用了通道 0 和通道 1,它们的使用方法类似。下面以通道 0 为例详细介绍 UART 的操作步骤。

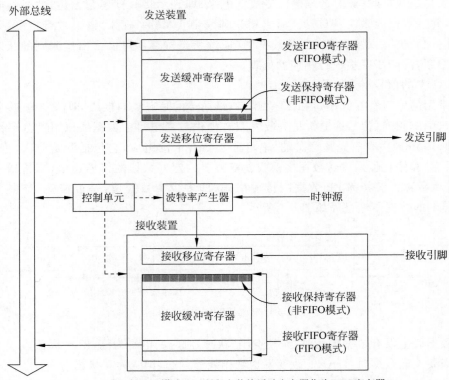

在FIFO模式下，所有字节的缓冲寄存器作为FIFO寄存器
在非FIFO模式，只有1字节的缓冲寄存器作为保持寄存器

图 6-2　S5PV210 的 UART 结构框图

1）将 UART 通道的引脚配置为 UART 功能

所谓引脚配置，也就是第 5 章所讲的 GPIO 引脚设置，这里需要将 GPA0_0、GPA0_1 设置为 UART 的接收功能（RXD0）和发送功能（TXD0）。

2）时钟源选择及工作模式设置

由图 6-3 可知，S5PV210 的时钟由外部时钟 PCLK 或系统时钟 SCLK_UART 提供，本书的开发板用的是 SCLK_UART，在未配置系统时钟时，由于 S5PV210 上电从 iROM 固化的代码开始执行，iROM 固化的代码会以 24MHz 晶振为时钟源配置系统时钟，分配给 UART0 的时钟源频率为 66MHz（可参考 S5PV210 的启动流程）。

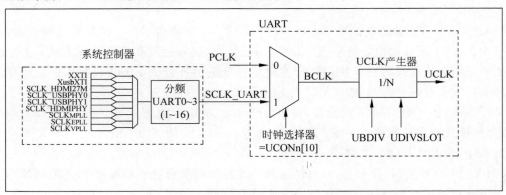

图 6-3　UART 时钟源

S5PV210 的 UART0 时钟及其工作模式都可以通过配置 UCON0 寄存器（起始地址为 0xE290_0004）选择时钟源，如表 6-1 所示。

表 6-1 UCON0 寄存器格式

UCON0	位	描　述	初始状态
保留	[31:21]	保留	000
发送 DMA 突发大小	[20]	0＝1 字节（Single）；1＝4 字节	0
保留	[19:17]	保留	000
接收 DMA 突发大小	[16]	0＝1 字节（Single）；1＝4 字节	0
保留	[15:11]	保留	0000
时钟选择	[10]	选择 PCLK 或 SCLK_UART（来自系统时钟控制器）作为 UART 波特率的时钟源 0＝PCLK：DIV_VAL1）＝（PCLD/（bps×16））－1 1＝SCLK_UART：DIV_VAL1）＝（SCLK_UART/（bps×16））－1	00
发送中断类型	[9]	中断请求类型：0＝脉冲；1＝电平（参考 S5PV210 手册）	0
接收中断类型	[8]	中断请求类型：0＝脉冲；1＝电平（参考 S5PV210 手册）	0
接收超时使能	[7]	如果启用 UART 的 FIFO 才能使用接收超时功能中断。0＝禁止；1＝允许	0
接收错误状态中断使能	[6]	产生异常中断，比如 break 错误、帧错误、校验错误等。0＝禁止；1＝允许	0
回环模式	[5]	此模式为测试所提供。0＝正常模式；1＝回环模式	0
发送 Break 信号	[4]	此位用于开启发送一帧数据后发一个 break 信号，发送完后此位自动清零。0＝正常发送；1＝发送 break	0
发送模式	[3:2]	选择如何将数据发送到 UART 发送缓冲区：00＝禁止；01＝中断或轮询方式；10＝DMA 方式；11＝保留	00
接收模式	[1:0]	选择如何从 UART 接收缓冲区读取数据：00＝禁止；01＝中断或轮询方式；10＝DMA 方式；11＝保留	00

3）设置波特率

根据设置的波特率和选择的时钟频率，利用下面的公式计算 UBRDIV0 寄存器的值：

$$DIV\_VAL＝（PCLK/（bps×16））－1$$

上面公式计算出来的 UBRDIV0 寄存器值不一定是整数，UBRDIV0 寄存器取其整数部分，小数部分由 UDIVSLOT0 寄存器设置，这样产生的波特率更加精确。利用下面的公式计算 UDIVSLOT0 寄存器的值：

$$（num\ of\ 1's\ in\ UDIVSLOT0）/16＝小数部分$$

由公式计算得到（num of 1's in UDIVSLOT0）的值后，再查表（参考 S5PV210 手册）可知 UDIVSLOT0 寄存器的具体值。它们的地址分别为 0xE290_0028、0xE290_002C。

4）设置数据传输格式

通过 ULCON0 寄存器设置红外模式、校验模式、停止位宽度、数据位宽度，其地址为 0xE290_0000，如表 6-2 所示。

表 6-2　ULCON0 寄存器格式

ULCON0	位	描　述	初始状态
保留	[31:7]	保留	0
红外模式	[6]	0＝正常模式（非红外模式）；1＝红外模式	0
校验模式	[5:3]	0xx＝无校验；100＝奇校验；101＝偶校验；110＝发送数据时强制设置为1，接收数据时检查是否为1；111＝发送数据时强制设为0，接收数据时检查是否为0	000
停止位	[2]	0＝1帧中有1位停止位；1＝1帧中有2位停止位	0
数据位	[1:0]	00＝5位；01＝6位；10＝7位；11＝8位	00

5）启用或禁止 FIFO

通过配置 UFCON0 寄存器配置是否使用 FIFO，设置各 FIFO 的触发阈值，即发送 FIFO 中有多少个数据时产生中断，接收 FIFO 中有多少个数据时产生中断，还可配置 UFCON0 寄存器复位 FIFO 功能。读取 UFSTAT0 寄存器可知 FIFO 是否已经满，其中有多少个数据。

不使用 FIFO 时，可以认为 FIFO 的深度为 1，使用 FIFO 时 S5PV210 的 FIFO 深度最高可达 256。

UFSTAT0 寄存器的地址为 0xE290_0018，UFCON0 寄存器的地址为 0xE290_0008。

6）设置流控（UMCON0 寄存器和 UMSTAT0 寄存器）

UMCON0 寄存器用于设置流控，UMSTAT0 用于侦测流控状态，本章实验不使用这个功能，这里不进行介绍，有兴趣可以参考 S5PV210 手册。

7）收发数据（UTXH0 寄存器和 URXH0 寄存器）

CPU 将数据写入 UTXH0 寄存器，UART0 即将数据保存到缓冲区中，并自动发送出去。当 UART0 接收到数据时，CPU 读取这个寄存器，即可获得数据。

UTXH0 寄存器的起始地址为 0xE290_0020，URXH0 寄存器的起始地址为 0xE290_0024。

8）收发数据状态的控制（UTRSTAT0 寄存器）

通过 UTRSTAT0 寄存器可知数据是否已经发送完毕，或是否接收到数据，起始地址为 0xE290_0010，寄存器格式如表 6-3 所示。

表 6-3　UTRSTAT0 寄存器格式

UTRSTAT0	位	描　述	初始状态
保留	[31:3]	保留	0
发送器为空	[2]	如果发送缓冲区没有有效数据，并且发送移位寄存器也为空，此位会被自动清零。0＝非空；1＝空	1
发送缓冲区空	[1]	如果发送缓冲区空，则此位被自动清零。0＝非空；1＝空	1
接收缓冲区数据是否准备就绪	[0]	当缓冲里的数据接收完毕后，此位会被自动设为1。0＝空；1＝数据就绪	0

9）数据传输时的错误控制（UERSTAT0 寄存器）

UERSTAT0 寄存器用来表示各种错误是否发生，其中 bit[0]～bit[3]分别用来表示是否溢出、是否校验错误、是否有帧错误、是否检测到 break 信号。寄存器中的错误状态读取后，此寄存器会自动清零。此寄存器的起始地址为 0xE290_0014。

视频讲解

6.2 S5PV210 的 UART 应用实例

6.2.1 UART 实验

1. 实验目的

实验目的是通过串口接收数据"1"使 LED1 亮,"2"使 LED1 灭,"3"使 LED2 亮,"4"使 LED2 灭。

2. 实验原理

从开发板的线路图 6-4 可知,UART0 控制器与一个 RS-232 的电平转换模块相连,也就是配置好 UART0 后,CPU 发送给 UART0 的数据可以通过串口输出到计算机上(计算机上需要接收工具,比如 PuTTY)。

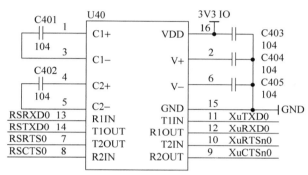

图 6-4 UART—RS-232 转换电路

6.2.2 程序设计与代码详解

视频讲解

实验程序设计分为三部分:启动代码、UART 设置和主程序(点亮 LED)。S5PV210 默认选 PCLK 为时钟源,且 PCLK 为 66MHz。下面分别针对这三部分进行程序代码的设计与详解,代码在/opt/hardware/ch7/uart。

1. 启动代码

参考第 5 章的 GPIO 实例,所有实现一致,然后跳转到 main 函数中执行。

2. UART 设置

按照 6.1 节介绍的寄存器用法配置 UART,代码文件为 uart.c,通过代码后面的注释来理解程序设计逻辑。

1) UART 初始化

```
01 //  GPIO、UART 寄存器地址
02 #define GPA0CON          * ((volatile unsigned int * )0xE0200000)
03 #define ULCON0           * ((volatile unsigned int * )0xE2900000)
04 #define UCON0            * ((volatile unsigned int * )0xE2900004)
05 #define UFCON0           * ((volatile unsigned int * )0xE2900008)
06 #define UTRSTAT0         * ((volatile unsigned int * )0xE2900010)
07 #define UTXH0            * ((volatile unsigned int * )0xE2900020)
08 #define URXH0            * ((volatile unsigned int * )0xE2900024)
09 #define UBRDIV0          * ((volatile unsigned int * )0xE2900028)
10 #define UDIVSLOT0        * ((volatile unsigned int * )0xE290002C)
11 void uart0_init()
12 {
13    // 配置 GPA0_0 为 UART_0_RXD,GPA0_1 为 UART_0_TXD
```

```
14    GPAOCON & = ～0xFF;
15    GPAOCON | = 0x22;
16    // 8 位数据位,1 位停止位,无校验,正常模式
17    ULCON0 = (0x3 << 0) | (0 << 2) | (0 << 3) | (0 << 6);
18    // 中断或 Polling 模式、触发错误中断、时钟源 PCLK
19    UCON0 = (1 << 0)| (1 << 2) |(1 << 6)| (0 << 10);
21    UFCON0 = 0;            // 静止 FIFO
22    /*
23     *  波特率计算(参考 S5PV210 手册):115200bps
24     *  PCLK = 66MHz
25     *  DIV_VAL = (66000000/(115200 x 16)) - 1 = 35.8 - 1 = 34.8
26     *  (num of 1's in UDIVSLOTn)/16 = 0.8
27     *  (num of 1's in UDIVSLOTn) = 12
28     *  UDIVSLOT0 = 0xDDDD (参考 S5PV210 手册,UDIVSLOTn 查表)
29     */
30    UBRDIV0 = 34; // DIV_VAL 的整数部分
31    UDIVSLOT0 = 0xDDDD;
32    return;
33 }
```

2）发送数据

本实验没有使用 FIFO，发送字符前，首先判断上一个字符是否已经被发送出去，查询 UTRSTAT0 寄存器的 bit[2]，当它为 1 时表示已经发送完毕，这样就可以向 UTXH0 寄存器中写入当前要发送的字符了。

```
01 //发送数据
02 void putc(unsigned char c)
03 {
04    //查询状态寄存器,等待发送缓存为空
05    while (! (UTRSTAT0 & (1 << 2)));
06    UTXH0 = c;            //写入发送寄存器
07    return;
08 }
```

3）接收数据

读数据前先查询 UTRSTAT0 寄存器的 bit[0]，当它为 1 时表示接收缓存中有数据，这样就可读取 URXH0 中的数据了。

```
01 //接收数据
02 unsigned char getc(void)
03 {
04    //查询状态寄存器,等待接收缓存有数据
05    while (!(UTRSTAT0 & (1 << 0)));
06    return (URXH0);
07 }
```

4）发送字符串数据

这是一个扩展的功能，通过一个 while 循环将字符串拆分成一个一个字符发送出去。

```
01 //发送字符串数据
02 void puts(char * str)
03 {
04    char * p = str;
05    while ( * p)
```

```
06        putc( * p++);
07 }
```

3. 主程序

下面只介绍 main 部分,其他宏定义、位操作等知识在第 5 章已经介绍过。

```
01 extern void uart0_init(void);                    //函数声明
02 int main(void)
03 {
04    char c;
05    uart0_init();                                 //初始化 uart0
06    GPC0CON & = ～(GPC0_3_MASK | GPC0_4_MASK);      //清 bit[15:12]和 bit[19:16]
07    GPC0CON | = (GPC0_3_out | GPC0_4_out);          //配置 GPC0_3 和 GPC0_4 为输出引脚
08    GPC0DAT & = ～(0x3 << 3);                       //向 bit[4:3]写入 0 熄灭 LED1、LED2
09    puts(" ==================== \r\n");
10    puts("S5PV210 UART Test:\r\n");
11    puts("1.LED1 on\r\n");
12    puts("2.LED1 off\r\n");
13    puts("3.LED2 on\r\n");
14    puts("4.LED2 off\r\n");
15    puts(" ==================== \r\n");
16    while (1)
17    {
18        c = getc();                               //从串口终端获取一个字符
19        putc(c);                                  //回显
20        if (c == '1')
21            GPC0DAT | = 1 << 3;                   //LED1 亮
22        else if (c == '2')
23            GPC0DAT & = ～(1 << 3);                //LED1 灭
24        else if (c == '3')
25            GPC0DAT | = 1 << 4;                   //LED2 亮
26        else if (c == '4')
27            GPC0DAT & = ～(1 << 4);                //LED2 灭
28    }
29    return 0;
30 }
```

Makefile 文件与第 5 章类似,只是在编译 C 代码的时候,在 gcc 后面加了一个限制选项"-fno-builtin",即不使用 C 交叉工具链自带的 C 库函数,如下所示:

```
%.o : %.c
    arm - linux - gcc - c - O2 - fno - builtin $ < - o $ @
```

因为本实验中有与 C 库函数同名的函数,比如 putc、puts,如果不加这个选项,编译时会报下面的冲突警告信息:

```
uart.c:57: warning: conflicting types for built - in function 'putc'
uart.c:74: warning: conflicting types for built - in function 'puts'
```

6.2.3　实例测试

首先将实验代码编译成 bin 文件,并烧写到 SD 启动卡中,然后在计算机上运行 PuTTY 工具,设置波特率为 115 200、8 位数据位、无校验、1 位停止位。开发板的 COM1 与计算机上的 RS-232 相连,最后把 SD 卡插入上电,在 PuTTY 上会显示下列信息,按下键盘上对应的数字键可以测试点亮或熄灭 LED 灯。

```
==============================
S5PV210 UART Test:
1.LED1 on
2.LED1 off
3.LED2 on
4.LED2 off
==============================
```

## 第7章

中断体系结构

本章学习目标

- 掌握嵌入式 ARM 系统中断处理流程；
- 了解 S5PV210 中断体系结构；
- 了解 S5PV210 的中断服务程序编写方法。

7.1 S5PV210 中断体系结构

7.1.1 中断体系结构概述

1. S5PV210 中断简介

S5PV210 的中断控制器由 4 个向量中断控制器(Vectored Interrupt Controller，VIC)、ARM PrimeCell PL 192 和 4 个安全中断控制器(TrustZone Interrupt Controller，TZIC)共同组成，其中 TZIC 是为 ARM TrustZone 技术而准备的，是 S5PV210 新增的功能。TZIC 为 TrustZone 安全中断体系提供了软件控制接口，为快中断(nFIQ)提供安全控制，为 VIC 中断源提供中断屏蔽。

S5PV210 中断控制器支持 93 个中断源、固定的硬件中断优先级和可编程中断优先级服务，支持普通中断 IRQ 和快速中断 FIQ，支持软件中断和特权模式下直接访问，另外还支持中断请求状态和原始中断状态的读取等。以上所有这些特性与 S3C2440 等平台没有什么区别，只是重点要说明的是，原始中断状态(raw interrupt status)表示有中断产生了但被屏蔽了，因此无法中止 CPU 去执行这样的中断请求，这样的中断状态就称为原始的中断状态，可以读对应的寄存器知道其状态。

2. 中断处理过程介绍

在前面介绍 ARM 处理器时，我们已经了解了 ARM 的 7 种工作模式，以及 ARM 处理器如何进行异常处理等，这节重点介绍 7 种工作模式中的中断模式。当外围设备发生不可预测的异常时，比如按键被按下、USB 设备接入等，如何通知在运行过程中的 CPU，通常有如下两种方法。

1) 轮询方式

即程序循环查询各设备的状态并作出相应的处理，此方法实现比较简单，但比较占用 CPU 的资源，通常用于相对单一的系统中，比如单片机系统等。

2) 中断方式

即当外设异常发生时触发一个中断，同时会设置相应的中断控制寄存器，中断控制寄存器会通知 CPU 有中断发生，CPU 收到中断请求后就中断当前正在执行的程序，跳转到一个固定的地址处理这个异常,最后再返回继续执行被中断的程序。此方式实现比较复杂,但效率很高,是比较常用的方法。

不同 ARM 架构的 CPU,其中断处理过程一般都是类似的,大致有如下几个步骤。

(1) 中断控制器负责收集各类外设发出的中断信号,然后通知 CPU。

(2) CPU 收到通知后保存当前正在执行程序的状态(即保存各寄存器等),调用中断服务程序(Interrupt Service Routine,ISR)来处理中断请求。

(3) 在 ISR 中通过读取中断控制器、外设的相关寄存器来识别这是哪个中断,并进行相应的处理。

(4) 通过读/写中断控制寄存器和外设相关的寄存器来清除中断。

(5) 最后恢复被中断程序的运行环境(即上面保存的寄存器等)。

对于 S5PV210 来说,中断处理过程也是一样的,也是上述这些步骤,但在实现上与以前的 S3C2440 等 ARM9 架构相比,寄存器配置上有很大的不同。在 S3C2440 上,上电执行的第 1 个程序通常写在 start.S 里,这个文件的开头必定是关于中断向量相关的语句,具体内容如下:

```
.globl _start
_start:  b        reset
    ldr  pc, _undefine_interrupt
    ldr  pc, _software_interrupt
    ldr  pc, _prefetch_abort
    ldr  pc, _data_abort
    ldr  pc, _not_used
    ldr  pc, _irq
    ldr  pc, _fiq
```

这就说明了以前中断向量的入口地址是固定的,也就是通常说的 0x0000_0000 或 0xFFFF_0000(这是由 CP15 寄存器的 V 标志位是 0 还是 1 决定),那么 S5PV210 的中断向量是否也存放在这个地址呢? 从 S5PV210 官方手册上,可以看到,中断向量存放在从 0xD003_7400 开始的 128 字节空间里,这就与上面介绍的不一样了,是不是 S5PV210 架构改变了设计呢? 实际上当中断发生时 CPU 的 PC 寄存器还是先跳到从 0 地址开始的中断向量表中找到对应的中断,执行中断服务程序,比如跳到 0x18 地址处理 IRQ 中断,这些在 S5PV210 的官方手册都没有特别说明,只是介绍了 S5PV210 自带的 iROM 及其功能。其实 iROM 还会实现地址重定位的功能,比如将 0x18 映射到 0xD003_7400+0x18,这些在手册上都没有直接说明,可参考表 4-1,对 0xD003_0000 开始的 128MB 空间并没有说明。

另外,三星也没有公开 iROM 的代码,所以对于 iROM,除了已介绍的功能外,还会做些什么用户是不清楚的。随着技术的发展,嵌入式系统开发也会变得简单,一些与硬件非常贴近的软件处理工作,一般芯片厂家都会事先做好。下面通过一个实验来验证 0x18 是被映射到了 0xD003_7400+0x18。

(1) 修改 6.2 节中的 main 函数,目的是读取从 0 地址开始的 1024 字节的数据,代码如下:

```
01 int main(void)
02 {
03    char c;
04    int i;
05    while (1)
06    {
```

```
07        c = getc();
08        if (c == 'A')
09        {
10            for (i = 0; i < 1024; i++)
11                putc( * (char * )(0 + i));
12        }
13    }
14    return 0;
15 }
```

（2）通过串口输出内存地址 0～1023 处存放的数据（即 iROM 前 1024 字节的数据），这些数据都是不可读的，将读出来的数据复制到 UtraEdit 工具以十六进制显示，截取部分内容如图 7-1 所示。

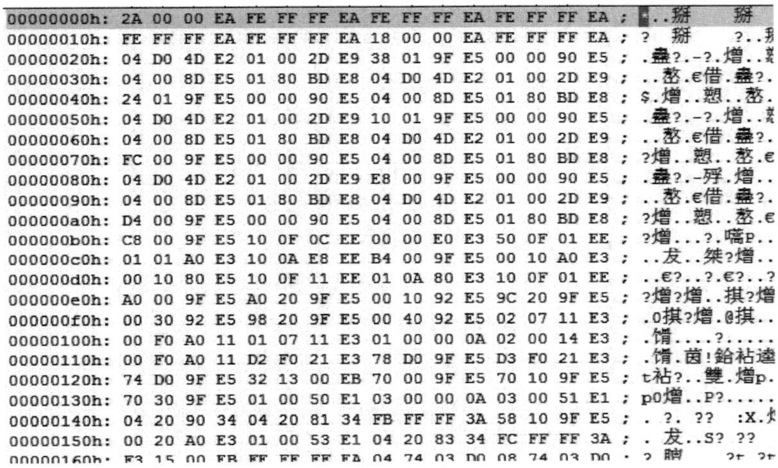

```
00000000h: 2A 00 00 EA FE FF FF EA FE FF FF EA FE FF FF EA ; *..掰    掰
00000010h: FE FF FF EA FE FF FF EA 18 00 00 EA FE FF FF EA ; ? .掰    ?..珐
00000020h: 04 D0 4D E2 01 00 2D E9 38 01 9F E5 00 00 90 E5 ; .蠱?.-?.增.?..?
00000030h: 04 00 8D E5 01 80 BD E8 04 D0 4D E2 01 00 2D E9 ; .悬.€借.蠱.?.-?
00000040h: 24 01 9F E5 00 00 90 E5 04 00 8D E5 01 80 BD E8 ; $.增..恩..悬.€?
00000050h: 04 D0 4D E2 01 00 2D E9 10 01 9F E5 00 00 90 E5 ; .蠱?.-?.增..?
00000060h: 04 00 8D E5 01 80 BD E8 04 D0 4D E2 01 00 2D E9 ; .悬.€?.蠱.?.-?
00000070h: FC 00 9F E5 00 00 90 E5 04 00 8D E5 01 80 BD E8 ; ?增..恩..悬.€
00000080h: 04 D0 4D E2 01 00 2D E9 E8 00 9F E5 00 00 90 E5 ; .蠱?.-?.增..?
00000090h: 04 00 8D E5 01 80 BD E8 04 D0 4D E2 01 00 2D E9 ; .悬.€借.蠱.?.-?
000000a0h: D4 00 9F E5 00 00 90 E5 04 00 8D E5 01 80 BD E8 ; ?增..恩..悬.€
000000b0h: C8 00 9F E5 10 0F 0C EE 00 00 E0 E3 50 0F 01 EE ; ?增..?.嘱P..
000000c0h: 01 01 A0 E3 10 0A E8 EE B4 00 9F E5 00 10 A0 E3 ; ..发..桀.增.
000000d0h: 00 10 80 E5 10 0F 11 EE 01 0A 80 E3 10 0F 01 EE ; .€?...€?..?.?..2
000000e0h: A0 00 9F E5 A0 20 9F E5 00 10 92 E5 9C 20 9F E5 ; ?增.?增..掑?增
000000f0h: 00 30 92 E5 98 20 9F E5 00 40 92 E5 02 07 11 E3 ; .0掑?增.@掑..
00000100h: 00 F0 A0 11 01 07 11 E3 01 00 00 0A 02 00 41 E3 ; .愭.?..?..
00000110h: 00 F0 A0 11 D2 F0 21 E3 78 D0 9F E5 D3 F0 21 E3 ; .愭!.茵!.鉻祐遽
00000120h: 74 D0 9F E5 32 13 00 EB 70 00 9F E5 70 10 9F E5 ; t祐增.雙.增p.
00000130h: 70 30 9F E5 01 00 50 E1 03 00 00 0A 03 00 51 E1 ; p0增..P?.....
00000140h: 04 20 90 34 04 20 81 34 FB FF FF EA 58 10 9F E5 ; . ?4 .4 :X.增
00000150h: 00 20 A0 E3 01 00 53 E1 04 20 83 34 FC FF FF 3A ; . 发..S? ??
00000160h: E3 15 00 EB FF FF FF EA 04 74 03 D0 08 74 03 D0 ; .? 腳    ?t.
```

图 7-1　iROM 前 1024 字节部分数据截图

（3）将读出来的数据保存成 bin 文件，然后反汇编此 bin 文件。将十六进制字符保存为二进制 binary 文件的方法，可以参考源代码文件中的工具 Hexchar2 Binary 及其源码。

```
$ arm-linux-objdump -D -b binary -m arm iROMData.bin > iROMData.dis
```

iROMData.dis 反汇编文件的部分内容显示如下：

```
00000000 <.data>:
   0:   ea00002a    b    0xb0             //reset 复位向量
   4:   eafffffe    b    0x4
   8:   eafffffe    b    0x8
   c:   eafffffe    b    0xc
  10:   eafffffe    b    0x10
  14:   eafffffe    b    0x14
  18:   ea000018    b    0x80             //IRQ 中断向量
  1c:   eafffffe    b    0x1c
  20:   e24dd004    sub  sp, sp, #4
  24:   e92d0001    push {r0}
...
  78:   e58d0004    str  r0, [sp, #4]
  7c:   e8bd8001    pop  {r0, pc}
  80:   e24dd004    sub  sp, sp, #4       //栈指针下移 4 字节,当前 PC 指向 0x90
  84:   e92d0001    push {r0}             //将 r0 寄存器内容入栈,下面需要使用 r0
```

```
88:  e59f00e8  ldr   r0, [pc, #232]; 0x178   //r0 = pc + 232 = 0x90 + 232 = 0x178
8c:  e5900000  ldr   r0, [r0]               //取地址 0x178 里的数据,保存到 r0
90:  e58d0004  str   r0, [sp, #4]           //将新的 r0 数据入栈
94:  e8bd8001  pop   {r0, pc}               //出栈,此时 pc = [0x178] = 0xD003_7418
98:  e24dd004  sub   sp, sp, #4
9c:  e92d0001  push  {r0}
a0:  e59f00d4  ldr   r0, [pc, #212]         ; 0x17c
a4:  e5900000  ldr   r0, [r0]
a8:  e58d0004  str   r0, [sp, #4]
ac:  e8bd8001  pop   {r0, pc}
b0:  e59f00c8  ldr   r0, [pc, #200]         ; 0x180
174: d0037410  andle r7, r3, r0, lsl r4
178: d0037418  andle r7, r3, r8, lsl r4     //地址 0x178 对应的内容
17c: d003741c  andle r7, r3, ip, lsl r4
180: 00000000  andeq r0, r0, r0
184: e2700000  rsbs  r0, r0, #0
```

通过上面的反汇编文件,可以很清楚地看出 0x18 这个 IRQ 中断被映射到了 0xD003_7400+0x18。至此证明了 S5PV210 中断异常与 S3C2440 在本质上没有什么区别。另外,可以查看 Cortex-A8 编程向导手册(Cortex-A Series Programmer's Guide),上面也介绍了 CPU 是从 0 地址开始启动的。所以,S5PV210 的中断向量表放在 0xD003_7400 开始的地址空间,只能说明是 iROM 存储器里的固化代码在"作怪"。

最后,S5PV210 的每一个中断控制器组中都有许多寄存器,有很多是中断服务程序的地址寄存器,其中每一个寄存器指向相应中断服务程序的入口,同时还有中断优先级寄存器与之相匹配。这提供了很大的方便,用户可以直接通过这些寄存器来设置各种外设的中断,甚至可以不用考虑中断向量表,直接操作中断控制寄存器也能实现系统的中断。此外,还有中断状态寄存器、中断使能寄存器、中断清除寄存器等,下一节会详细介绍各个寄存器。

7.1.2　中断控制寄存器

S5PV210 有 4 个 VIC 和 4 个 TZIC,其中每一组 VIC 和 TZIC 中都有很多寄存器,下面以实验中将会用到的中断控制器 VIC0 为例对寄存器进行介绍,其他组的寄存器使用方法类似。

1) VIC0IRQSTATUS、VIC0FIQSTATUS 和 VIC0RAWINTR 寄存器

这些是 32 位的寄存器,其中每一位代表一个中断源的状态,通过寄存器中的某一位可以知道相应的中断是否被屏蔽,初始状态都是屏蔽掉的,当有中断触发后,硬件上会把相应的位置 1。

VIC0FIQSTATUS 寄存器代表快速中断源的状态,用法与 VIC0IRQSTATUS 类似。VIC0RAWINTR 寄存器在前面已介绍。

2) VIC0INTSELECT、VIC0INTENABLE 和 VIC0INTENCLEAR 寄存器

VIC0INTSELECT 寄存器中的每一位用于设置相应中断源是 IRQ 中断还是 FIQ 中断。默认是 IRQ 中断,如果某位被置 1 即为 FIQ 中断。

VIC0INTENABLE 寄存器用于开启中断,相应的位被写入 1 即开启,如果读此寄存器,相应的位为 0 表示中断禁止,反之为开启;VIC0INTENCLEAR 用于清除 VIC0INTENABLE 寄存器中相应的位,当相应的位被写入 1 即把 VIC0INTENABLE 寄存器中开启的中断禁止掉。需要特别注意的是,改变这两个寄存器中相应位的状态只有写入 1 才有效,写入 0 无效。

3) VIC0SOFTINT 和 VIC0SOFTINTCLEAR 寄存器

VIC0SOFTINT 用于开启软件中断,当相应的位被写入 1 即开启,如果读此寄存器,相应

位为 0 时表示对应的中断禁止,反之为开启;VIC0SOFTINTCLEAR 寄存器用于禁止被 VIC0SOFTINT 开启的中断,禁止的方法是往相应位写入 1。需要注意的是,这两种寄存器都是写入 1 才有效,写入 0 无效。

4)VIC0PROTECTION 寄存器

VIC0PROTECTION 用于控制寄存器的访问权限。当 bit[0]为 1 时开启保护模式,此模式下只有系统工作在特权模式下才可访问中断控制器寄存器;如果为 0,在用户模式和特权模式下都可访问。

5)VIC0ADDRESS 和 VIC0VECTADDR[0:31]寄存器

当中断发生时,CPU 需跳到中断服务程序处执行(ISR),对应中断服务程序的入口就由 VIC0ADDRESS 寄存器上报给 CPU,所以当中断处理完毕,此寄存器必须清零。往寄存器中写入任何数据都会清除当前的中断,读寄存器可以知道 ISR 的入口地址。

VIC0VECTADDR0～VIC0VECTADDR31 寄存器保存中断服务程序的入口地址。由于 CPU 每次只能有一个中断在执行,所以这 31 个中断根据优先级先后,每次只有一个中断服务程序的入口地址被自动送给 VIC0ADDRESS 寄存器,再由 VIC0ADDRESS 将中断服务程序的入口地址上报给 CPU。

6)VIC0SWPRIORITYMASK 寄存器

VIC0SWPRIORITYMASK 寄存器用于启用或禁止 16 个中断优先级,默认是没有被屏蔽的,当写入 0 时即启用,写入 1 时即禁止,寄存器的前 16 位对应 16 个中断优先级。

7)VIC0VECTPRIORITY[0:31]寄存器

该寄存器为每一个中断设置优先级,VIC0VECTPRIORITY0～VIC0VECTPRIORITY31 寄存器的 bit[3:0]用于设置中断优先级,设置范围为 0～15,默认的优先级为 15。在 S5PV210 中,对中断优先级的设置较 S3C2440 简单很多,只要将相应的比特位赋值即可。

7.2　S5PV210 的中断应用实例

视频讲解

7.2.1　中断实验

1.　实验目的

利用开发板上的按键控制 LED 发光二极管,当按键第一次按下时,对应的 LED 灯亮,再次按下时灯就灭。

2.　实验原理

如图 7-2 所示,KEY1、KEY2 分别与 XEINT0、XEINT1 相连,XEINT0 和 XEINT1 即 GPH0_0 和 GPH0_1 引脚,将这两个 GPIO 引脚配置成中断引脚,当按键被按下时即触发一个中断,根据图 7-2 所示将触发方式配置为下降沿触发。

3.　实验步骤

S5PV210 中断的基本配置方法:

(1) 配置 GPIO 引脚及其外部中断控制寄存器;

(2) 选择中断类型(VICxINTSELECT);

(3) 清中断服务程序入口寄存器(VICxADDRESS);

(4) 设置相应中断的中断服务程序入口(VICxVECTADDR);

(5) 使能中断(VICxINTENABLE)。

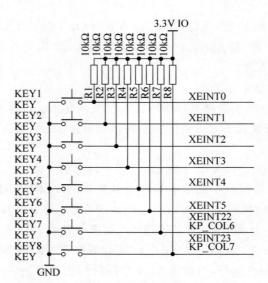

图 7-2　按键示例图

视频讲解

7.2.2　程序设计与代码详解

实验程序可以从四个方面设计：一是启动程序的设计，主要是对 ARM 工作模式的配置和中断服务程序的设计；二是初始化程序，包括 S5PV210 中断控制器的初始化、GPIO 引脚的配置；三是主程序设计；最后是编写 Makefile，编译生成目标文件。下面就从这四个方面编写代码以及代码的详解。

1. 启动程序 start.S

前面已介绍过，S5PV210 本身的固化代码（iROM）在上电后配置好 IRQ 中断的栈以及系统模式所使用的栈，所以在启动代码中可以不用设置这些栈（重新配置一遍也可以）。因此实验的启动程序比较简单，主要是当中断发生时先保存现场，跳到中断服务程序执行中断处理，处理结束后再恢复现场。具体代码示例如下：

```
01 .text
02 .global _start                          /* 声明一个全局的标号 */
03 .global IRQ_handle
04 _start:
05
06   mrs r0,cpsr
07   bic r0,r0,# 0x00000080               /* 使能 IRQ 中断 bit[7] = 0 */
08   msr cpsr,r0
09   bl main
10 halt_loop:
11   b   halt_loop                         /* 死循环,不让程序跑飞 */
12
13 IRQ_handle:
14   sub lr, lr, ♯ 4                       /* 计算返回地址 */
15   stmdb sp!, {r0 - r12, lr}             /* 保存用到的寄存器 */
16   bl irq_handler                        /* 跳到中断服务函数 */
17   ldmia sp!, {r0 - r12, pc}^            /* 中断返回, ^表示将 spsr 的值复制到 cpsr */
```

2. 初始化阶段

初始化阶段重点介绍外部中断控制寄存器的配置方法以及中断向量控制寄存器的设置，LED 相关的引脚配置参考前面章节介绍(\opt\hardware\ch8\int-simple\init.c)。

```
...
08 #define GPH0CON          *((volatile unsigned int *)0xE0200C00)
09 #define GPH0DAT          *((volatile unsigned int *)0xE0200C04)
10 #define EXT_INT_0_CON     *((volatile unsigned int *)0xE0200E00)
11 #define EXT_INT_0_MASK    *((volatile unsigned int *)0xE0200F00)
12 #define EXT_INT_0_PEND    *((volatile unsigned int *)0xE0200F40)
13 #define VIC0IRQSTATUS     *((volatile unsigned int *)0xF2000000)
14 #define VIC0INTSELECT     *((volatile unsigned int *)0xF200000C)
15 #define VIC0INTENABLE     *((volatile unsigned int *)0xF2000010)
16 #define VIC0VECTADDR0     *((volatile unsigned int *)0xF2000100)
17 #define VIC0VECTADDR1     *((volatile unsigned int *)0xF2000104)
18 #define VIC0ADDRESS       *((volatile unsigned int *)0xF2000F00)
19
20 extern void IRQ_handle(void);
...
38 //配置中断引脚
39 void init_key(void)
40 {
41    //配置GPIO引脚为中断功能
42    GPH0CON &= ~(0xFF << 0);
43    GPH0CON |= (0xFF << 0);       //key1:bit[3:0];key2:bit[7:4]
44    //配置EXT_INT[0]、EXT_INT[1]中断为下降沿触发
45    EXT_INT_0_CON &= ~(0xFF << 0);
46    EXT_INT_0_CON |= 2|(2 << 4);
47    //取消屏蔽外部中断EXT_INT[0]、EXT_INT[1]
48    EXT_INT_0_MASK &= ~0x3;
49 }
50    //清中断挂起寄存器
51 void clear_int_pend()
52 {
53    EXT_INT_0_PEND |= 0x3;       //EXT_INT[0]、EXT_INT[1]
54 }
55 //初始化中断控制器
56 void init_int(void)
57 {
58    //选择中断类型为IRQ
59    VIC0INTSELECT = ~0x3;        //外部中断EXT_INT[0]、EXT_INT[1]为IRQ
60    //清VIC0ADDRESS
61    VIC0ADDRESS = 0x0;
62    //设置EXT_INT[0]、EXT_INT[1]对应的中断服务程序的入口地址
63    VIC0VECTADDR0 = (int)IRQ_handle;
64    VIC0VECTADDR1 = (int)IRQ_handle;
65    //使能外部中断EXT_INT[0]、EXT_INT[1]
66    VIC0INTENABLE |= 0x3;
67 }
68 //清除中断处理函数地址
69 void clear_vectaddr(void)
70 {
71    VIC0ADDRESS = 0x0;
72 }
73 //读中断状态
74 unsigned long get_irqstatus(void)
75 {
76    return VIC0IRQSTATUS;
77 }
```

3. 主程序

开发板上电后就会跳到主程序 main 执行，主程序 main 中主要是对各初始化函数的调用。另外，main.c 中还定义了一个中断处理函数，当相应的中断发生后，CPU 需要跳过去执行的具体内容，这里主要是点灯或灭灯。

```
09 void irq_handler()
10 {
11    volatile unsigned char key_code = get_irqstatus() & 0x3;  //VIC0's status
12    clear_vectaddr();                                     /* 清中断向量寄存器 */
13    clear_int_pend();                                     /* 清 pending 位 */
14    if (key_code == 1)                                    /* key1 */
15        led1_on_off();
16    else if (key_code == 2)                               /* key2 */
17        led2_on_off();
18    else
19    {
20        led1_on_off();
21        led2_on_off();
22    }
23 }
24 int main(void)
25 {
26    int c = 0;
27
28    init_leds();                                          /* 初始化 GPIO 引脚 */
29    init_key();                                           /* 初始化按键中断 */
30    init_int();                                           /* 初始化中断控制器、使能中断 */
31
32    while (1);
33 }
```

4. 编写 Makefile

```
01 objs : = start.o init.o main.o
02
03 int.bin: $ (objs)
04    arm - linux - ld - Ttext 0xD0020010 - o int.elf $ ^
05    arm - linux - objcopy - O binary - S int.elf $ @
06    arm - linux - objdump - D int.elf > int.dis
07
08 %.o: %.c
09    arm - linux - gcc - c - O2 $< - o $ @
10
11 %.o: %.S
12    arm - linux - gcc - c - O2 $< - o $ @
13
14 clean:
15    rm - f * .o * .elf * .bin * .dis
```

在设计 S5PV210 中断程序时，程序员完全可以不用关心中断向量具体存放的位置，只需通过 S5PV210 提供的向量中断控制寄存器就可以很容易地实现中断程序的设计，如上面实验所示。但这样会有一个问题，如果有若干不同的中断源，那么对于每一个中断源所发起的中断，是不是也要像上面程序那样一个一个去配置呢？显然这不是最好的方法。既然 ARM 处理器提供了 7 种异常处理方式，那么就定义好 7 种异常向量的入口，由 ARM 处理器来管理日常的中断事务。在 iROM 里已经分配好了向量存放的起始位置 0xD003_7400,下面只需把异常向量的入口地址映射到 0xD003_7400 开始的存储空间即可,具体的实现过程可以参考本节源码/opt/hardware/ch8/int,有兴趣的读者可以参考学习。S5PV210 的异常处理方式与 S3C2440 等 ARM9 平台没有区别,工作原理也是一样的,唯一不一样的地方是 S5PV210 多了一个片内 iROM 程序,将 7 个异常处理映射到 0xD003_7400 处。

7.2.3　实例测试

将编写好的源代码上传到宿主机上,编译生成可执行的目标文件 int.bin,然后烧写到开发板上电测试,这些步骤在前面章节都有介绍,如果不清楚可以参考第 4 章和第 5 章。

实验最终结果:当按下 KEY1 时,LED1 灯会被点亮或熄灭;当按下 KEY2 时,LED2 灯会被点亮或熄灭。

第8章

系统时钟和定时器

本章学习目标
- 了解 S5PV210 的时钟体系结构;
- 掌握 S5PV210 的系统时钟配置方法;
- 掌握 S5PV210 的 PWM 定时器的用法。

8.1 S5PV210 的时钟体系结构

8.1.1 S5PV210 的时钟域和时钟源

在前面几章的实验中都是使用 S5PV210 的默认时钟,即 iROM 固化程序以 24MHz 的外部晶振作为时钟源配置系统时钟,其主频(ARMCLK)只有 400MHz,这样的频率在现代消费类电子中,算是比较低的。下面就对 S5PV210 的时钟体系进行介绍,并且在后面的实验中将系统主频配置到 1GHz。

1. S5PV210 时钟域的构成

S5PV210 由 3 个时钟域构成,分别是主系统(Main System, MSYS)、显示系统(Display System, DSYS)和外围系统(Peripheral System, PSYS),如图 8-1 所示。

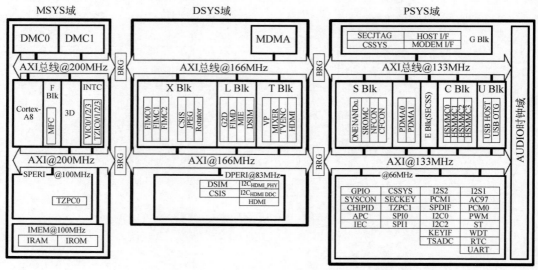

图 8-1　S5PV210 时钟域框图

MSYS 域服务对象主要是 Cortex-A8 处理器、DRAM 内存控制器(DMC0 和 DMC1)、3D

控制器、片内 SRAM(IRAM 和 IROM)、中断控制器 INTC 和一些可配置接口。

DSYS 域服务对象主要是显示相关模块,比如 FIMC、FIMD、JPEG 等。

PSYS 域服务对象主要是 I/O 外围设备、安全系统和低功耗音频。

每个总线系统的最大工作频率分别为 200MHz、166MHz 和 133MHz,不同的域之间通过异步总线桥(BRG)相连接。

2. S5PV210 时钟源描述

S5PV210 的系统时钟可以由外部晶振通过内部的逻辑电路放大产生,或者直接使用外部提供的时钟源,通过引脚的设置来选择,具体可总结为如下几类。

(1) 来自外部晶振:如 XRTCXTI、XXTI、XUSBXTI 和 XHDMIXTI;

(2) 来自系统的时钟管理单元(CMU):如 ARMCLK、HCLK、PCLK 等;

(3) 来自 USB PHY;

(4) 来自 GPIO 引脚的设置。

在 S5PV210 中引入了 4 类脉冲锁相环(PLL),分别是 APLL、MPLL、EPLL 和 VPLL,它们对应于不同的时钟域,一般官方比较推荐使用 24MHz 的外部晶振作为 APLL、MPLL、EPLL 和 VPLL 的时钟源,然后通过 PLL 将频率放大提供给整个系统,这里使用 24MHz 的外部晶振,这是由于 iROM 默认就是使用 24MHz 的外部晶振。

其中 APLL 可以提供 30MHz～1GHz 的工作频率 $SCLK_{APLL}$,MPLL 提供 50MHz～2GHz 的工作频率 $SCLK_{MPLL}$,EPLL 提供 10～600MHz 的工作频率 $SCLK_{EPLL}$,VPLL 提供 10～600MHz 的工作频率 $SCLK_{VPLL}$,为视频模块提供 54MHz 的工作频率。

8.1.2　S5PV210 的时钟应用和配置流程

1. S5PV210 的时钟应用

S5PV210 较典型的应用如下:

(1) Cortex-A8 和 MSYS 时钟域使用 APLL 提供的时钟(诸如 ARMCLK、HCLK_MSYS 和 PCLK_MSYS)。

(2) DSYS 和 PSYS 时钟域的时钟主要有 HCLK_DSYS、HCLK_PSYS、PCLK_DSYS 和 PCLK_PSYS,以及外设时钟,诸如 SPI、audio IP 等,它们都由 MPLL 和 EPLL 提供。

(3) VPLL 专用于给视频模块提供时钟。

除此之外,S5PV210 的时钟控制器允许为低频率的时钟避开 PLL,还可以通过软件编程的方式连接或断开 PLL,以达到降低功耗的目的。

S5PV210 各时钟域的时钟关系,官方为用户提供了一个参考,在实际开发时可以参考这个关系配置系统的时钟。

1) MSYS 时钟域

假设 MOUT_MSYS 表示需要配置的 MSYS 的频率,有如下关系:

```
freq(ARMCLK) = freq(MOUT_MSYS)/n,n = 1~8
freq(HCLK_MSYS) = freq(ARMCLK)/n,n = 1~8
freq(PCLK_MSSY) = freq(HCLK_MSYS)/n,n = 1~8
freq(HCLK_IMEM) = freq(HCLK_MSYS)/2
```

2) DSYS 时钟域

假设 MOUT_DSYS 表示需要配置的 DSYS 的频率,有如下关系:

```
freq(HCLK_DSYS) = freq(MOUT_DSYS)/n,n = 1~16
```

$$freq(PCLK\_DSYS) = freq(HCLK\_DSYS)/n, n = 1\sim8$$

3）PSYS 时钟域

假设 MOUT_PSYS 表示需要配置的 PSYS 的频率，有如下关系：

$$freq(HCLK\_PSYS) = freq(MOUT\_PSYS)/n, n = 1\sim16$$
$$freq(PCLK\_PSYS) = freq(HCLK\_PSYS)/n, n = 1\sim8$$
$$freq(SCLK\_ONENAND) = freq(HCLK\_PSYS)/n, n = 1\sim8$$

下面再列举一个 S5PV210 手册推荐的高效时钟频率配置方案：

```
freq(ARMCLK)        = 1000MHz
freq(HCLK_MSYS)     = 200MHz
freq(HCLK_IMEM)     = 100MHz
freq(PCLK_MSYS)     = 100MHz
freq(HCLK_DSYS)     = 166MHz
freq(PCLK_DSYS)     = 83MHz
freq(HCLK_PSYS)     = 133MHz
freq(PCLK_PSYS)     = 66MHz
freq(SCLK_ONENAND)  = 133MHz,166MHz
```

关于 PLL 的 PMS 值的设置，针对不同的频率，S5PV210 手册上都有提供，这也是官方强烈建议使用的参考值。另外，APLL 通常用于 MSYS 时钟域，MPLL 用于 DSYS 时钟域，这些都是一些供参考的典型的设置。

2. S5PV210 的时钟配置流程

S5PV210 各子模块的时钟，主要是通过 S5PV210 的时钟逻辑电路产生 MSYS、DSYS、PSYS 的时钟频率 $MOUT_{MSYS}$、$MOUT_{DSYS}$、$MOUT_{PSYS}$，这里不过多介绍。另外，通过一些分频器再产生其他的时钟，详细可以参考 S5PV210 的手册。下面通过一张表来说明各模块的最大参考工作频率，如表 8-1 所示。

表 8-1　各模块的最大参考工作频率

时钟域	最大频率/MHz	子　模　块
MSYS	200	MFC，G3D
		TZIC0，TZIC1，TZIC2，TZIC3，VIC0，VIC1，VIC2，VIC3
		DMC0，DMC1
		AXI_MSYS，AXI_MSFR，AXI_MEM
	100	IRAM，IROM，TZPC0
DSYS	166	FIMC0，FIMC1，FIMC2，FIMD，DSIM，CSIS，JPEG，Rotator，VP，MIXER，TVENC，HDMI，MDMA，G2D
	83	DSIM，CSIS，I2C_HDMI_PHY，I2C_HDMI_DDC
PSYS	133	CSSYS，JTAG，MODEM I/F
		CFCON，NFCON，SROMC，ONENAND
		PDMA0，PDMA1
		SECSS
		HSMMC0，HSMMC1，HSMMC2，HSMMC3
		USB OTG，USB HOST
	66	SYSCON，GPIO，CHIPID，APC，IEC，TZPC1，SPI0，SPI1，I2S1，I2S2，PCM0，PCM1，PCM2，AC97，SPDIF，I2C0，I2C2，KEYIF，TSADC，PWM，ST，WDT，RTC，UART

　　在没有开启 PLL 前,系统是由外部晶振直接提供工作频率,即上电后,当晶振输出稳定,通常在 Reset 信号恢复高电平时,CPU 就开始执行,不过此时系统频率不是很高,所以基于 S5PV210 做系统开发时,系统时钟配置是必不可少的。下面重点介绍一下 S5PV210 的系统时钟配置流程。

　　(1) 设置 xPLL 锁定值,对应的寄存器是 xPLL_LOCK(x 为 A、M、E、V);

　　(2) 设置 xPLL 的 PMS 值,并使能 xPLL,对应寄存器是 xPLL_CON;

　　(3) 等待 xPLL 锁定(即等待 xPLL 输出稳定的频率),对应寄存器是 xPLL_CON,读取其 LOCKED 位来判断;

　　(4) 配置系统时钟源,选择 xPLL 作为时钟源(在选择之前是由外部晶振提供),对应的寄存器是 CLK_SRC0;

　　(5) 配置其他模块的时钟源,对应的寄存器是 CLK_SRC1～CLK_SRC6;

　　(6) 配置系统时钟分频值,对应寄存器是 CLK_DIV0;

　　(7) 配置其他模块的时钟分频值,对应寄存器是 CLK_DIV1～CLK_DIV7。

8.1.3　S5PV210 时钟控制寄存器

　　在 S5PV210 的时钟体系中,所有与时钟相关的寄存器已经增加了很多,分工明确,向后也是兼容的。比如地址是 0xE010_6xxx 的寄存器,这类寄存器用于操控 S5PV210 的系统时钟。类似的还有很多,可以参考 S5PV210 的手册。下面重点介绍 S5PV210 的 PLL 控制寄存器。S5PV210 将 PLL 分为 4 部分,即 APLL、MPLL、EPLL 和 VPLL,对应的寄存器功能都类似,下面以 xPLL 代表这 4 个 PLL 来逐一介绍与之相关的寄存器。

1. xPLL_LOCK 寄存器

　　在将 PLL 相关的寄存器都配置好后,此时 PLL 的输出还没有稳定,中间需要等待一段时间,这个时间的长度就是由 xPLL_LOCK 控制寄存器设置的,通常这个时间很短(微秒级),表 8-2 所示是官方推荐的参考值。

表 8-2　Lock time 推荐值

晶振/MHz	目标输出/MHz	PLL	Lock time/μs
24	1000.0000	APLL	30
24	667.0000	MPLL	200
24	96.0000	EPLL	375
24	54.0000	VPLL	100

2. xPLL_CONn 寄存器(n=0、1)

　　此寄存器用于设置 MDIV、PDIV 和 SDIV 的值(PMS 值),以及 PLL 使能控制等,关于 xPLL 输出频率的计算方法,有如下一些公式(假设外部晶振 FIN=24MHz)供参考。

1) APLL

$APLL_{FOUT} = MDIV \times FIN / (PDIV \times 2^{SDIV-1})$
PDIV 取值范围: $1 \leqslant PDIV \leqslant 63$
MDIV 取值范围: $64 \leqslant MDIV \leqslant 1023$
SDIV 取值范围: $1 \leqslant SDIV \leqslant 5$

2) MPLL

$MPLL_{FOUT} = MDIV \times FIN / (PDIV \times 2^{SDIV})$

PDIV 取值范围：1≤PDIV≤63
MDIV 取值范围：16≤MDIV≤1023
SDIV 取值范围：1≤SDIV≤5

3）EPLL

$EPLL_{FOUT} = (MDIV + K/65536) \times FIN / (PDIV \times 2^{SDIV})$
PDIV 取值范围：1≤PDIV≤63
MDIV 取值范围：16≤MDIV≤511
SDIV 取值范围：0≤SDIV≤5
K 的取值范围：0≤SDIV≤65535（微调，使计算结果更加精确）

4）VPLL

$VPLL_{FOUT} = MDIV \times FIN / (PDIV \times 2^{SDIV})$
PDIV 取值范围：1≤PDIV≤63
MDIV 取值范围：16≤MDIV≤511
SDIV 取值范围：0≤SDIV≤5

3. CLK_SRCn 寄存器（n＝0～6）

CLK_SRC0 主要用于选择系统的时钟源，CLK_SRC1～6 用于设置各子模块的时钟源。子模块时钟源选择好后，还要开启相应的屏蔽位选择才会生效，相应的屏蔽寄存器为 CLK_SRC_MASKn（n＝0～1）。

4. CLK_DIVn 寄存器（n＝0～7）

S5PV210 支持各种时钟工作频率，通过配置 CLK_DIVn 寄存器分频值比例系数，就可以为系统或子功能模块提供特定的工作频率。下面以系统频率和 UART0 的工作频率为例，介绍分频比例系数的设置，其他模块的配置方式类似。

1）配置 ARMCLK 系统时钟

对应的分频寄存器是 CLK_DIV0，从 S5PV210 手册可以查到 bit[2:0]是用来配置 APLL 的分频系数的，计算公式如下：

$$ARMCLK＝MOUT\_MSYS/(APLL\_RATIO＋1)$$

MOUT_MSYS 是由前面 PLL_CON 寄存器配置得来的，配置时可以参考 S5PV210 手册上面的推荐值，ARMCLK 为配置的值，且不能超过 S5PV210 支持的最大值。知道这两个数值后，根据公式即可计算出 APLL_RATIO 这个分频系数值。

2）配置 SCLK_UART0

对应的分频寄存器是 CLK_DIV4 的 bit[19:16]，其计算公式如下：

$$SCLK\_UART0＝MOUTUART0/(UART0\_RATIO＋1)$$

上面是通过 PLL 配置 S5PV210 的系统时钟以及其他功能模块的时钟，经过上述寄存器的配置后，CPU 就可以使用 PLL 提供的时钟源工作了。除这些寄存器外，还有一些特殊功能的寄存器，比如时钟门控寄存器，它可以为每一个功能模块的时钟源配置门控操作。对于这些寄存器，本书没有特别介绍，有兴趣的读者可以参考 S5PV210 使用手册。

8.2 S5PV210 PWM 定时器

8.2.1 S5PV210 PWM 定时器概述

S5PV210 提供了 5 个 32 位的脉冲宽度调制（PWM）定时器，它们都可以为 ARM 子系统提供中断服务，定时器（Timer）0、1、2 和 3 具备 PWM 功能，都有一个输出引脚，可以通过定时器控制该引脚的电平高低变化。另外,Timer 0 还具有一个可操作的死区(dead-zone)产生器,死区主要是为了支持大电流的设备,Timer 4 是一个没有输出引脚的内部定时器。

定时器使用 APB-PCLK 作为时钟源,Timer 0 和 1 共享一个可编程的 8 位预分频器,此分频器为第一级分频。Timer 2、3 和 4 共享一个 8 位预分频器。每一个定时器都有它自己的时钟分频器以提供第二级的时钟分频(1 分频、2 分频、4 分频、8 分频和 16 分频)。Timer 0、1、2、3、4 还可以直接以 SCLK_PWM 作为时钟源。S5PV210 定时器系统的具体结构框图如图 8-2 所示。

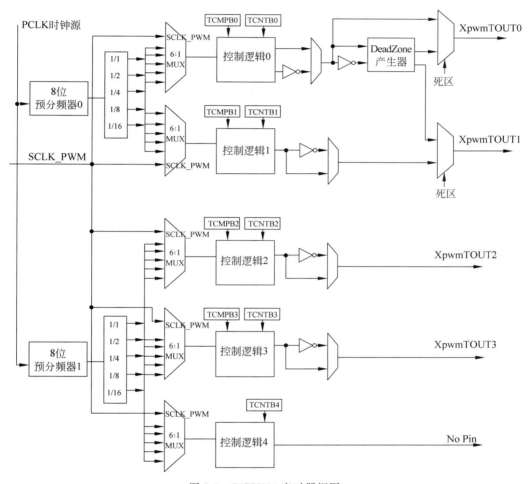

图 8-2 S5PV210 定时器框图

每个定时器内部都有一个 32 位的 TCNTn 递减寄存器,由定时器时钟驱动,它的初始值由 TCNTBn 寄存器提供。下面介绍 PWM 定时器的定时工作流程,即 S5PV210 的 Timer 0、1、2、3。

(1)首先设置好 TCNTBn 和 TCMPBn 这两个寄存器的值,它们表示定时器的初始值和比较值。

(2)配置 TCON 寄存器开启定时器,在使能手动更新(manual update)后将 TCNTBn 和 TCMPBn 寄存器里的数值自动装入定时器内部寄存器 TCNTn 和 TCMPn,定时器开始减 1 计数。TCNTBn 的值不同,决定了 TOUTn 的转出频率不同。

（3）当寄存器 TCNTn 的数值减到与 TCMPn 寄存器的值相等时，如果在 TCON 寄存器中使能了自动反转功能后，TOUTn 的输出引脚即被反转（高电平反转为低电平，低电平反转为高电平），同时寄存器 TCNTn 继续进行减 1 操作。TCNTn 寄存器里的数值可以通过读取 TCNTOn 寄存器获得。

（4）当寄存器 TCNTn 的值递减到 0 时，如果定时器的中断被使能，则触发它的中断。如果在 TCON 寄存器中配置了 Auto Reload（自动加载），则定时器自动将 TCNTBn 和 TCMPBn 寄存器里配置的数值加载到 TCNTn 和 TCMPn 寄存器，开始下一个定时计数。如果不允许自动加载，则定时器停止。

通过 PWM 定时器的工作流程可以知道，TCMPBn 寄存器决定了 TOUTn 输出信号的占空比，TCNTBn 寄存器的值决定了输出信号 TOUTn 的频率，也就是通常说的可调制脉冲，所以这类定时器也就是 PWM 定时器。通常当输出信号 TOUTn 频率不变时，TCMPBn 的值越大，脉冲信号高电平持续时间越长；反之，持续时间越短。如果使能了 TCON 寄存器中的 inverter 位，则 TCMPBn 的值与脉冲信号高电平持续时间的对应关系反转。具体操作过程如图 8-3 所示。

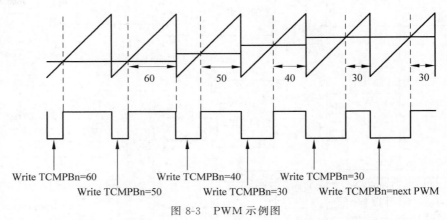

图 8-3　PWM 示例图

使用 PWM 对大电流设备进行控制时，常常用到死区功能。死区功能在切断一个开关设备和接通另一个开关设备之间，允许插入一个时间间隙。在这个时间间隙，禁止两个开关设备同时被接通，即使接通非常短的时间也不允许。

下面以定时器 0 为例介绍 PWM 定时器编程步骤。

（1）程序设置预分频器、时钟分频器值。

（2）程序设置 TCNTB0、TCMPB0 寄存器值。

（3）程序设置允许手动更新，Timer 0 自动将 TCNTB0、TCMPB0 的值加载到 Timer 0 内部的 TCNT0、TCMP0 寄存器。

（4）程序设置启动 Timer 0，即将 TCON 寄存器对应的 start/stop 位置 1，Timer 0 的 TCNT0 开始计数。

（5）当 TCNT0 的值与 TCMP0 的值相等时，TOUT0 电平由低变高，如果在 TCON 寄存器中使能了 Timer 0 的中断功能，则触发 Timer 0 的中断，执行其中断服务程序。

（6）如果允许自动加载（在 TCON 寄存器里设置），则 TCNT0 计数值达到 0 时自动重装载，然后开始下一次定时；如果不允许自动加载，则计数值达到 0 时，Timer 0 停止。

（7）计数过程中，程序可以给 TCNTB0、TCMPB0 装入一个新值，在自动重装方式下，新的值被用于下一次定时,通常可以在中断服务程序里设置。这也是 S5PV210 定时器的双缓冲功能(因为 TCNTB0 和 TCMPB0 在启动定时器时会被加载到 TCNT0 和 TCMP0 寄存器),在定时过程中改变下一次定时操作值,而不影响本次定时。

(8) 计数过程中,通过编程可以停止 Timer 0 计数(将 TCON 寄存器对应的 start/stop 位置 0 即可),通常可以在中断服务程序里设置。

8.2.2　S5PV210 定时器

S5PV210 除上面介绍的 PWM 定时器外,还有系统定时器、实时时钟(RTC)和看门狗定时器(WATCHDOG),功能与 PWM 定时器基本类似,只是多了一些特殊功能,有兴趣的读者可以详细阅读 S5PV210 的使用手册。

1) 系统定时器(System Timer)

System Timer 主要为系统提供 1ms 的定时计数,而且是在除休眠模式以外的任何模式下定时;另外,还可以在不终止定时计数的情况下改变内部中断的发生时段。它也是 32 位的 PWM 定时器。

2) 实时时钟(RTC)

实时时钟(Real Time Clock,RTC)单元可以在备份电池下工作,即使系统的电源被关闭。备份电池可用于存储秒、分、时、星期、日、月和年这些数据,RTC 在外部 32.768kHz 的工作频率下工作,并且负责系统的报警功能。

时间相关的数据都是以 BCD 码格式保存,每一个时间数据都有独立的寄存器与之对应。

3) 看门狗定时器(Watchdog Timer)

看门狗定时器基本功能与 PWM 定时器几乎一样,只是 WDT 会产生复位信号来恢复系统,这也是 WDT 的主要功能所在,即当系统发生不可控的异常时 WDT 定时装置可恢复相关控制器,使其重新工作。另外,WDT 定时器可以像 16 位定时器一样提供中断服务。

使用 WDT 定时器的定时功能时,在正常的程序中,必须不断重新设置 WTCNT 寄存器,使得它不为 0,这样可以保证系统不被重启,这就是通常说的"喂狗";当程序崩溃时不能正常"喂狗",计数值达到 0 后系统将被重启,不至于因为程序崩溃而"死机"。所以,在通常的嵌入式系统设计中,为了避免系统出错等原因而导致系统彻底"死机",经常会使用 WDT 的定时功能。

8.2.3　PWM 定时器寄存器

1. TCFG0 寄存器(Timer Configuration Register 0)

S5PV210 的定时器系统有两个 8 位的预分频器,如图 8-2 所示,用来产生定时器的输入时钟频率。TCFG0 寄存器就是用于配置 Timer 的输入时钟频率以及死区的长度,时钟频率通过以下公式计算得到。取不同的系数值会得到不同的频率,关于 prescaler 和 divider 系数取值,S5PV210 手册有给出最小值与最大值参考。

Timer 输入时钟频率=PCLK/({prescaler value+1})/{divider value}

其中,{prescaler value}=1～255,预分频系数取值范围;{divider value}=1,2,4,8,16,可取的分频值。

Prescaler value 是预分频器的分频系数,通过 TCFG0 寄存器配置,具体配置如表 8-3 所示。

表 8-3　TCFG0 寄存器配置表

TCFG0	位	描　　述	初 始 状 态
Reserved	[31:24]	保留位	0x00
Dead zone length	[23:16]	死区长度	0x00
Prescaler 1	[15:8]	定时器 2、3、4 的预分频值	0x01
Prescaler 0	[7:0]	定时器 0 和 1 的预分频值	0x01

注：如果 Dead zone length 等于 n，实际的 Dead zone length 应等于 $n+1(n=0\sim254)$。

2. TCFG1 寄存器（Timer Configuration Register 1）

在 S5PV210 的定时器系统中有多路复用的电路，通过它们进一步将输入的时钟频率进行分频，通常有 1 分频、2 分频、4 分频、8 分频和 16 分频，而实际使用哪一种分频，就需要配置 TCFG1 寄存器来选择，即配置定时器的实际工作频率。在前面配置 TCFG0 寄存器时，公式中有一个系数叫 divider value，可以看到其取值是有限制的，并不是随意取值，现在对照 TCFG1 寄存器就不难理解 divider value 的取值了。表 8-4 列出了 Timer 0、1、2、3 和 4 的 TCFG1 寄存器的具体配置。

表 8-4　TCFG1 寄存器配置表

TCFG1	位	描　　述	初始状态
Reserved	[31:24]	保留位	0x00
Divider MUX4	[19:16]	PWM 定时器 4 的多路输入 0000 = 1/1 分频；0001 = 1/2 分频；0010 = 1/4 分频；0011 = 1/8 分频；0100 = 1/16 分频；0101 = SCLK_PWM	0x00
Divider MUX3	[15:12]	PWM 定时器 3 的多路输入 0000 = 1/1 分频；0001 = 1/2 分频；0010 = 1/4 分频；0011 = 1/8 分频；0100 = 1/16 分频；0101 = SCLK_PWM	0x00
Divider MUX2	[11:8]	PWM 定时器 2 的多路输入 0000 = 1/1 分频；0001 = 1/2 分频；0010 = 1/4 分频；0011 = 1/8 分频；0100 = 1/16 分频；0101 = SCLK_PWM	0x00
Divider MUX1	[7:4]	PWM 定时器 1 的多路输入 0000 = 1/1 分频；0001 = 1/2 分频；0010 = 1/4 分频；0011 = 1/8 分频；0100 = 1/16 分频；0101 = SCLK_PWM	0x00
Divider MUX0	[3:0]	PWM 定时器 0 的多路输入 0000 = 1/1 分频；0001 = 1/2 分频；0010 = 1/4 分频；0011 = 1/8 分频；0100 = 1/16 分频；0101 = SCLK_PWM	0x00

3. TCNTBn 和 TCMPBn 寄存器（Timer n Cout Buffer Register 和 Timer n Compare Buffer Register）

n 为 0~4，TCNTBn 寄存器用于设置定时器的初始计数值，TCMPBn 寄存器用于设置比较值。它们的值在定时器启动时，被传到定时器内部寄存器 TCNTn 和 TCMPn 中。值得注意的是，Timer 4 没有 TCMPB4 寄存器，因为 Timer 4 没有输出引脚。

4. TCNTOn 寄存器（Timer n Count Observation Register）

n 为 0~4，此寄存器是配合 TCNTn 寄存器工作的，在定时器启动后，TCNTn 寄存器不断减 1 计数，这时可以通过读取 TCNTOn 寄存器知道当前计数值是多少。

5. TCON 寄存器（Timer Control Register）

TCON 寄存器的主要功能如下：

（1）启动、停止定时器；

（2）第一次启动定时器时手动将 TCNTBn 和 TCMPBn 寄存器的数值装入内部寄存器 TCNTn 和 TCMPn 寄存器中；

（3）决定在定时器的计数达到 0 时是否自动将 TCNTBn 和 TCMPBn 寄存器的数值装入内部 TCNTn 和 TCMPn 寄存器中，继续下一次计数；

（4）决定定时器 TOUTn 引脚的输出电平是否反转；

（5）决定是否要打开定时器的死区。

以上 5 个功能在 Timer 0 和 Timer 1 定时器中都可以通过配置相应的比特位进行设置，Timer 2 和 Timer 3 没有死区，所以没有功能（5），而 Timer 4 不仅没有死区，还没有输出引脚，所以功能（4）和（5）这两项都没有。下面以 Timer 0 为例介绍相应位的作用，如表 8-5 所示。

表 8-5　TCON 寄存器配置表

TCON	位	取 值 描 述	初始状态
Dead Zone 使能	[4]	死区产生器开启/禁止	0x0
Timer 0 自动加载	[3]	0 = One-Shot（不自动加载，计数结束定时即停止） 1 = Interval Mode（Auto-Reload）	0x0
Timer 0 输出反转	[2]	0 = 关闭反转 1 = TOUT_0 启动反转	0x0
Timer 0 手动更新	[1]	0 = 不更新 1 = 手动更新 TCNTB0, TCMPB0 寄存器	0x0
Timer 0 开启/关闭	[0]	0 = 停止 1 = 开启 Timer 0	0x0

对 TCON 寄存器的配置需要特别注意手动更新（Manual Update）位的设置，假如定时器正在减 1 计数，此时修改 TCNTBn 和 TCMPBn 寄存器的值，会同时将 Manual Update 也置为 1，那么 TCNTn 和 TCMPn 寄存器的值即被立即修改，同时定时器中断的周期也跟着发生改变。

6. TINT_CSTAT 寄存器（Timer Interrupt Control and Status Register）

TINT_CSTAT 寄存器主要用于开启和关闭定时器的中断，以及读取相应的位以确定当前的中断状态。其中 bit[31:10]保留未被使用，bit[9:5]分别对应 Timer4～0 的中断状态，在实际编程中可以通过读取此位判定定时器是否发生定时中断，如果要清除中断，只需要向对应位写入 1 即可。bit[4:0]为 Timer4～0 的定时器中断使能位，相应位置 1 即开启对应定时器的中断功能，反之则关闭中断。

8.3　S5PV210 时钟和定时器应用实例

8.3.1　时钟实验

1. 实验目的

开启 S5PV210 的 PWM 定时器功能，以 Timer 0 为例，每隔 1s 点亮 LED 灯；初始化 MPLL 配置系统时钟，使 CPU 工作在 1GHz 的主频下，同时通过串口打印出时钟频率值。

视频讲解

2. 实验原理

配置系统时钟频率到 1GHz,实验使用 S5PV210 手册推荐的时钟频率设置:ARMCLK=1000MHz,HCLK_MSYS=200MHz,PCLK_MSYS=100MHz,PCLK_PSYS=66.7MHz,HCLK_DSYS=166.75MHz,PCLK_DSYS=83.375MHz,HCLK_PSYS=133.44MHz。

读者看到这里可能要问,这里的时钟设置怎么与 S5PV210 手册推荐的不一样呢?其实这个问题目前作者还没有找到官方的具体解释,以上是作者根据外部晶振 FIN=24MHz 计算出来的,在此大胆地推测手册上的推荐值将小数部分省略了。

上面这些推荐值如何计算? 由于 S5PV210 时钟相关的寄存器很多,直接对寄存器配置可能会感觉没有头绪。手册上提供有一个配置图供参考,读者可以参考 S5PV210 手册的 361 页和 362 页,下面以 HCLK_DSYS 为例,如图 8-4 所示。

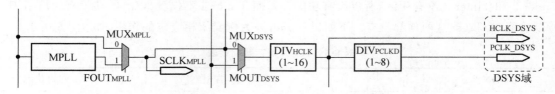

图 8-4　S5PV210 时钟产生示例图

HCLK_DSYS 是用于显示域 DSYS 的时钟,图 8-4 中顺着箭头方向往回看,它是由 DIV_{HCLKD} 分频而来,此分频器对应于 CLK_DIVn 寄存器,HCLK_DSYS=MOUT_DSYS/(HCLK_DSYS_RATIO+1),所以需要配置 CLK_DIVn 寄存器。

在公式 HCLK_DSYS=MOUT_DSYS/(HCLK_DSYS_RATIO+1)中,HCLK_DSYS_RATIO 是分频系数,可取 $0\sim x$ 之间的值,MOUT_DSYS 是未知变量。从上面的截图可以看出,MOUT_DSYS 是来源于 $SCLK_{MPLL}$ 或者由 DIV_{A2M} 分频而来,假设实验中选 $SCLK_{MPLL}$,则只需要在 CLK_SRCn 寄存器配置即可选择 $SCLK_{MPLL}$ 作为时钟源。而 SCLKMPLL 从图上可以看出来源于外部晶振的直接输入,配置 MPLL_CON 寄存器即可输出 MOUT_DSYS,手册上给出了 MOUT_DSYS 的参考值,取 667MHz,这样通过上面的公式就可以计算出 HCLK_DSYS=166.75MHz。根据手册上的这个时钟产生线路图,可以类似地推导出所有系统需要的时钟,读者可以对照手册按照上面的分析方式逐一分析。

Timer 0 的 TOUT 连接 GPD0_0,所以配置 GPD0_0 对应控制寄存器 GPD0CON[0]的 bit[3:0]=0b0010 作为 PWM 的输出(本书实验未用到 PWM 的输出,故可以不用配置。假如想做一个定时蜂鸣器,则可以用 PWM 定时输出高低电平触发蜂鸣器工作)。Timer 0 的输入时钟由 PCLK 提供,即 PCLK=66.7MHz,再根据公式 Timer Input Clock Frequency=PCLK/({prescaler value + 1})/{divider value},即可计算出输入时钟频率,而公式中的 prescaler value 和 divider value,取值由程序中配置的 TCFG0 和 TCFG1 寄存器决定。

8.3.2　程序设计与代码详解

本章的所有源代码在/opt/hardware/ch9/clock_timer。

1. 启动程序 start.S

启动程序相关代码与第 7 章中断的启动程序共用。

2. 系统时钟初始化和打印各时钟的频率

1）系统时钟初始化

```
01  #include "uart.h"
02
03  #define APLL_LOCK    *((volatile unsigned int *)0xE0100000)
04  #define MPLL_LOCK    *((volatile unsigned int *)0xE0100008)
05  #define EPLL_LOCK    *((volatile unsigned int *)0xE0100010)
06  #define VPLL_LOCK    *((volatile unsigned int *)0xE0100020)
07
08  #define APLL_CON0    *((volatile unsigned int *)0xE0100100)
09  #define MPLL_CON     *((volatile unsigned int *)0xE0100108)
10  #define EPLL_CON0    *((volatile unsigned int *)0xE0100110)
11  #define VPLL_CON     *((volatile unsigned int *)0xE0100120)
12
13  #define CLK_SRC0     *((volatile unsigned int *)0xE0100200)
14  #define CLK_SRC4     *((volatile unsigned int *)0xE0100210)
15
16  #define CLK_DIV0     *((volatile unsigned int *)0xE0100300)
17  #define CLK_DIV4     *((volatile unsigned int *)0xE0100310)
18  /* 设置目标时钟频率(手册推荐值)
19   * ARMCLK = 1000MHz, HCLK_MSYS = 200MHz, PCLK_MSYS = 100MHz
20   * PCLK_PSYS = 66.7MHz, HCLK_DSYS = 166.75MHz, PCLK_DSYS = 83.375MHz,
21   * HCLK_PSYS = 133.44MHz
22   */
23  void clock_init(void)
24  {
25      /* 1.设置 PLL 锁定值(默认值可以不设置) */
26      APLL_LOCK = 0x0FFF;
27      MPLL_LOCK = 0x0FFF;
28      EPLL_LOCK = 0x0FFF;
29      VPLL_LOCK = 0x0FFF;
30      /* 2.设置 PLL 的 PMS 值(使用手册推荐值),并使能 PLL
31       *            P      M      S    EN */
32      APLL_CON0 = (3 << 8)|(125 << 16)|(1 << 0)|(1 << 31);  /* FOUT_APLL = 1000MHz */
33      MPLL_CON  = (12 << 8)|(667 << 16)|(1 << 0)|(1 << 31); /* FOUT_MPLL = 667MHz */
34      EPLL_CON0 = (3 << 8) |(48 << 16)|(2 << 0)|(1 << 31);  /* FOUT_EPLL = 96MHz */
35      VPLL_CON  = (6 << 8) |(108 << 16)|(3 << 0)|(1 << 31); /* FOUT_VPLL = 54MHz */
36      /* 3.等待 PLL 锁定 */
37      while (!(APLL_CON0 & (1 << 29)));
38      while (!(MPLL_CON & (1 << 29)));
39      while (!(EPLL_CON0 & (1 << 29)));
40      while (!(VPLL_CON & (1 << 29)));
41      /* 4.时钟源的设置
42       * APLL_SEL[0]:1 = FOUTAPLL
43       * MPLL_SEL[4]:1 = FOUTMPLL
44       * EPLL_SEL[8]:1 = FOUTEPLL
45       * VPLL_SEL[12]:1 = FOUTVPLL
46       * MUX_MSYS_SEL[16]:0 = SCLKAPLL
47       * MUX_DSYS_SEL[20]:0 = SCLKMPLL
48       * MUX_PSYS_SEL[24]:0 = SCLKMPLL
49       * ONENAND_SEL [28]:0 = HCLK_PSYS
50       *
51       * MOUT_MSYS = FOUT_APLL = 1000MHz
52       * MOUT_DSYS = FOUT_MPLL = 667MHz
```

```
53    *  MOUT_PSYS = FOUT_MPLL = 667MHz
54    */
55    CLK_SRC0 = (1 << 0)|(1 << 4)|(1 << 8)|(1 << 12);
56   /* 5.设置其他模块的时钟源,CLK_SRC1~6
57    *  在实际嵌入式系统开发中,还需要为其他功能模块配置时钟,比如 UART0
58    *  MOUTUART0 = SCLKMPLL
59    */
60    CLK_SRC4 = (6 << 16);
61   /* 6.设置分频系数
62    *  APLL_RATIO[2:0]:APLL_RATIO = 0x0 freq(ARMCLK) = MOUT_MSYS / (APLL_RATIO + 1) = 1000MHz
63    *  A2M_RATIO [6:4]:A2M_RATIO = 0x4 freq(A2M) = SCLKAPLL / (A2M_RATIO + 1) = 200MHz
64    *  HCLK_MSYS_RATIO[10:8]:HCLK_MSYS_RATIO = 0x4 freq(HCLK_MSYS) = ARMCLK / (HCLK_MSYS_
                                                    RATIO + 1) = 200MHz
65    *  PCLK_MSYS_RATIO[14:12]:PCLK_MSYS_RATIO = 0x1 freq(PCLK_MSYS) = HCLK_MSYS / (PCLK_MSYS_
                                                    RATIO + 1) = 100MHz
66    *  HCLK_DSYS_RATIO[19:16]:HCLK_DSYS_RATIO = 0x3 freq(HCLK_DSYS) = MOUT_DSYS / (HCLK_DSYS
                                                    _RATIO + 1) = 166.75MHz
67    *  PCLK_DSYS_RATIO[22:20]:PCLK_DSYS_RATIO = 0x1 freq(PCLK_DSYS) = HCLK_DSYS / (PCLK_DSYS
                                                    _RATIO + 1) = 83.375MHz
68    *  HCLK_PSYS_RATIO[27:24]:HCLK_PSYS_RATIO = 0x4 freq(HCLK_PSYS) = MOUT_PSYS / (HCLK_PSYS
                                                    _RATIO + 1) = 133.44MHz
69    *  PCLK_PSYS_RATIO[30:28]:PCLK_PSYS_RATIO = 0x1 freq(PCLK_PSYS) = HCLK_PSYS / (PCLK_PSYS
                                                    _RATIO + 1) = 66.7MHz
70    */
71    CLK_DIV0 = (1 << 28)|(4 << 24)|(1 << 20)|(3 << 16)|(1 << 12)|(4 << 8)|(4 << 4);
72   /* 7.设置其他模块的时钟分频值 CLK_DIV1~7
73    *  UART0_RATIO = 0x9 SCLK_UART0 = MOUTUART0/(UART0_RATIO + 1) = 667/(9 + 1) = 66.7MHz
74    */
75    CLK_DIV4 = (9 << 16);
76  }
```

2) 打印各时钟的频率值

```
01 /* 计算 x 的 y 次方 */
02 volatile unsigned int pow(volatile unsigned int x, volatile unsigned char y)
03 {
04   if (y == 0)
05     x = 1;
06   else
07   {
08     y--;
09     while (y--)
10       x *= x;
11   }
12   return x;
13 }
14 void raise(int signum)                              /*防止编译器不支持浮点运算
15 {
16 }
17 /* 打印时钟信息
18  * 外部晶振 FINPLL = 24MHz */
19 void print_clockinfo(void)
20 {
21   volatile unsigned short p, m, s, k;
22   volatile unsigned int SCLKAPLL, SCLKMPLL, SCLKEPLL, SCLKVPLL, MHz;
23   volatile unsigned int MOUT_MSYS, MOUT_DSYS, MOUT_PSYS, MOUT_UART0;
```

```
24  volatile unsigned char APLL_RATIO, A2M_RATIO, HCLK_MSYS_RATIO, PCLK_MSYS_RATIO, HCLK_DSYS_
        RATIO,
25  PCLK_DSYS_RATIO, HCLK_PSYS_RATIO, PCLK_PSYS_RATIO,UART0_RATIO;

26  APLL_RATIO = (CLK_DIV0 >> 0)& 0x7;
27  A2M_RATIO = (CLK_DIV0 >> 4) & 0x7;
28  HCLK_MSYS_RATIO = (CLK_DIV0 >> 8) & 0x7;
29  PCLK_MSYS_RATIO = (CLK_DIV0 >> 12) & 0x7;
30  HCLK_DSYS_RATIO = (CLK_DIV0 >> 16) & 0x7;
31  PCLK_DSYS_RATIO = (CLK_DIV0 >> 20) & 0x7;
32  HCLK_PSYS_RATIO = (CLK_DIV0 >> 24) & 0x7;
33  PCLK_PSYS_RATIO = (CLK_DIV0 >> 28) & 0x7;
34  UART0_RATIO = (CLK_DIV4 >> 16) & 0xF;
35
36  if (CLK_SRC0 & 0x1)
37  {
38      p = (APLL_CON0 >> 8) & 0x3F;
39      m = (APLL_CON0 >> 16) & 0x3FF;
40      s = (APLL_CON0 >> 0) & 0x7;
41      SCLKAPLL = m * 24 / (p * pow(2, s - 1)); /* FOUT_APLL = MDIV X FIN / (PDIV × 2^(SDIV-
                1)) */
42  }
43  else
44      SCLKAPLL = 24;
45
46  if (CLK_SRC0 & (1 << 4))
47  {
48      p = (MPLL_CON >> 8)  & 0x3F;
49      m = (MPLL_CON >> 16) & 0x3FF;
50      s = (MPLL_CON >> 0)  & 0x7;
51      SCLKMPLL = m * 24 / (p * pow(2, s)); /* FOUT_MPLL = MDIV X FIN / (PDIV × 2^SDIV) */
52  }
53  else
54      SCLKMPLL = 24;
55
56  if (CLK_SRC0 & (1 << 8))
57  {
58      p = (EPLL_CON0 >> 8)  & 0x3F;
59      m = (EPLL_CON0 >> 16) & 0x1FF;
60      s = (EPLL_CON0 >> 0)  & 0x7;
61      k = EPLL_CON1;
62      SCLKEPLL = (m + k / 65536) * 24 / (p * pow(2, s)); /* FOUT_EPLL = (MDIV + K / 65536) x
                FIN / (PDIV x 2^SDIV) */
63  }
64  else
65      SCLKEPLL = 24;
66
67  if (CLK_SRC0 & (1 << 12))
68  {
69      p = (VPLL_CON >> 8) & 0x3F;
70      m = (VPLL_CON >> 16) & 0x1FF;
71      s = (VPLL_CON >> 0) & 0x7;
72      SCLKVPLL = m * 24 / (p * pow(2, s)); /* FOUT_VPLL = MDIV X FIN / (PDIV × 2^SDIV) */
73  }
74  else
```

```
75        SCLKVPLL = 24;
76
77  if (CLK_SRC0 & (1 << 16))
78        MOUT_MSYS = SCLKMPLL;
79  else
80        MOUT_MSYS = SCLKAPLL;
81
82  if (CLK_SRC0 & (1 << 20))
83        MOUT_DSYS = SCLKAPLL / (A2M_RATIO + 1);
84  else
85        MOUT_DSYS = SCLKMPLL;
86
87  if (CLK_SRC0 & (1 << 24))
88        MOUT_PSYS = SCLKAPLL / (A2M_RATIO + 1);
89  else
90        MOUT_PSYS = SCLKMPLL;
91
92  if ( ((((CLK_SRC4 & (6 << 16))>> 16)&0xF) == 0x6)
93        MOUT_UART0 = SCLKMPLL;
94  else
95        MOUT_UART0 = 66;
96
97  MHz = MOUT_MSYS / (APLL_RATIO + 1);
98  printf("ARMCLK = % d MHz\r\n", MHz);
99  MHz = SCLKAPLL / (A2M_RATIO + 1);
100 printf("SCLKA2M = % d MHz\r\n", MHz);
101 MHz / = (HCLK_MSYS_RATIO + 1);
102 printf("HCLK_MSYS = % d MHz\r\n", MHz);
103 MHz / = (PCLK_MSYS_RATIO + 1);
104 printf("PCLK_MSYS = % d MHz\r\n", MHz);
105 MHz = MOUT_DSYS / (HCLK_DSYS_RATIO + 1);
106 printf("HCLK_DSYS = % d MHz\r\n", MHz);
107 MHz / = (PCLK_DSYS_RATIO + 1);
108 printf("PCLK_DSYS = % d MHz\r\n", MHz);
109 MHz = MOUT_PSYS / (HCLK_PSYS_RATIO + 1);
110 printf("HCLK_PSYS = % d MHz\r\n", MHz);
111 printf("PCLK_PSYS = % d MHz\r\n", MHz /(PCLK_PSYS_RATIO + 1));
112 printf("SCLKEPLL = % d MHz\r\n", SCLKEPLL);
113 MHz = MOUT_UART0 / (UART0_RATIO + 1);
114 printf("SCLK_UART0 = % d MHz\r\n", MHz);
115 }
```

第 01～13 行,用于计算一个数 x 的 y 次方根;第 14～16 行是一个空函数 raise,这个函数是为编译器所定义的,在后面 Makefile 部分再进行详细介绍;第 17～115 行,用于打印系统时钟的频率,其中第 26～35 行从 CLK_DIV0 和 CLK_DIV4 寄存器中读取各时钟的分频系数值;第 36～96 行,用于计算各时钟源的频率;第 97～115 行,将计算出来的时钟频率通过串口输出,这里面用到了浮点除法运算。

3. 定时器 Timer0 初始化

```
01 #define  TCFG0      ( * (volatile unsigned int * )0xE2500000)
02 #define  TCFG1      ( * (volatile unsigned int * )0xE2500004)
03 #define  TCON       ( * (volatile unsigned int * )0xE2500008)
04 #define  TCNTB0     ( * (volatile unsigned int * )0xE250000C)
05 #define  TCMPB0     ( * (volatile unsigned int * )0xE2500010)
```

```
06  /*
07   * Timer input clock Frequency = PCLK / {prescaler value + 1} / {divider value}
08   * {prescaler value} = 1~255
09   * {divider value} = 1, 2, 4, 8, 16
10   * 本实验 Timer 0 的时钟频率 = 66.7MHz/(65 + 1)/(16) = 63 162Hz(即 1s 计数 63 162 次)
11   * 设置 1s 触发 Timer 0 一次中断
12   */
13  void timer0_init(void)
14  {
15    TCNTB0 = 63162;              /* 1s 触发一次中断 */
16    TCMPB0 = 31581;              /* PWM 占空比 = 50% */
17    TCFG0 |= 65;                 /* Timer 0 Prescaler value = 65 */
18    TCFG1 = 0x04;                /* 选择 16 分频 */
19    TCON |= (1 << 1);            /* 手动更新 */
20    TCON = 0x09;                 /* 自动加载,清"手动更新"位,启动定时器 0 */
21  }
```

4. 定时器中断初始化

```
01  #define TINT_CSTAT              *((volatile unsigned int *)0xE2500044)
02
03  #define VIC0IRQSTATUS           *((volatile unsigned int *)0xF2000000)
04  #define VIC0INTSELECT           *((volatile unsigned int *)0xF200000C)
05  #define VIC0INTENABLE           *((volatile unsigned int *)0xF2000010)
06  #define VIC0VECTADDR21          *((volatile unsigned int *)0xF2000154)
07  #define VIC0ADDRESS             *((volatile unsigned int *)0xF2000F00)
08
09  extern void IRQ_handle(void);
10
11  //使能 Timer 0 中断
12  void init_irq(void)
13  {
14    TINT_CSTAT |= 1;
15  }
16  //清中断
17  void clear_irq(void)
18  {
19    TINT_CSTAT |= (1 << 5);
20  }
21  //初始化中断控制器
22  void init_int(void)
23  {
24    //选择中断类型为 IRQ
25    VIC0INTSELECT |= ~(1 << 21);       //Timer 0 中断为 IRQ
26    //清 VIC0ADDRESS
27    VIC0ADDRESS = 0x0;
28    //设置 TIMER0 中断对应中断服务程序的入口地址
29    VIC0VECTADDR21 = (int)IRQ_handle;
30    //使能 TIMER0 中断
31    VIC0INTENABLE |= (1 << 21);
32  }
33  //清除中断处理函数的地址
34  void clear_vectaddr(void)
35  {
36    VIC0ADDRESS = 0x0;
37  }
```

```
38 //读中断状态
39 unsigned long get_irqstatus(void)
40 {
41     return VIC0IRQSTATUS;
42 }
```

5. 格式化输出 printf 实现

在实验中需要通过串口输出时钟频率信息，需要用到类似 C 库中的 printf 函数，所以需要实现 printf 这个函数，代码如下：

```
/* 打印整数 v 到终端 */
01 void put_int(volatile unsigned int v)
02 {
03   int i;
04   volatile unsigned char a[10];
05   volatile unsigned char cnt = 0;
06
07   if (v == 0)
08   {
09       putc('0');
10       return;
11   }
12
13   while (v)
14   {
15       a[cnt++] = v % 10;
16       v /= 10;
17   }
18
19   for (i = cnt - 1; i >= 0; i--)
20       putc(a[i] + 0x30);              //整数 0～9 的 ASCII 分别为 0x30～0x39
21 }
22 /* 格式化输出到终端 */
23
24 int printf(const char * fmt, ...)
25 {
26   va_list ap;
27   char c;
28   char * s;
29   volatile unsigned int d;
30   volatile unsigned char lower;
31
32   va_start(ap, fmt);
33   while ( * fmt)
34   {
35       lower = 0;
36       c = * fmt++;
37       if (c == '%')
38       {
39           switch ( * fmt++)
40           {
41           case 'c':                  /* char */
42               c = (char) va_arg(ap, int);
43               putc(c);
44               break;
```

```
45            case 's':                    /* string */
46                s = va_arg(ap, char * );
47                puts(s);
48                break;
49            case 'd':                    /* int */
50            case 'u':
51                d = va_arg(ap, int);
52                put_int(d);
53                break;
54            }
55        }
56        else
57            putc(c);
58    }
59    va_end(ap);
60 }
```

以上 printf 只支持单字符型、字符串、整型的格式化输出。

6. 中断服务程序和主程序

1）中断服务程序

```
01 //Timer 0 中断服务程序(ISR)
02 void irq_handler()
03 {
04    volatile unsigned char status = ((get_irqstatus() & (1 << 21))>> 21)&0x1;
                                            //TIMER0's int status
05    clear_vectaddr();                    /* 清中断向量寄存器 */
06    clear_irq();                         /* 清 Timer 0 中断 */
07    if (status == 0x1)
08    {
09        leds_on_off();
10    }
11 }
```

2）主程序

```
01 int main(void)
02 {
03    int c = 0;
04
05    init_leds();                         /* 初始化 GPIO 引脚 */
06    uart0_init();                        /* 初始化 UART0 */
07    timer0_init();                       /* 初始化 Timer 0 */
08
09    puts("########## Before Init System Clock ########## \r\n");
10    print_clockinfo();
11
12    clock_init();                        /* 初始化系统时钟 */
13    uart0_init();                        /* 初始化 UART0 */
14
15    puts("########## After Init System Clock ########## \r\n");
16    print_clockinfo();
17
18    init_irq();                          /* 使能 Timer 0 中断 */
19    init_int();                          /* 初始化中断控制器、使能中断 */
20
```

```
21  while (1);
22 }
```

7. Makefile

```
01 objs : = start.o main.o clock.o uart.o int.o timer.o
02 LDFLAGS = - lgcc - L/opt/tools/crosstool/arm - cortex_a8 - linux - gnueabi/lib/gcc/arm -
   cortex_a8 - linux - gnueabi/4.4.6/
03
04 clock_timer.bin: $(objs)
05   arm - linux - ld - Ttext 0xD0020010 - o clock_timer.elf $^ $(LDFLAGS)
06   arm - linux - objcopy - O binary - S clock_timer.elf $@
07   arm - linux - objdump - D clock_timer.elf > clock_timer.dis
08
09 %.o: %.c
10   arm - linux - gcc - c - O2 - fno - builtin $< - o $@
11
12 %.o: %.S
13   arm - linux - gcc - c - O2 $< - o $@
14
15 clean:
16   rm - f *.o *.elf *.bin *.dis
17
```

在本章的实验中用到了浮点除法运算，而前面在制作交叉工具链时，选择的浮点类型是软浮点，并不是硬件浮点，所以如果在 Makefile 中没有将浮点运算相关的库包含进来编译，那么编译时会报如下错误：

```
undefined reference to '__aeabi_uidiv'
```

要解决这个编译错误，必须将浮点运算相关的库包含进来，对应的库为 libgcc.a 的静态库，在本书交叉工具链中，此库的路径为"/opt/tools/crosstool/arm-cortex_a8-linux-gnueabi/lib/gcc/arm-cortex_a8-linux-gnueabi/4.9.3"，所以在链接时要将此库链接到 ELF 文件中，具体定义如上述 Makefile 所示。在 Makefile 中只将浮点运算的库链接进来还是不够的，编译器还会去找一个名叫 raise 的函数，这个函数在 Linux 内核中是一个系统函数，但在裸机程序中是没有这个函数的，所以定义一个空的 raise 函数"欺骗"编译器，这样就可以成功编译。最后再补充说明一下，这样的编译问题在编译 Linux 内核时是不是也会发生？这里说明一下，是不会的，因为在内核中这些库事先都包含好了。

8.3.3　实验测试

将所有源代码传到宿主机上，编译生成 clock_timer.bin，将 bin 文件通过 SD 卡烧写到开发板上运行，可以看到 LED1 和 LED2 每隔 1s 亮一次，这就是定时器中断的功能。另外，通过串口输出系统时钟配置前后各自的频率值，如下所示。

```
########## Before Init System Clock ##########
ARMCLK            = 400 MHz
SCLKA2M           = 133 MHz
HCLK_MSYS         = 44 MHz
PCLK_MSYS         = 22 MHz
HCLK_DSYS         = 133 MHz
PCLK_DSYS         = 66 MHz
HCLK_PSYS         = 133 MHz
```

```
PCLK_PSYS           = 66 MHz
SCLKEPLL            = 40 MHz
SCLK_UART0          = 66 MHz
########## After Init System Clock ##########
ARMCLK              = 1000 MHz
SCLKA2M             = 200 MHz
HCLK_MSYS           = 40 MHz
PCLK_MSYS           = 20 MHz
HCLK_DSYS           = 166 MHz
PCLK_DSYS           = 83 MHz
HCLK_PSYS           = 133 MHz
PCLK_PSYS           = 66 MHz
SCLKEPLL            = 96 MHz
SCLK_UART0          = 66 MHz
```

其中,配置前的时钟是系统默认的时钟,即 iROM 中相关程序设置的时钟频率,配置后的时钟是参考 S5PV210 手册推荐的频率值设置的,有兴趣的读者可以配置其他的时钟频率试试,不要超出手册上建议的最大范围即可。

第9章

存储控制器

本章学习目标

- 了解 S5PV210 存储控制的体系结构及其分类;
- 了解 S5PV210 的 DRAM 控制器的工作原理;
- 掌握通过 AXI 总线访问外设 DDR2 的方法。

9.1 S5PV210 存储控制器介绍

9.1.1 存储控制器概述

S5PV210 的存储控制器在功能和访问空间上有了较大的升级,其中 DRAM 控制器是典型的 ARM AXI(Advanced eXtensible Interface)总线结构类接口,遵循 JEDEC(Joint Electron Device Engineering Council,电子器件工程联合委员会)DDR 类型的 SDRAM 设备规范,所以支持 LPDDR1、LPDDR2 和 DDR2 类型的 RAM。SROM 控制器(SROM Controller, SROMC)支持 8/16 位的 NOR Flash、PROM 和 SRAM 内存类接口。SROM 控制器支持最多 6 Bank 的内存空间,每个 Bank 的最大空间可达到 16MB。S5PV210 的 OneNAND 控制器 (OneNAND Controller)支持 16 位总线访问的 OneNAND 和 Flex-OneNAND 内存设备,支持异步和同步的读/写总线操作,同时内部整合了 DMA 引擎配合 OneNAND 的内存设备。NAND Flash 控制器与 S3C2440 的 Nand Flash 控制器类似,这个在后面章节会专门介绍,下面主要介绍 DRAM 控制器的用法,以 DDR2 为例。

9.1.2 DRAM 存储控制器

S5PV210 有两片独立的 DRAM 存储控制器,分别是 DMC0 和 DMC1,其中 DMC0 最大支持 512MB 存储空间,DMC1 最大支持 1GB 的存储空间。

DRAM 控制器负责处理 AXI 总线传来的地址信息,即 AXI 地址,AXI 地址由 AXI 基地址和 AXI 偏移地址组成,AXI 基地址决定选哪一个内存控制器,即 DMC0 还是 DMC1,而 AXI 偏移地址为内存地址的映射,通过这个映射地址即可知道数据在哪一个 Bank,处于哪一行和列。

S5PV210 为 DRAM 引入了 QoS(Quality of Service),它为需要低延时读取的数据提供优先级仲裁服务。当一个控制队列收到一个来自 AXI 总线的命令请求时,QoS 的计数功能即启动,类似定时器的减 1 计数,当数值减到 0 时,这个命令请求的优先级就被设为最高(相对于控制队列中的其他命令请求)。对 QoS 的设置可以通过配置相关寄存器实现,寄存器配置可以详细参考 S5PV210 用户手册。

9.1.3　与外设的接线方式

DMC0 和 DMC1 分别各有两个片选引脚,以 TQ210 开发板为例,开发板上有 8 片 128MB ×8bit 的内存芯片,从开发板的电路图上可以看出,其中 4 片并联接在 DMC0 上,另外 4 片并联接在 DMC1 上,如图 9-1 所示为 8 片内存接线中的一种,其他 7 片接线方式都一样,只是前 4 片和后 4 片的挂载位置不同。

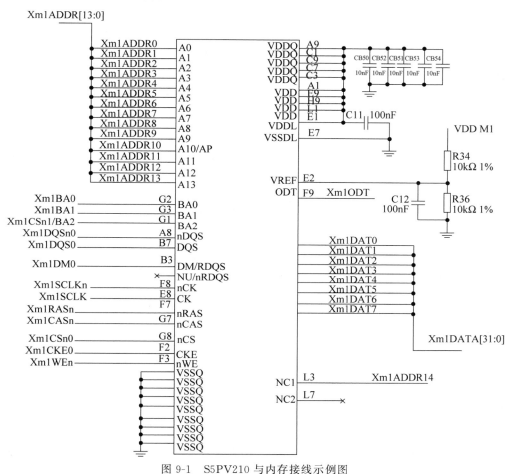

图 9-1　S5PV210 与内存接线示例图

开发板上 8 片内存是分别由 4 片内存芯片的地址线并联,将数据线串联,这样正好是 32 位数据。开发板上的内存芯片只接了 14 根地址线,这是因为内存芯片只有 14 根行地址、10 根列地址,所以地址线在这个开发板上是复用的。不过此内存芯片有 8 个 Bank,而 DMC0 和 DMC1 都只有两根 Bank 线,只能支持 4 个 Bank。那么怎么支持 8 个 Bank? 这里 S5PV210 给出了解决方案,如表 9-1 所示。

表 9-1　S5PV210 内存地址配置方案

引 脚 名 称	方案 1	方案 2	方案 3	方案 4	LPDDR2
Xm1(2)ADDR[0]	ADDR_0	ADDR_0	ADDR_0	ADDR_0	CA_0
Xm1(2)ADDR[1]	ADDR_1	ADDR_1	ADDR_1	ADDR_1	CA_1

续表

引脚名称	方案1	方案2	方案3	方案4	LPDDR2
Xm1(2)ADDR[2]	ADDR_2	ADDR_2	ADDR_2	ADDR_2	CA_2
Xm1(2)ADDR[3]	ADDR_3	ADDR_3	ADDR_3	ADDR_3	CA_3
Xm1(2)ADDR[4]	ADDR_4	ADDR_4	ADDR_4	ADDR_4	CA_4
Xm1(2)ADDR[5]	ADDR_5	ADDR_5	ADDR_5	ADDR_5	CA_5
Xm1(2)ADDR[6]	ADDR_6	ADDR_6	ADDR_6	ADDR_6	CA_6
Xm1(2)ADDR[7]	ADDR_7	ADDR_7	ADDR_7	ADDR_7	CA_7
Xm1(2)ADDR[8]	ADDR_8	ADDR_8	ADDR_8	ADDR_8	CA_8
Xm1(2)ADDR[9]	ADDR_9	ADDR_9	ADDR_9	ADDR_9	CA_9
Xm1(2)ADDR[10]	ADDR_10	ADDR_10	ADDR_10	ADDR_10	
Xm1(2)ADDR[11]	ADDR_11	ADDR_11	ADDR_11	ADDR_11	
Xm1(2)ADDR[12]	ADDR_12	ADDR_12	ADDR_12	ADDR_12	
Xm1(2)ADDR[13]	ADDR_13	ADDR_13	ADDR_13	ADDR_13	
Xm1(2)ADDR[14]	BA_0	BA_0	BA_0	BA_0	
Xm1(2)ADDR[15]	BA_1	BA_1	BA_1	BA_1	
Xm1(2)CSn[1]	CS_1		BA_2	BA_2	CS_1
Xm1(2)CSn[2]	CS_0	CS_0	CS_0	CS_0	CS_0
Xm1(2)CKE[1]	CKE_1	ADDR_14		ADDR_14	CKE_1
Xm1(2)CKE[0]	CKE_0	CKE_0	CKE_0	CKE_0	CKE_0

方案1：适用于 4 Bank 和 14 位行地址；方案2：适用于 4 Bank 和 15 位行地址；方案3：适用于 8 Bank 和 14 位行地址；方案4：适用于 8 Bank 和 15 位行地址；很显然，本书采用方案3。

9.1.4　DDR2 概述

DDR 与 SDRAM 相比，运用了更先进的同步电路，使地址、数据的输入和输出既能独立执行又能保持与 CPU 的完全同步；DDR 使用了延时锁定回路（Delay Locked Loop，DLL）提供一个数据滤波信号，当数据有效时，存储控制器可以使用这个数据滤波信号来精确定位数据，每 16 次输出一次，并重新同步来自不同存储器模块的数据。DDR 允许在时钟脉冲的上升和下降沿读取数据，因而其速度是标准 SDRAM 的 2 倍。DDR2 是 DDR 的升级，基本原理是一样的，只是在速率上有了很大提升。除了 DDR2，还有 DDR3、DDR4，它们的主要区别是功耗的降低与性能的提升。DDR4 的功耗最低，性能最好。下面以 DDR2 为例介绍 DDR2 的工作原理。

1. 基本功能

对 DDR2 的访问是基于突发模式的，读/写时选定一个起始地址，并按照事先编程设定的突发长度（BL=4 或 8）和突发顺序依次读/写。访问操作先发出一个激活命令（DDR2 有相关的寄存器用于配置），后面紧跟的就是读或写命令，激活命令同步送达的地址位包含了所要存取的簇和行信息（BA0、BA1 选定簇，A0~A13 选定行）。读或写命令同步送达的地址位包含了突发存取的起始列地址，并决定是否发布自动预充电命令。所以对 DDR2 进行操作之前，要先对 DDR2 进行初始化。

2. 上电初始化

对 DDR2 必须以预定义的时序进行上电和初始,否则会导致不可预期的情况发生。下面是 DDR2 的上电初始化顺序,可以对照 DDR2 芯片手册阅读。

(1) 供电且保持 CKE 低于 $0.2V_{DDQ}$,ODT(ODT 是内建的终结电阻器,用于防止数据线终端反射信号)要处于低电平状态。上升沿不可以有任何翻转,上升沿时间不能大于 200ms,并且要求在电压上升沿过程中满足 $V_{DD} > V_{DDL} > V_{DDQ}$ 且 $V_{DD} - V_{DDQ} < 0.3V$。V_{DD}、V_{DDL} 和 V_{DDQ} 必须由同一个电源芯片供电,并且 V_{TT} 最大只能到 $0.95V$,V_{ref} 要时刻等于 $V_{DDQ}/2$,紧随 V_{DDQ} 变化而变化。

以上为一种上电方式,还可以按下列规则上电:

在给 V_{DDL} 上电的同时或之前就给 V_{DD} 上电,在给 V_{DDQ} 上电的同时或之前就给 V_{DDL} 上电,在给 V_{TT} 和 V_{REF} 上电的同时或之前就给 V_{DDQ} 上电。

(2) 时钟信号要保持稳定。

(3) 在稳定电源和时钟之后至少 $200\mu s$ 延时,然后发送 NOP 或取消选定命令,并且拉高 CKE。

(4) 等待至少 400ns,然后发送预充电所有簇命令。在等待的 400ns 过程中要发送 NOP 或者取消选定命令。

(5) 发送 EMRS(2)命令,此命令需要将 BA0 拉低,BA1 拉高。

(6) 发送 EMRS(3)命令,此命令需要将 BA0 和 BA1 都拉高。

(7) 发送 EMRS(1)命令以激活 DLL,发送"DLL 激活"命令,需要将 A0 拉低使能 DLL,BA0 拉高和 BA1 拉低选择 EMRS(1)模式。

(8) 发送 MRS 命令复位 DLL,发送 DLL 复位命令需将 A8 拉高,并将 BA0 和 BA1 拉低。

(9) 发送预充电所有簇命令。

(10) 至少发送两次自动刷新命令。

(11) 将 A8 拉低,发送模式寄存器设定命令(MRS)对芯片进行初始化操作,主要是一些操作相关的参数。

(12) 在第 8 步之后至少等待 200 个时钟周期,执行 OCD 校准(OCD 即片外驱动电阻调整,可以提高信号的完整性)。如果不使用 OCD 调整,EMRS OCD 校准模式结束命令(A9=A8=A7=0)必须在 EMRS OCD 默认命令(A9=A8=A7=1)之后发送,用来设定 EMRS 的其他操作参数。

至此 DDR2 SDRAM 就准备就绪,可以进行日常的读/写操作了,对 MRS、EMRS 和 DLL 复位这些命令的操作并不会影响存储阵列的内容,这意味着上电后的任意时间执行初始化操作不会改变存储的内容。下面将对 DDR2 的一些模式寄存器进行简单介绍。

3. 模式寄存器(MRS)

模式寄存器中的数据控制着 DDR2 的操作模式,它控制着 CAS 延时、突发长度(BL)、突发顺序、测试模式、DLL 复位、WR 等各种选项,支持 DDR2 的各种应用。

模式寄存器的默认值没有被定义,所以上电后必须按规定的时序规范来设定模式寄存器的值,根据实际接线方式将 CS、RAS、CAS、WE、BA0 和 BA1 置低来发送模式寄存器设定命令,操作数通过地址引脚 A0~A15 同步发送。DDR2 在写模式寄存器之前,应该通过拉高 CKE 信号来完成所有簇的预充电,模式寄存器设定命令的命令周期(tMRD)必须满足完成对模式寄存器的写操作。在进行正常写操作时，只要所有的簇都已处于预充电完成状态，模式寄存器就可以使用同一命令重新设定，模式寄存器不同的位表示不同的功能，如图 9-2 所示为 MRS 的具体设定。

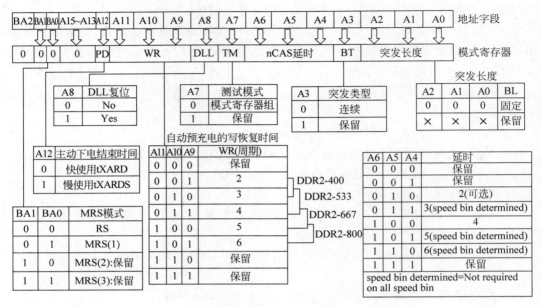

图 9-2　MRS 模式寄存器

4. 扩展模式寄存器 1（EMRS1）

扩展模式寄存器 1 存储着激活或禁止 DLL 的控制信息、输出驱动强度、ODT 值的选择和附加延时等信息。扩展寄存器 1 的默认值没有被定义，因此上电之后，扩展模式寄存器 1 的值必须按正确的步骤来设定。

扩展模式寄存器 1 是通过拉低 CS、RAS、CAS、WE，拉高 BA0 来发送模式寄存器命令。同样，在写扩展模式寄存器 1 之前，应通过将 CKE 拉高完成所有簇的预充电，命令周期（tMRD）必须满足完成对扩展模式寄存器 1 的写操作，在进行正常操作时，只要所有的簇都已处于预充电完成状态，扩展模式寄存器 1 就可以使用同一命令重新设定。A0 控制着 DLL 的激活或禁止，A1 用于激活数据输出驱动能力的阻抗控制，A3～A5 决定着附加延时，A2 和 A6 由 ODT 的值设定，A7～A9 用于控制 OCD，A10 被用于禁止 DQS♯，A11 用于 RDQS 激活。

对日常的操作，DLL 必须被激活。在上电初始化过程中，必须激活 DLL，在开始正常操作时，要先关闭 DLL。在进入自我刷新操作时，DLL 会被自动禁止，当结束自我刷新时，DLL 会被自动激活。一旦 DLL 被激活，为了使外部时钟和内部时钟始终保持同步，在发送读命令之前必须至少延时 200 个时钟周期，否则可能会导致 tAC 或 tDQSCK 参数错误。如图 9-3 所示为 EMRS1 的具体设定。

5. 扩展模式寄存器 2（EMRS2）

扩展模式寄存器 2 控制着刷新相关的特性，默认值在上电前没有被设置，因此在上电后，必须按规定对扩展模式寄存器 2 进行设定，通过拉低 CS、RAS、CAS、WE 和拉高 BA1 来实现，拉低 BA0 来发送扩展模式寄存器 2 的设定命令，同样，在写操作前，要通过拉高 CKE 拉高完成所有簇的预充电。如图 9-4 所示为 EMRS2 的具体设定。

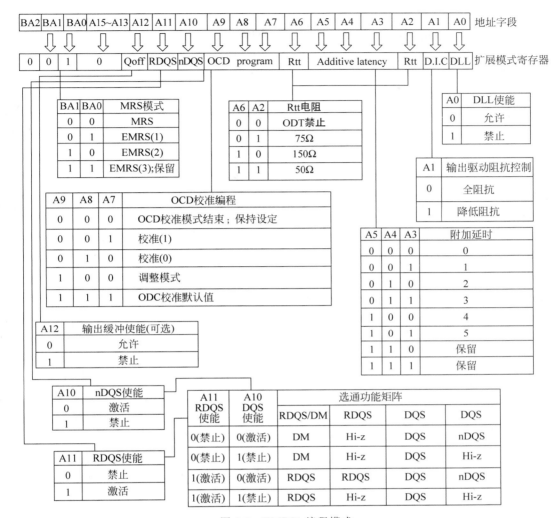

图 9-3　EMRS1 编程模式

以上主要介绍了 DDR2 的模式寄存器使用和编程,方便读者对 S5PV210 DDR2 初始化的理解,关于 DDR2 工作原理的详细介绍,可以参考 DDR2 芯片手册与 DDR2 相关规范。

9.1.5　S5PV210 DDR2 初始化顺序

DDR2 的操作相对比较复杂,好在 S5PV210 的内存配置可以参考手册提供的配置步骤进行,下面以 DDR2 内存为例介绍初始化顺序。

(1) 提供稳压电源给内存控制器和内存芯片,内存控制器必须保持 CKE 处于低电平以提供稳压电源。

注:当 CKE 引脚为低电平时,XDDR2SEL 应该处于高电平。

(2) 根据时钟频率配置 PhyControl0.ctrl_start_point 和 PhyControl0.ctrl_inc 的 bit-fields 值,配置 PhyControl0_ctrl_dll_on 值为 1 以打开 PHY DLL。

(3) 根据时钟频率和内存的 tAC 参数设置 PhyControl1.ctrl_shiftc 和 PhyControl1.ctrl_offsetc 的 bit-fields 值。

(4) 配置 PhyControl0.ctrl_start 的值为 1。

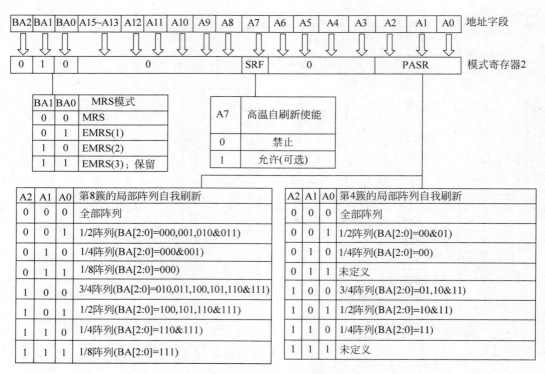

图 9-4 EMRS2 编程模式

(5) 配置 ConControl 寄存器,同时自动刷新计数器应该关闭。

(6) 配置 MemControl 寄存器,同时所有的 Power down(休眠模式)应该关闭。

(7) 配置 MemConfig0 寄存器,如果有两组内存芯片,比如本书所用的开发板有 8 片内存芯片,分成两组分别接在 DMC0 和 DMC1 上,所以还需要配置 MemConfig1 寄存器。

(8) 配置 PrechConfig 和 PwrdnConfig 寄存器。

(9) 根据内存的 tAC 参数配置 TimingAref、TimingRow、TimingData 和 TimingPower 寄存器。

(10) 如果需要 QoS 标准,则配置 QoSControl0~15 和 QoSConfig0~15 寄存器。

(11) 等待 PhyStatus0.ctrl_locked 位变为 1,检查 PHY DLL 是否已锁。

(12) PHY DLL 补偿在内存操作时由 PVT(处理器 Process、电压 Voltage 和温度 Temperature)变化引起的延时量。但 PHY DLL 不能因某些可靠的内存操作而中断,除非是工作在低频率下。如果关闭 PHY DLL,则根据 PhyStatus0.ctrl_lock_value[9:2]位的值来配置 PhyControl0.ctrl_force 位的值来弥补延时量(fix delay amount)。清除 PhyControl0.ctrl_dll_on 位的值关闭 PHY DLL。

(13) 上电后,确定最小值为 $200\mu s$ 的稳定时钟是否发送。

(14) 使用 DirectCmd 寄存器发送一个 NOP 命令,保证 CKE 引脚为高电平。

(15) 至少等待 400ns。

(16) 使用 DirectCmd 寄存器发送一个 PALL 命令。

(17) 使用 DirectCmd 寄存器发送一个 EMRS2 命令,编程相关操作参数。

(18) 使用 DirectCmd 寄存器发送一个 EMRS3 命令,编程相关操作参数。

（19）使用 DirectCmd 寄存器发送一个 EMRS 命令来使能内存 DLL。

（20）使用 DirectCmd 寄存器发送一个 MRS 命令重启内存 DLL。

（21）使用 DirectCmd 寄存器发送一个 PALL 命令。

（22）使用 DirectCmd 寄存器发送两个自动刷新命令。

（23）使用 DirectCmd 寄存器发送一个 MRS 命令，编程相关操作参数，不要重启内存 DLL。

（24）等待至少 200 个时钟周期。

（25）使用 DirectCmd 寄存器发送一个 EMRS 命令，编程相关操作参数，如果 OCD 校正没有被使用，则发送一个 EMRS 命令去设置 OCD 标准的默认值。在此之后，发送一个 EMRS 命令退出 OCD 校准模式，继续编程操作参数。

（26）如果有两组内存芯片 chip0、chip1，则重复步骤（14）～（25）配置 chip1 的内存。

（27）配置 ConControl 打开自动刷新计数器。

（28）如果需要使用 power down(休眠)模式，配置 MemControl 寄存器。

9.1.6 存储控制器的寄存器介绍

S5PV210 有两组存储控制器——DMC0 和 DMC1，它们所使用的寄存器在操作上基本相似，下面以 DMC0 控制器为例介绍其寄存器，有关寄存器更详细的说明可以阅读 S5PV210 用户手册。

1. CONCONTROL 寄存器(Controller Control Register)

CONCONTROL 寄存器为控制器控制寄存器，主要是对控制器的不同功能进行使能控制，具体描述如表 9-2 所示。

表 9-2 CONCONTROL 寄存器配置

CONCONTROL	位	描 述	读/写	初始状态
保留位	[31:28]	应为 0		0x0
timeout_cnt	[27:16]	默认的超时计数，数值决定 AXI 传输队列中的命令的优先级改变时期	读/写	0xFFF
rd_fetch	[15:12]	读取延时时钟周期，存储器的 PHY FIFO 的读取延时必须由此参数控制	读/写	0x1
qos_fast_en	[11]	QoS 使能位。0x0＝允许；0x1＝禁止。如果被使能，则控制器从 QoSControl. qos_cnt_f 加载 QoS 计数值，替代 QoSControl. qos_cnt	读/写	0x0
dq_swap	[10]	DQ 交换。0x0＝禁止；0x1＝允许。如果使能，则控制器反转内存数据引脚的顺序（即 DQ[31]<-> DQ[0]，DQ[30]<-> DQ[1]）	读/写	0x0
chip1_empty	[9]	芯片 chip1 的命令队列状态。0x0＝非空；0x1＝空	读	0x1
chip0_empty	[8]	芯片 chip0 的命令队列状态。0x0＝非空；0x1＝空	读	0x1
drv_en	[7]	PHY Driving。0x0＝禁止；0x1＝允许	读/写	0x0
ctc_rtr_gap_en	[6]	两个芯片之间的读时钟周期间隙。0x0＝禁止；0x1＝允许	读/写	0x1
aref_en	[5]	自动刷新计数器。0x0＝禁止；0x1＝允许	读/写	0x0
out_of	[4]	时序校正。0x0＝禁止；0x1＝允许。提高 SDRAM 的使用率	读/写	0x1
保留位	[3:0]	应为 0		0x0

在本书的实验中，此寄存器的配置值为 0x0FFF1010，对照表 9-2 不难理解，这里重点说明的是 rd_fetch 的取值，建议不要使用默认值 1，可以取 2 或参考 DDR2 芯片手册取更大的数值，否则会因为周期太短，可能数据还没有完全保存到 PHY FIFO，导致读到"脏"的数据。

2. MEMCONTROL 寄存器（Memory Control Register）

MEMCONTROL 寄存器主要对位宽、突发长度、芯片数量、内存类型以及一些功能控制等进行控制，如表 9-3 所示。

表 9-3　MEMCONTROL 寄存器配置

MEMCONTROL	位	描　　述	读/写	初始状态
保留位	[31:23]	应为 0		0x0
bl	[22:20]	内存突发长度（由存储芯片决定）。0x0＝保留；0x1＝2；0x2＝4；0x3＝8；0x4＝16；0x5～0x7＝保留。对于 DDR2/LPDDR2，控制器仅支持突发长度＝4	读/写	0x2
num_chip	[19:16]	存储控制器片选数量。0x0＝1 chip；0x1＝2 chip	读/写	0x0
mem_width	[15:12]	内存数据总线位宽。0x0＝保留；0x1＝16 位；0x2＝32 位；0x3～0xf＝保留	读/写	0x2
mem_type	[11:8]	内存类型。0x0＝保留；0x1＝LPDDR；0x2＝LPDDR2；0x3＝保留；0x4＝DDR2；0x5～0xf＝保留	读/写	0x1
add_lat_pall	[7:6]	对 PALL 的附加延时。0x0＝0cycle；0x1＝1cycle；0x2＝2cycle；0x3＝3cycle。如果所有 Bank 的预充电命令发送完毕，则预充电延时＝tRP＋add_lat_pall	读/写	0x0
dsref_en	[5]	动态自我刷新。0x0＝禁止；0x1＝允许	读/写	0x0
tp_en	[4]	预充电超时使能。0x0＝禁止；0x1＝允许	读/写	0x0
dpwrdn_type	[3:2]	动态 power down（休眠）类型。0x0＝主动式 precharge power down；0x1＝被动式 precharge power down；0x2～0x3＝保留	读/写	0x0
Dpwrdn_en	[1]	动态 power down（休眠）使能。0x0＝禁止；0x1＝允许	读/写	0x0
clk_stop_en	[0]	动态时钟控制。0x0＝始终运行；0x1＝在空闲时关闭	读/写	0x0

在本书的实验中，此寄存器的取值为 0x00202400，主要需要配置内存类型为 DDR2，总线位宽为 32 位，存储控制器片选数量为 1（由前面的接线方式知道只有一根片选引脚 CS0，CS1 被复用为 Bank2），内存突发长度为 4。其他选项的配置对照表 9-3 都不难理解，取的都是默认值，有兴趣的读者可以修改配置值看看有什么不一样的效果。

3. MEMCONFIG0 寄存器（Memory Chip0 Configuration Register）

MEMCONFIG0 寄存器仅用于配置 DMC0 存储控制器，主要设置行/列地址位宽、AXI 总线地址、芯片的 Bank 数量，如表 9-4 所示。其中 chip_base 用于自定义内存基地址的高 8 位，本书实验使用默认值 0x20。DMC0 将 AXI 发来的地址高 8 位与 chip_mask 按位与，如果与 chip_base 相等，则打开相应的片选。DMC0 的地址范围是 0x2000_0000～0x3FFF_FFFF。

表 9-4　MEMCONTROL 寄存器配置

MEMCONFIG0	位	描　　述	读/写	初始状态
chip_base	[31:24]	AXI 总线基地址[31:24]＝chip_base。假设 chip_base＝0x20，则内存控制器 chip0 的 AXI 基地址＝0x2000_0000	读/写	DMC0：0x20 DMC1：0x40

MEMCONFIG0	位	描　述	读/写	初始状态
chip_mask	[23:16]	AXI 总线基地址掩码。地址的高 8 位掩码决定了内存控制器 chip0 的 AXI 偏移地址	读/写	DMC0:0xF0 DMC1:0xE0
chip_map	[15:12]	地址映射方法（AXI → Memory）。0x0 = Linear（{bank, row, column, width}）；0x1 = Interleaved（{row, bank, column, width}）；0x2 = Mixed；0x3～0xf = 保留	读/写	0x0
chip_col	[11:8]	列地址位宽。0x0 = 保留；0x1 = 8 位；0x2 = 9 位；0x3 = 10 位；0x4 = 11 位；0x5～0xf = 保留	读/写	0x3
chip_row	[7:4]	行地址位宽。0x0 = 12 位；0x1 = 13 位；0x2 = 14 位；0x3 = 15 位；0x4～0xf = 保留	读/写	0x1
chip_bank	[3:0]	Bank 数量。0x0 = 1Bank；0x1 = 2Bank；0x2 = 4Bank；0x3 = 8Bank；0x4～0xf = 保留	读/写	0x2

本书的实验中,此寄存器取值为 0x20E00323,主要配置 Bank 数 8,行地址 14 位,列地址 10 位,AIX 总线基地址及其掩码分别取 0x20 和 0xE0。

S5PV210 的内存控制器可以根据访问地址进行内存地址映射,这是 S5PV210 一个很重要的特性,不同于 S3C2440 和 S3C6410,DMC0 的地址空间是 0x20000000～0x3FFFFFFF, DMC1 的地址空间是 0x40000000～0x7FFFFFFF,所以可通过对 MEMCONFIG 寄存器的配置使内存芯片映射到其内存段内的适当位置。本书开发板有 8 个 Bank,4 个接在 DMC0 上,4 个接在 DMC1 上,且 CS1 要被复用于 Bank2 引脚,只有 CS0 作为片选用。为了保持 CS0 处于片选状态,使访问地址都能够正确地映射到合适的 DMC 控制器上,对于 512MB 内存就需要将 chip_mask 设置为 0xE0,这是因为 512MB 内存的偏移是 0x00000000～0x1FFFFFFF,高地址的高 8 位正好是 0b00011111 = 0x1F,所以掩码就是 0b11100000 = 0xE0。这样确定掩码的前提是 DMC0 的 AIX 总线的基地址 chip_base 设置为 0x20,DMC1 的 chip_base 设置为 0x40,当接收到内存访问地址时,首先将地址的高 8 位与掩码做与运算:如果结果等于 0x20 即访问的是 DMC0 地址空间;如果是 0x40 即访问 DMC1 的地址空间。同理,如果是 1GB 的内存(1024×1024×1024 位),其掩码是 0xC0,推算方法与 512MB 类似。

4. DIRECTCMD 寄存器(Memory Direct Command Register)

DDR2 内存的工作原理相对较复杂,前面对 DDR2 的工作方式有过简单介绍,知道 DDR2 有一些模式寄存器,通过往这些寄存器中发送不同的命令以及相关操作参数,就可以操作 DDR2 的工作流程。所以 S5PV210 为此专门准备了一个 DIRECTCMD 寄存器用于发送操作 DDR2 的命令,下面对这个寄存器进行介绍,如表 9-5 所示。

表 9-5　DIRECTCMD 寄存器配置

DIRECTCMD	位	描　述	读/写	初始状态
保留位	[31:28]	应为 0		0x0
cmd_type	[27:24]	Direct Command 的类型。0x0 = MRS/EMRS(模式寄存器设置);0x1 = PALL(所有 Bank 预充电);0x2 = PRE(每个 Bank 预充电);0x3 = DPD(深度休眠);0x4 = REFS(自我刷新);0x5 = REFA(自动刷新);0x6 = CKEL(活动的/预充电关闭);0x7 = NOP(从 CKEL 或 DPD 退出);0x8 = REFSX(从自我刷新退出);0x9 = MRR(模式寄存器读);0xa～0xf = 保留	读/写	0x0

续表

DIRECTCMD	位	描　　述	读/写	初始状态
保留位	[23:21]	应为 0		0x0
cmd_chip	[20]	发送 direct command 到 chip 的序号。0＝chip0；1 ＝ chip1	读/写	0x0
cmd_bank	[18:16]	向 chip 发送 direct cmd 时，需要附带 Bank 地址，此处的 Bank 用于选择 MRS、EMRS 命令，可以参考 DDR2 相关介绍	读/写	0x0
cmd_addr	[14:0]	命令所对应的操作参数，比如设置突发长度、超时延时等，可参考 DDR2 相关介绍	读/写	0x0

　　本书的实验中，按 S5PV210 手册推荐的 DDR2 初始化顺序，将 DDR2 初始化命令通过此寄存器发送给 DDR2 芯片，具体参考后面的实例初始化代码。

5. PRECHCONFIG 寄存器（Precharge Policy Configuration Register）

　　对 S5PV210 存储控制器的预充电规则一般有两种方案，即 Bank 选择性预充电规则和超时预充电规则。PRECHCONFIG 寄存器就是用来设置这些特性的，如表 9-6 所示。

表 9-6　PRECHCONFIG 寄存器配置

PRECHCONFIG	位	描　　述	读/写	初始状态
tp_cnt	[31:24]	超时预充电周期，0xn＝n mclk 周期	读/写	0xFF
保留位	[23:16]	应为 0		0x0
chip1_policy	[15:8]	内存 chip1 的 Bank 预充电规则。0x0＝打开页；0x1＝关闭页（auto precharge）。chip1_policy[n]，n 为 Bank 序号	读/写	0x0
chip0_policy	[7:0]	内存 chip0 的 Bank 预充电规则。0x0＝打开页；0x1＝关闭页（auto precharge）。chip0_policy[n]，n 为 Bank 序号	读/写	0x0

6. PHYCONTROL0 寄存器（PHY Control0 Register）

　　PHYCONTROL0 寄存器主要对 DCM0 的延时锁相环 DLL 进行操作，具体设置如表 9-7 所示。

表 9-7　PHYCONTROL0 寄存器配置

PHYCONTROL0	位	描　　述	读/写	初始状态
ctrl_force	[31:24]	DLL 强制延时。当 ctrl_dll_on 是低电平时，替代 PHY DLL 的 ctrl_lock_value[9:2]	读/写	0x0
ctrl_inc	[23:16]	延长 DLL 延时。延长 DLL lock start point，通常 value 值为 0x10	读/写	0x0
ctrl_start_point	[15:8]	DLL Lock Start Point。主要用来设置 DLL Lock 前的延时周期	读/写	0x0
dqs_delay	[7:4]	清 DQS 的延时周期。如果 DQS 带有读延时（n mclk cycles），这里必须设置为 n mclk cycles	读/写	0x0
ctrl_dfdqs	[3]	Differential DQS 使能	读/写	0x0
ctrl_half	[2]	DLL Low Speed 使能	读/写	0x0
Ctrl_dll_on	[1]	DLL On 使能。此位要在 ctrl_start 被设置前设置	读/写	0x0
Ctrl_start	[0]	DLL Start 使能	读/写	0x0

　　通常 DLL 用于补偿 PVT（Process、Voltage 和 Temperature），因此除需要调整频率（即调

为更低的频率)外,不必关闭 DLL 来重新操作。

本书的实验中,对于此寄存器的配置可以按照 S5PV210 DDR2 初始化流程进行,主要用于使能 DLL 和 DLL 的启动与关闭。

7. PHYCONTROL1 寄存器(PHY Control1 Register)

PHYCONTROL1 寄存器主要用来配置 DQS Cleaning,根据系统时钟和内存芯片的 tAC 参数来设置此寄存器的 ctrl_shiftc 和 ctrl_offsetc 的值。

8. TIMINGAREF 寄存器

本书的实验中,此寄存器主要用来设置时序相关,其取值为 0x00000618,由于本书中内存控制器的时钟 MCLK=200MHz,所以 t_refi 的值为:7.8μs×MCLK=0x618。

9. TIMINGROW 寄存器

此寄存器主要是对 DDR2 的时序参数进行设置,具体如表 9-8 所示。

表 9-8　TIMINGROW 寄存器配置

TIMINGROW	位	描　述	读/写	初始状态
t_rfc	[31:24]	自动刷新周期,此值需大于等于 tRFC 的最小值	读/写	0xF
t_rrd	[23:20]	选通 Bank A 到 Bank B 的延时周期,≥tRRD(min)	读/写	0x2
t_rp	[19:16]	预充电命令周期,≥tRP(min)	读/写	0x3
t_rcd	[15:12]	选通到读或写延时周期,≥tRCD(min)	读/写	0x3
t_rc	[11:6]	选通到选通周期,≥tRC(min)	读/写	0xA
t_ras	[5:0]	选通到预充电命令周期,≥tRAS(min)	读/写	0x6

本书的实验中,对于此寄存器的配置需要结合 DDR2 芯片手册中的时序规范来配置,详细可以参考具体的 DDR2 芯片手册。实验中此寄存器取值为 0x2B34438A,一般各时序的取值在 DDR2 手册规定的范围内即可,比如 t_rc=0xE,MCLK=200MHz,所以 0xE×((1/200MHz)×10^9)=70 > 60(DDR2 手册上的最小值)。时序的具体配置值不是绝对的,读者有兴趣可以自己调整试试。

10. TIMINGDATA 寄存器

此寄存器主要是对 DDR2 的时序参数进行设置,具体如表 9-9 所示。

表 9-9　TIMINGDATA 寄存器配置

TIMINGDATA	位	描　述	读/写	初始状态
t_wtr	[31:28]	内部写预充电延时	读/写	0x1
t_wr	[27:24]	写恢复时间	读/写	0x2
t_rtp	[23:20]	内部读预充电命令延时	读/写	0x1
cl	[19:16]	内存存取数据所需要的延时时间	读/写	0x3
Reserved	[15:12]	0		0x0
wl	[11:8]	写数据延时(仅用于 LPDDR2)	读/写	0x2
Reserved	[7:4]	0		0x0
rl	[3:0]	读数据延时(仅用于 LPDDR2)	读/写	0x4

注:

(1) cl 即 CAS Latency,可简单理解为内存收到 CPU 指令后的响应速度,所以此值越小越好,表示响应速度越快。

（2）tDAL（自动预充电写恢复时间＋预充电时间）＝t_wr＋t_rp（自动计算的）。

本书的实验中,对于此寄存器的配置,需要结合 DDR2 芯片手册的规范进行配置,对照规范说明选择合适的配置参数即可。实验中此寄存器取值为 0x24240000,这里的 CL 设为 3,即取的是 S5PV210 的默认值,且符合此实验板上 DDR2 的规范要求。

11. TIMINGPOWER 寄存器

此寄存器主要是对 DDR2 的时序参数进行设置,具体如表 9-10 所示。

表 9-10　TIMINGPOWER 寄存器配置

TIMINGDATA	位	描　　述	读/写	初始状态
Reserved	[31:30]	0		0x0
t_faw	[29:24]	对特定大小的数据的处理速度,通常为 ns 级	读/写	0xE
t_xsr	[23:16]	自刷新结束掉电到下一个有效命令的延时时间	读/写	0x1B
t_xp	[15:8]	结束掉电到下一个有效命令的延时时间	读/写	0x4
t_cke	[7:4]	CKE 最小脉冲宽度	读/写	0x2
t_mrd	[3:0]	模式寄存器设置命令周期	读/写	0x2

本书的实验中,对于此寄存器的配置需要结合 DDR2 芯片手册中的规范参数。实验中此寄存器取值为 0x0BDC0343。

在 S5PV210 存储控制器的配置过程中,对上述介绍的寄存器结合 S5PV210 推荐的初始化步骤配置已经足够,除此之外,S5PV210 架构还提供了一些与存储控制器相关的寄存器,主要用于对存储控制器状态的侦测和信号质量的服务,比如 PHYSTATUS0、CHIP0STATUS 和 QOSCONTROLn 等寄存器。

视频讲解

9.2　存储控制器应用实例

9.2.1　存储控制器实验

1. 实验目的

将前面章节的点灯程序复制到 DDR2 中运行,同时完成点灯的效果。

2. 实验原理

从 SD 卡启动,首先将 SD 卡 block1 前 16KB 的内容复制到片内 iRAM 中执行,然后复制点灯程序到 DDR2 起始地址 0x20000000,最终跳转到 DDR2 中去执行。如果灯被点亮,说明实验成功,DDR2 内存初始化成功,可以正常工作。

视频讲解

9.2.2　程序设计与代码详解

本章的所有源代码在/opt/hardware/ch10/sdram。

1. 启动程序 start.S

启动程序主要是先跳转到 C 语言实现的初始化代码中执行,然后返回重新设置栈和重定位到 DDR2 的起始地址处执行,start.S 的代码如下:

```
01 .text
02 .global _start                  /* 声明一个全局的标号 */
03 _start:
04  bl main
05  ldr sp, = 0x60000000           /* 重新设置栈为 DDR2 内存的最高地址 0x60000000 */
```

```
06  ldr pc, = 0x20000000              /* 重定位到 DRR2 中运行 */
07 halt_loop:
08  b  halt_loop                      /* 死循环,不让程序跑飞 */
09
```

2. 主程序 main.c

在 main.c 中主要是调用系统时钟初始化程序、串口初始化程序和 DDR2 的初始化程序，最后将 SD 卡上的点灯程序代码复制到 DDR2 中去。具体代码如下：

```
04  /* S5PV210 IROM 中固化的函数,函数地址 0xD0037F98 */
05 typedef unsigned int ( * copy_sd_mmc_to_mem) (unsigned int  channel, unsigned int  start_
      block, unsigned char block_size, unsigned int  * trg, unsigned int  init);
06  /*
07   * start_block: 从哪个块开始复制
08   * block_size: 复制多少块
09   * addr: 复制到哪里
10   */
11 void copy_code_to_dram(unsigned int start_block, unsigned short block_size, unsigned int
      addr)
12 {
13   unsigned int V210_SDMMC_BASE = * (volatile unsigned int * )(0xD0037488);
14   unsigned char ch; //current boot channel
15   copy_sd_mmc_to_mem copy_bl2 = (copy_sd_mmc_to_mem)( * (unsigned int * )(0xD0037F98));
16
17   /* 0xEB000000 和 0xEB200000 为寄存器地址,参考 S5PV210 手册 */
18   if (V210_SDMMC_BASE == 0xEB000000)        //channel 0 启动
19      ch = 0;
20   else if (V210_SDMMC_BASE == 0xEB200000)    //channel 2 启动
21      ch = 2;
22   else
23      return;
24
25   copy_bl2(ch, start_block, block_size, (unsigned int * )addr, 0);
26 }
27
28 int main(void)
29 {
30   clock_init();
31   uart0_init();
32   ddr2_init();
33   puts(" ##### Run in BL1 ##### \r\n");
34
35   /* BL2 位于扇区 20,1sector = 512byte
36    * 拷贝长度为 10 个块,即 5KB
37    * 目标地址为 DDR2 的 DMC0 起始地址 0x20000000
38    */
39   copy_code_to_dram(20, 10, 0x20000000);
40   return 0;
41 }
42
```

第 5 行声明了一个函数指针 copy_sd_mmc_to_mem,三星的 S5PV210 在其 iROM 中已经固化了一些复制函数,并提供了这些函数的入口地址,比如从 SD/MMC 卡复制代码到 SDRAM,或从 NAND 复制代码等。所以这里定义的函数指针原形就是按照手册(S5PV210_

IROM_ ApplicationNote _ Preliminary _ 20091126. pdf）来定义的，对应的函数入口地址为 0xD0037F98。

　　第13行，当从 SD/MMC 启动的时候，SD/MMC 卡相关的信息（通道信息等）必须要有个地方存放，所以 S5PV210 提供了一个地址 0xD0037488 来保存这些资料。因此第16～24行读取地址 0xD0037488 里存放的信息，来判定是从 channel0 启动的还是从 channel2 启动的。

　　第25行就是调用 iROM 里的复制函数将 SD/MMC 卡里指定块开始的指定大小的数据复制到内存指定的地址处。这里需要说明的是，iROM 里固化的代码提前做好了 SD/MMC 卡控制器的初始化工作，所以这里直接调用它提供的函数就可以复制 SD/MMC 卡里的数据了。

3. 初始化程序

这要主要分析 DDR2 初始化程序，系统时钟和 UART 控制器与前面的章节一样。

```
01 //DMC0,DMC1 基地址
02 #define APB_DMC_0_BASE 0xF0000000
03 #define APB_DMC_1_BASE 0xF1400000
04 //DMC Register
05 #define DMC0_CONCONTROL   *((volatile unsigned int *)(APB_DMC_0_BASE + 0x00))
06 #define DMC0_MEMCONTROL   *((volatile unsigned int *)(APB_DMC_0_BASE + 0x04))
…
64 //存储控制寄存器配置参数
65 //MemControl   BL = 4, 1chip(只用一根片选引脚 CS0), DDR2 Type, dynamic self refresh,
   //force precharge, dynamic power down off
66 #define DMC0_MEMCONTROL_VAL    0x00202400
67 //MemConfig0   512MB config, 8 banks,Mapping Method[12:15]0:linear, 1:linterleaved,
   //2:Mixed
68 #define DMC0_MEMCONFIG0_VAL     0x20E00323
69 //#define DMC0_MEMCONFIG1_VAL   0x00E00323   //MemConfig1
70
71 #define DMC0_TIMINGAREF_VAL     0x00000618   //TimingAref   7.8us * 133MHz = 1038(0x40E),
    200MHz = 1560(0x618)
…
83 void ddr2_init(void)
84 {
85   /* 1. 配置内存访问信号强度(Setting 2X)
86    * 配置为默认值,仅供参考
87    */
88   MP1_0DRV = 0x0000AAAA;
89   MP1_1DRV = 0x0000AAAA;
90   MP1_2DRV = 0x0000AAAA;
91   MP1_3DRV = 0x0000AAAA;
92   MP1_4DRV = 0x0000AAAA;
93   MP1_5DRV = 0x0000AAAA;
94   MP1_6DRV = 0x0000AAAA;
95   MP1_7DRV = 0x0000AAAA;
96   MP1_8DRV = 0x00002AAA;
97   /* 2. 初始化 DMC0 的 PHY DLL */
98      //step 1: XDDR2SEL 引脚在硬件上实现
99      //step 2: PhyControl0.ctrl_start_point,PhyControl0.ctrl_inc
100 DMC0_PHYCONTROL0 = 0x00101000;
101     //step 3: PhyControl1.ctrl_shiftc,PhyControl1.ctrl_offsetc,PhyControl1.ctrl_ref
102 DMC0_PHYCONTROL1 = 0x00000086;
103     //PhyControl0.ctrl_dll_on
```

```
104 DMC0_PHYCONTROL0 = 0x00101002;
105    //step 4: PhyControl0.ctrl_start
106 DMC0_PHYCONTROL0 = 0x00101003;
107    //等待 DLL Lock
108 while ((DMC0_PHYSTATUS & 0x7) != 0x7);
109 //Force Value locking
110 DMC0_PHYCONTROL0 = ((DMC0_PHYSTATUS & 0x3fc0) << 18) | 0x100000 | 0x1000 | 0x3;
111 /* 3. 初始化 DMC0 */
112    //step 5: ConControl auto refresh off
113    //rd_fetch 建议不用 default 值, 比如 rd_fetch = 2 mclk, 因为周期太短,
114    //可能 data 还没有保存到 PHY FIFO, 导致读到"脏"的数据, 此处仅实验时用
115 DMC0_CONCONTROL = 0x0FFF1010;
116    //step 6: 配置 MemControl, 与此同时, 所有的 power down(休眠模式)应该关闭
117 DMC0_MEMCONTROL = DMC0_MEMCONTROL_VAL;
118    //step 7: 配置 MemConfig0, 8 片 DDR 分别挂在 Memory Port1 和 Memory Port2 上, 所以
          //再配置 MemConfig1
119 DMC0_MEMCONFIG0 = DMC0_MEMCONFIG0_VAL;
120    //step 8: 配置 PrechConfig 和 PwrdnConfig, 这里都是 default value
121 DMC0_PRECHCONFIG = 0xFF000000;
122 DMC0_PWRDNCONFIG = 0xFFFF00FF;
123    //step 9: 配置 TimingAref、TimingRow、TimingData 和 TimingPower
124 DMC0_TIMINGAREF = DMC0_TIMINGAREF_VAL;
125 DMC0_TIMINGROW = 0x2B34438A;
126 DMC0_TIMINGDATA = 0x24240000;
127 DMC0_TIMINGPOWER = 0x0BDC0343;
128 /* 4. 初始化 DDR2 DRAM, 配置 DIRECTCMD 寄存器 */
129 DMC0_DIRECTCMD = 0x07000000;    //step 14: 发送 NOP 命令
130 DMC0_DIRECTCMD = 0x01000000;    //step 16: 发送 PALL 命令
131 DMC0_DIRECTCMD = 0x00020000;    //step 17: 发送 EMRS2 命令
132 DMC0_DIRECTCMD = 0x00030000;    //step 18: 发送 EMRS3 命令
133 DMC0_DIRECTCMD = 0x00010400;    //step 19: 发送 EMRS 命令使能 DLL, 禁止 DQS
134 DMC0_DIRECTCMD = 0x00000100;    //step 20: 发送 MRS 命令, reset DLL
135 DMC0_DIRECTCMD = 0x01000000;    //step 21: 发送 PALL 命令
136 DMC0_DIRECTCMD = 0x05000000;    //step 22: 发送 2 次 REFA(auto refresh)命令
137 DMC0_DIRECTCMD = 0x05000000;
138 DMC0_DIRECTCMD = 0x00000642;    //step 23: 发送 MRS 命令, WR = 4, CL = 4, BL = 4
139 DMC0_DIRECTCMD = 0x00010780;    //step 25: 发送 EMRS 命令, 设置 OCD default
140 DMC0_DIRECTCMD = 0x00010400;    //再次发送 EMRS 命令, 设置 exit OCD
141 /* 5. turn on auto refresh(step 27) */
142 DMC0_CONCONTROL = 0x0FFF1030;
143 //DMC0_MEMCONTROL = DMC0_MEMCONTROL_VAL; //step 28
144 /* 针对 DMC1 的初始化, 与 DMC0 类似 */
145 MP2_0DRV = 0x0000AAAA;
146 MP2_1DRV = 0x0000AAAA;
...
201 }
```

以上 DMC0 初始化部分的注释比较详细, 读者可以对照前面 DDR2 的初始化顺序以及寄存器的介绍, 不难读懂代码。本书实验用的开发板有 8 块 128MB 的 DDR2, 它们分别接在 DMC0 和 DMC1 上, 所以初始化也要分两部分, 其中 DMC1 的初始化代码与 DMC0 类似, 具体代码可以从共享资料中找到。

4. 点灯程序

关于如何控制 LED 灯, 在前面几章中都有用到, 这里不再重复, 只需要说明一点, 就是链

接脚本中所指定的程序入口地址是 0x20000000,这是 DMC0 寄存器的起始地址。

```
01   SECTIONS {
02       . = 0x20000000;
03
04       .text : {
05           * (.text)
06       }
     …
22   }
```

9.2.3　实验测试

将编译后的 BL1(sdram.bin)烧写到 SD 卡的扇区 1,将 BL2(bl2.bin)烧写到 SD 卡的扇区 20,然后从 SD 卡启动开发板。实验结果很简单,只要看到 LED 灯闪烁就说明程序在 DDR2 中执行成功。

关于 NAND、LCD、I2C、ADC 和触摸屏相关的内容及实验操作,见配套资源补充资料第 2～5 章。

第三篇

欲穷千里目，更上一层楼

嵌入式系统离开了软件的支持，就如同人没有了大脑，所以在做嵌入式系统开发时，选择一套合适的嵌入式软件系统往往显得格外重要。接下来就为大家介绍常用的嵌入式操作系统——Linux 系统是如何构建和运行的。

第10章

移植U-Boot

本章学习目标

- 了解嵌入式系统中 Bootloader 的基本概念和框架结构；
- 了解 Bootloader 引导操作系统的过程；
- 了解 U-Boot 的代码结构、编译、移植方式；
- 掌握 S5PV210 下的 U-Boot 移植方法。

10.1 Bootloader 介绍

10.1.1 Bootloader 概述

1. 什么是 Bootloader

通常在给计算机插上电源开机时，在显示器屏幕上会看到一行行启动提示信息，其实这段程序就是 Windows 系统的启动代码，它有一个专用的名字——BIOS 程序，而且它是一段固件程序（出厂时烧写好的）。通过这段程序，计算机就可以完成硬件设备的初始化以及内存空间的映射，从而把系统软、硬件带到一个合适的状态，为最终调用 Windows 操作系统做好准备，如图 10-1 所示。

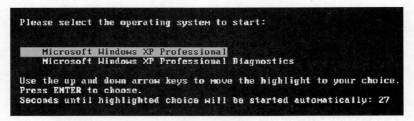

图 10-1　Windows XP 启动界面

以上就是计算机上电到 Windows 操作系统运行前的启动信息（注：Windows 10 开机也有类似的信息，只是这部分信息被开机画面所取代，不直接显示出来）。在嵌入式系统中，尤其是早期的嵌入式平台，比如 ARM9 等，通常并没有像 BIOS 那样的固件程序，因此整个系统的加载启动任务就完全由 Bootloader 来完成，比如 S3C2416 平台，三星公司在其芯片上做了一块片内 RAM（RAM 指可读/可写的内存），系统上电时就会自动从启动设备上把 Bootloader 复制到这片 RAM 上执行，这里的启动设备可以是 NAND Flash、SD 卡等。当然由于片内 RAM 的大小限制，可能 Bootloader 并没有全部加载到 RAM 里面，只是其中的一部分，而这一部分要完成基本的硬件初始化，同时还要把 Bootloader 复制到外设内存中（外设内存的空间是比较大的)进一步执行。随着技术的改进,现在很多嵌入式系统与计算机做得有些类似,也可以在出厂时事先固化好一段启动代码在片内 ROM(ROM 指只读内存)中,所以当系统上电时,首先运行的是厂家固化好的这段代码,其实这段代码主要的任务也是做一些硬件相关的初始化,当然也可以固化一些方便使用的代码,这部分代码可以初始化硬件,也可以提供一些安全性方面的初始化与检查等。比如本书的 S5PV210 芯片,在前面讲解裸机程序时就调用过 ROM 里的函数接口;其他基于 ARM 的芯片也都是类似的,比如 NXP 的 IMX 系列处理器。所有这些工作都是真正进入操作系统前的自我初始化和检测,最后再执行由程序员开发的 Bootloader 来做更多的初始化和辅助的工作。

Bootloader 除了对系统硬件的初始化外,还提供一些定制的辅助功能,比如增加网络功能,从计算机上通过串口或网络下载文件,烧写文件到设备,或者做一些启动前的系统校验工作等。这样的 Bootloader 就是一个功能强大的系统引导程序了,有的书上也称为 Monitor。这些增强的功能并不是每个嵌入式系统都具备的,它只是为了方便开发而定制的。

Bootloader 的实现非常依赖于具体的硬件,在嵌入式系统中硬件配置千差万别,即使是相同的 CPU,它们的外设也可能不同,比如 Samsung、MIPS、NXP 等,虽然它们都使用 ARM 架构,但其外设和编程风格有着很大的区别,所以不可能做出一个通用的 Bootloader,使其支持所有平台。本章要介绍的 U-Boot 也不是一拿来就可以使用的,需要进行一些配置、裁剪、移植后才能使用。

2. 常用的 Bootloader 分类

不同的系统平台都有各自的引导程序,比如 x86 上有 LILO、GRUB 等。对于 ARM 架构的 CPU,有 U-Boot、Vivi 等。它们各有特点,下面列举一些常用的开放源代码的 Bootloader 及其支持的体系架构,如表 10-1 所示。

表 10-1　常用的 Linux 引导程序

Bootloader	Monitor	描　　述	x86	ARM	PowerPC
LILO	否	Linux 磁盘引导程序	是	否	否
GRUB	否	GNU 的 LILO 替代程序	是	否	否
Loadlin	否	从 DOS 引导 Linux	是	否	否
ROLO	否	从 ROM 引导 Linux 而不需要 BIOS	是	否	否
Etherboot	否	通过以太网卡启动 Linux 系统的固件	是	否	否
LinuxBIOS	否	完全替代 BIOS 的 Linux 引导程序	是	否	否
BLOB	是	LART 等硬件平台的引导程序	否	是	否
U-Boot	是	通用引导程序	是	是	是
RedBoot	是	基于 eCos 的引导程序	是	是	是
Vivi	是	Mizi 公司针对三星公司的 ARM CPU 设计的引导程序	否	是	否

这里先介绍 Bootloader 和 Monitor 的概念。严格来说,Bootloader 只是引导设备并且执行主程序的固件;而 Monitor 提供了更多的命令行接口,可以进行调试、读/写内存、烧写 Flash、配置环境变量等操作。Monitor 在嵌入式系统开发过程中可以提供很好的调试功能,开发完成以后,就完全设置成了一个 Bootloader,所以通常说的 Bootloader 只是一种习惯称法,实际使用的 Bootloader 是经过定制开发的,最终变成了一个 Monitor 镜像文件。

1）x86

x86 的工作站和服务器上一般使用 LILO 和 GRUB。LILO 是 Linux 发行版主流的 Bootloader。不过 Redhat Linux 发行版已经使用了 GRUB，GRUB 比 LILO 有更好的显示界面，使用配置也更加灵活方便。在某些 x86 设备上，会采用其他 Bootloader，例如 ROLO，这些 Bootloader 可以取代 BIOS 的功能，能够从 Flash 中直接引导 Linux 启动。现在 ROLO 引导方式已经并入 U-Boot，所以 U-Boot 也可以支持 x86 平台。

2）ARM

基于 ARM 架构的芯片商很多，所以不同芯片的开发板都有自己的 Bootloader，导致 ARM 的 Bootloader 也变得多样化。比如早期的 Armboot 以及 StrongARM 平台上的 BLOB，还有 Samsung 平台的 Vivi 等。现在 Armboot 已经并入 U-Boot，目前基本都是使用 U-Boot 作为 ARM 的引导程序，已经成为 ARM 平台的标准 Bootloader。

3）PowerPC

PowerPC 平台的处理器有标准的 Bootloader，即 ppcboot，ppcboot 与 Armboot 等整合之后，创建了 U-Boot，现已成为各种体系结构开发板的通用引导程序。U-Boot 仍然是 PowerPC 平台的主要 Bootloader。

4）其他处理器

除上面介绍的一些常见处理器外，还有很多处理器，它们使用的引导程序也各不相同，比如 MIPS 公司开发的 YAMON Bootloader，可能很多人没有听说过，平时用得比较多的还是 U-Boot，因为 U-Boot 也对 MIPS 有很好的支持。

另外还有 SH 平台，它的标准 Bootloader 是 sh-boot，Redboot 也可以用于 SH 平台。

10.1.2　Bootloader 的结构和启动方式

1. Bootloader 的结构组成

Bootloader 主要由以下两部分组成。

1）OEM startup 代码

这部分代码是在 Bootloader 中最先被执行的。它的主要功能是初始化最小范围的硬件设备，比如设置 CPU 工作频率、关闭看门狗、设置 Cache、设置 RAM 的刷新率、配置内存控制器等。由于系统刚刚启动，不适合使用复杂的高级语言，因此这部分代码主要由汇编语言完成。在汇编程序里设置完堆栈后（高级语言需要使用栈），就跳转到 C 语言的 main 函数入口，这里的函数不一定是 main 命名的函数，它是 Bootloader 第二阶段代码的 C 入口点。

2）main 代码

这部分代码由 C 语言实现，在这里可以执行比较复杂的操作，比如检测内存和 Flash 的有效性，检测外部设备接口，检测串口并且向已经连接的主机发送调试信息（即通常说的串口调试）。另外，还可以在这里实现镜像文件（image）的下载，比如可以在 main 程序里实现一些小的功能选项以方便操作，其中下载 image 就是最常见的，而且可以实现对多种外部设备的烧写支持，比如 NAND Flash 设备、SD/MMC 存储卡设备等。此外，还要为接下来的内核运行设置基本的启动参数，调用内核（kernel）。

所谓检测内存映射，就是确定板上使用了多少内存、地址空间如何分配等。

Flash 上的内核镜像有可能是经过压缩的，在读到 RAM 之后，还需要进行解压。当然，对于具备自解压功能的内核，不需要 Bootloader 来解压。另外，将根文件系统镜像复制到 RAM 中不是必需的，这取决于是什么类型的根文件系统，以及内核访问它的方法。

2．Bootloader 的启动方式

1）网络启动方式

使用网络启动方式的开发板可以不用配置较大的存储介质，跟无盘工作站有点类似。但是使用这种启动方式之前，需要把 Bootloader 安装到开发板上的 EEPROM、Flash、USB 或 SDCard 存储介质中。Bootloader 通过以太网接口远程下载 Linux 内核镜像或者文件系统。这种方式在嵌入式系统开发过程中比较常用，不过使用这种方式有一个前提条件，就是目标板要有串口、以太网接口或者 USB 接口等。串口一般可以作为控制台与用户交互。串口通信传输速率过低，不适合用来挂接网络文件系统（NFS）。所以，以太网接口成为比较常用的互连方式，一般的开发板都可以配置 10Mb/s/100Mb/s 以太网接口。

对于一些手持设备来说，以太网的 RJ-45 接口显得大了些，而 USB 接口，特别是 USB 的迷你接口，尺寸非常小。对于开发嵌入式系统，可以把 USB 接口虚拟成以太网接口来通信，这种方式在开发主机和开发板两端都需要驱动程序的支持。

另外，还要在服务器上配置启动相关的网络服务。Bootloader 下载文件一般使用 TFTP 网络协议，还可以通过 DHCP 的方式动态配置 IP 地址。DHCP/BOOTP 服务为 Bootloader 分配 IP 地址，配置网络参数，然后才能够支持网络传输功能。如果 Bootloader 可以直接设置网络参数，就可以不使用 DHCP。TFTP 服务为 Bootloader 客户端提供文件下载的功能，把内核镜像和其他文件放在 F:\tftpboot 目录下（TFTP 工具在宿主操作系统上的一个路径）。这样 Bootloader 就可以通过简单的 TFTP 协议远程下载内核镜像到内存，然后通过控制台输入相应的烧写指令烧写到 Flash 上。

2）磁盘启动方式

传统的 Linux 系统运行在台式机或者服务器上，这些计算机一般都使用 BIOS 引导，并且使用磁盘作为存储介质。如果进入 BIOS 设置菜单，可以检测处理器、内存、硬盘等设备，可以设置 BIOS 从光盘或者其他设备启动。也就是说，传统的 Linux 系统不是由 BIOS 直接引导的，因此在硬盘的主引导区，还需要一个 Bootloader。这个 Bootloader 可以从磁盘文件系统中把操作系统引导起来。

Linux 系统上都是通过 LILO(Linux Loader)引导的，后来又出现了 GNU 的软件 GRUB(GRand Unified Bootloader)。这两种 Bootloader 广泛应用在 x86 的 Linux 系统上，熟悉它们有助于配置多种系统引导功能。LILO 软件是由 Werner Almesberger 创建，专门为引导 Linux 开发的，现在 LILO 的维护者是 John Coffman。

GRUB 是 GNU 计划的主要 Bootloader。GRUB 最初是由 Erich Boleyn 为 GNU Mach 操作系统撰写的引导程序，后来由 Gordon Matxigkeit 和 Okuji Yoshinori 接替 Erich 的工作，继续维护和开发 GRUB。GRUB 能够使用 TFTP 和 BOOTP 或者 DHCP 通过网络启动，这种功能对于系统开发过程很有用。除了传统的 Linux 系统上的引导程序以外，还有其他一些引导程序也可以支持磁盘启动，例如 ROLO、LinuxBIOS、U-Boot 等。

3）Flash 启动方式

大多数嵌入式系统上都使用 Flash 存储介质，Flash 有很多种类型，包括 NOR、NAND Flash 和其他半导体盘等。其中，NOR Flash(即所谓的线性 Flash)可以支持随机访问，所以代码是可以直接在 Flash 上执行的。Bootloader 一般是存储在 Flash 上的，另外，Linux 内核镜像和文件系统都可以存储在 Flash 上。通常需要把 Flash 分区才能使用，每个区的大小应该是 Flash 擦除块大小的整数倍。

Bootloader 一般放在 Flash 的底端或者顶端，这要根据处理器的复位向量设置。要使 Bootloader 的入口位于处理器上电执行第一条指令的位置，或者方便固件程序加载的地方，所以一般第一个分区用于存放引导程序。

参数配置区可以用来保存 Bootloader 的参数；内核镜像区用来存放内核，Bootloader 引导 Linux 内核就是要从这个地方把内核镜像解压到内存（RAM）中，然后跳转到内核镜像入口执行；文件系统区用来放置文件系统，如果使用 Ramdisk 文件系统，则需要 Bootloader 把文件系统解压到 RAM 中。如果使用 JFFS2 或 YAFFS2 文件系统，将直接挂接为根文件系统。最后还可以分出一些数据区，这要根据实际需要和 Flash 的大小决定。

这些分区都是开发者定义的，Bootloader 一般直接读/写对应的偏移地址。在 Linux 内核空间，可以配置成 MTD 设备（MTD 是 Linux 上常用的内存管理技术）来访问 Flash 分区。但是，有的 Bootloader 也支持分区的功能，例如，Redboot 可以创建 Flash 分区表，并且内核 MTD 驱动可以解析出 Redboot 的分区表。除了 NOR Flash 外，还有 NAND Flash、Compact Flash 等，这些 Flash 具有芯片价格低、存储量大的特点。但是这些芯片一般通过专用控制器的 I/O 方式来访问，不能随机访问，因此引导方式跟 NOR Flash 也不同。在这些 Flash 芯片上，需要配置专用的引导程序，通常引导程序起始的一段代码把整个引导程序复制到 RAM 中运行，从而实现自动启动，这跟从磁盘上启动有些相似。

10.1.3 Bootloader 操作模式和安装位置

1. 操作模式

大多数 Bootloader 都包含两种不同的操作模式——启动加载（Boot Loading）模式和下载（Down Loading）模式，这种区别对开发人员才有意义，从最终用户的角度看，Bootloader 的作用就是用来加载操作系统，并不存在所谓的启动加载模式和下载模式的区别。

1）启动加载模式

启动加载模式也称为"自主"模式，即 Bootloader 从目标机上的某个固态存储设备上将操作系统加载到 RAM 中运行，整个过程并没有用户的介入，这种模式是 Bootloader 的正常工作模式。因此在嵌入式产品发布的时候，Bootloader 一般都是工作在此种模式下的。

2）下载模式

在下载模式下，目标机上的 Bootloader 将通过串口连接或网络连接等通信手段从主机下载文件，比如，下载应用程序、数据文件、内核镜像等。从主机下载的文件通常首先被 Bootloader 保存到目标机的 RAM 中，然后再被 Bootloader 写到目标机上的固态存储设备中。Bootloader 的这种模式通常在系统更新时使用。工作于这种模式下的 Bootloader 通常都会向它的终端用户提供一个简单的命令接口。

2. 安装位置

Bootloader 就是在操作系统内核运行之前的一段小程序，通过这段小程序，可以初始化硬件设备，建立内存空间的映射关系，从而将系统的软、硬件环境带到一个合适的状态，以便为最终调用操作系统内核准备正确的环境。

系统加电或复位后，所有的 CPU 通常都从某个预先设置的地址上取指令，例如，基于 ARM 的 CPU 和本书所讲的 Cortex-A8，在复位时通常都从地址 0x0000000 取它的第一条指令执行（需要在 ARM 协处理器寄存器中配置，默认从地址 0 开始启动）。而基于 CPU 构建的嵌入式系统，通常都有某种类型的固态存储设备（比如 ROM、Flash 和 EEPROM 等）被映射到对应的地址上，在系统上电后，CPU 将首先执行 Bootloader 程序，所以通常总是将 Bootloader

程序安装在嵌入式系统的存储设备的最前端。

Bootloader 是依赖于硬件而实现的,特别是在嵌入式系统中。不同体系结构的 Bootloader 是不同的;除了体系结构,Bootloader 还依赖于具体嵌入式系统板级设备的配置。也就是说,对于两块不同的嵌入式开发板而言,即使它们基于相同的 CPU 构建,运行在其中的一块电路板上的 Bootloader 也未必能够运行在另一块上,比如都是基于 Cortex-A8 架构的 Samsung 的 S5PV210 和 NXP 的 i. MX6。

Bootloader 的启动过程可以是单阶段的,也可以是多阶段的,通常多阶段的 Bootloader 能够提供更为复杂的功能以及更好的可移植性。从固态存储设备上启动的 Bootloader 大多数是二阶段的启动过程,即启动过程分为 Stage1 和 Stage2 两个阶段。

10.1.4　如何编写 Bootloader

Bootloader 的编写一般可以分为如下几个步骤,当然并不是必须按这些步骤编写,可能是其中一部分,也可能还有更多的内容,下面只简单列举通常的编写方法。

(1) 硬件相关的初始化。

首先要初始化的就是 CPU,CPU 也称为中央处理器,是电子计算机的主要设备之一,其功能主要是解释计算机指令以及处理计算机软件中的数据。所谓的计算机可编程性,主要是指对 CPU 的编程,CPU 是计算机中的核心部件之一,它是整个计算机的核心和控制中心。计算过程中所有的操作都由 CPU 负责读取指令,对指令译码并执行指令,CPU、内部存储器和输入/输出设备是电子计算机的三大核心部件。因此首先要将 CPU 的工作模式设置为系统模式,并且关闭系统中断、看门狗和存储区域的配置等。

接着要设定系统运行的频率,包括使用外部晶振,这里的晶振是石英晶体谐振器和石英晶体时钟振荡器的统称,不过在消费类电子中,前者使用得较多。设置好 CPU 频率后,还要设置总线频率等。

还要设置系统相关中断,包括定时器。定时器是装有时段或时刻控制机构的开关装置,它有一个频率稳定的振荡源,通过齿轮传动或集成电路分频计数,当时间累加到预置数值时,或指示到预置的时刻处时,定时器即发送信号控制执行机构工作。这里要设置的中断指外部中断和 FIQ 中断等,另外还有中断的优先级设置,这里只要实现两个优先级,其中只有时钟中断的优先级相对较高,其他都一样,而中断向量初始化时都将这些中断向量指向某个地址(比如 S3C2440、S5PV210 都是 0x18),并关闭这里的所有中断。如果开发板还接有诸如 Flash 的设备,则还需要设置 Flash 的相关操作控制器。最后需要关闭。到此为止,就初始化了。

(2) 中断向量表。

ARM 的中断与计算机芯片的中断向量表有一点差异,嵌入式设备为了简单,当发生中断时,由 CPU 直接跳入由 0x0 开始的一部分区域(ARM 芯片自身决定了中断时就会跳入 0x0 开始的一片区域内,具体跳到哪个地址是由中断的模式决定的,一般用到的是复位中断、FIQ 中断、IRQ 中断、SWI 中断、指令异常中断、数据异常中断、预取指令异常中断),而当 CPU 进入相应的中断时,就会跳转到对应的中断处理程序执行。所以,这就需要用户自己编程接管中断处理程序了,即配置中断向量表。中断向量表里存放的是一些跳转指令,比如当 CPU 发生一个 IRQ 中断时,就会自动跳转到中断起始地址(比如 0x18)处,这是用户自己编写的一个跳转指令,假如用户在此编写了一条跳转到 0x20080000 处的指令,那么这个地址就是一个总的 IRQ 中断处理入口。一个 CPU 可能有多个 IRQ 中断,在这个总的入口处如何区分不同的中断呢？这就由用户编写的程序来决定了，具体实现在前面裸机中断有介绍。

（3）设置堆栈。

一般使用 3 个栈：IRQ 中断栈、系统模式和用户模式下的栈（系统模式和用户模式共享寄存器和内存空间，这主要是为了简单）。设置栈的目的主要是为了进行函数调用和存放局部变量，因为程序不可能全用汇编语言编写，也不可能不用局部变量。

（4）复制代码和数据到内存，清 BSS 段。

（5）人机交互。

这里所谓的交互主要是通过宿主机借助不同的通信协议与目标机之间进行通信，比如在 Bootloader 下常用的是通过控制台发送命令给目标机，或接收目标机的信息。使用控制台需要目标板事先对 UART 做初始化，然后才可以使用，比如在串口终端输入 U-Boot 的命令 bdinfo，就可以在终端中显示所有设备相关的信息。

10.1.5　Bootloader 与内核之间的交互

1. 嵌入式 Linux 软件系统

嵌入式 Linux 系统从软件角度通常可以分为如下 4 部分。

1）引导加载程序

该程序包括固化在固件（firmware）中的 Boot 代码（可选）和 Bootloader。对于 x86 以及现在的一些嵌入式架构，如 S5PV210 等，都有一段固化的固件代码在上电时先执行，而有些嵌入式系统并没有固件，上电后直接执行的第一个程序就是 Bootloader。

2）Linux 内核

针对不同的硬件定制内核以及内核的启动参数。内核的启动参数可以是内核默认的，或是由 Bootloader 传递给它的。通常在 U-Boot 中是通过标识列表（ATAG）或者通过设备树的方式传递参数给内核，具体内容在配套资源补充资料第 7 章中有详细介绍。

3）文件系统

这里指包括根文件系统和建立于 Flash 内存设备之上的文件系统，里面包含了 Linux 系统能够运行所必需的应用程序、库、配置信息等，比如提供操作 Linux 的 Shell 程序、动态链接的程序运行时需要的 glibc 或 uClibc 库等。

4）用户应用程序

这里指特定的用户应用程序，它们也存储在文件系统中。有的应用程序还会包括一个嵌入式图形界面，即带图形界面的嵌入式可视应用程序，方便人机交互。目前在 Linux 平台上，大部分都是用 Qt 进行图形界面开发，在后面章节会详细介绍 Qt 相关的知识。

2. Bootloader 与内核之间的交互

当 Bootloader 将内核存放在指定的位置后，直接跳转到它的入口点即可调用内核。调用内核之前，要满足下列条件。

（1）CPU 寄存器的设置。

R0＝0；R1＝机器类型 ID，对于 ARM 结构的 CPU，其机器类型 ID 可以参考 Linux 内核源码：linux/arch/arm/tools/mach-types；R2＝启动参数标记列表或设备树在 RAM 中的起始基地址。

（2）CPU 工作模式。

必须禁止中断（IRQ 和 FIQ）；CPU 必须为 SVC 模式。

（3）cache 和 MMU 的设置。

MMU 必须关闭；指令 cache 可以打开也可以关闭；

数据 cache 必须关闭。

如果用 C 语言，可以用下面这样的示例代码来调用内核：

```
void( * theKernel)(int zero, int arch, uint params);
theKernel = (void ( * )(int, int, uint))images - > ep;
theKernel(0, machid, bd - > bi_boot_params);
```

在跳转到内核中执行前，Bootloader 与内核之间的沟通是通过参数传递进行的，是单向的交互沟通——Bootloader 将各类参数传给内核。由于它们不能同时运行，传递办法只有一个：Bootloader 事先将参数放在某个约定的地方，再启动内核，内核启动后再从约定的地方获得参数。除了约定好参数存放的地址外，还要规定参数的结构。Linux 2.4 以后的内核都是通过标记列表（tagged list）的形式来传递启动参数的。标记就是一个数据结构，标记列表就是挨着存放的多个标记。标记列表以标记 ATAG_CORE 开始，以标记 ATAG_NONE 结束。

标记的数据结构为 tag，它由一个 tag_header 结构和一个联合体（union）组成。tag_header 结构表示标记的类型及其长度，比如是表示内存还是表示命令行参数等。对于不同类型的标记使用不同的联合体（union），比如表示内存时使用 tag_mem32（早期的 U-Boot 版本使用）或 tag_mem_range，表示命令行时使用 tag_cmdline。数据结构 tag 和 tag_header 定义在 Linux 内核源码的 include/asm/setup.h 头文件中，如下所示：

```
struct tag_header{
    u32 size;
    u32 tag;
};
struct tag {
    struct tag_header hdr;
    union {
        struct tag_core core;
        struct tag_mem_range mem_range;
        struct tag_cmdline cmdline;
        struct tag_clock clock;
        struct tag_ethernet ethernet;
        struct tag_boardinfo boardinfo;
    } u;
};
```

U-Boot 与内核沟通的标记很多，下面以设置内存标记、命令行标记、起始标记与结束标记来介绍参数的传递。

（1）设置标记 ATAG_CORE。

标记列表以标记 ATAG_CORE 开始。假设 Bootloader 与内核约定的参数存放地址为 0x20000100，则可以以如下代码设置标记 ATAG_CORE：

```
params = (struct tag * ) 0x20000100;
params - > hdr.tag = ATAG_CORE;
params - > hdr.size = tag_size(tag_core);
params - > u.core.flags = 0;
params - > u.core.pagesize = 0;
params - > u.core.rootdev = 0;
params = tag_next(params);
```

其中，tag_next 定义如下，它指向当前标记的末尾：

```
#define tag_next(t)  ((struct tag *)((u32 *)(t) + (t)->hdr.size))
```

（2）设置内存标记。

假设开发板使用的内存起始地址为 0x20000000，大小为 0x40000000，则内存标记可以如下设置：

```
params->hdr.tag = ATAG_MEM;
params->hdr.size = tag_size(tag_mem_range);
params->u.mem_range_addr = 0x20000000;
params->u.mem_range_size = 0x40000000;
params = tag_next(params);
```

（3）设置命令行标记。

命令行就是一个字符串，它被用来控制内核的一些行为。比如"root=/dev/mtdblock 2 init=/linuxrc console=ttySAC0"表示根文件系统在 MTD2 分区上，系统启动后执行的第一个程序为/linuxrc，控制台为 ttySAC0（即第一个串口）。

命令行可以在 Bootloader 中通过命令设置好，然后按如下构造标记传给内核：

```
char * cmdline = "root=/dev/mtdblock 2 init=/linuxrc console=ttySAC0";
params->hdr.tag = ATAG_CMDLINE;
params->hdr.size = (sizeof(struct tag_header) + strlen(cmdline) + 1 + 3)>>2;
strcpy(params->u.cmdline.cmdline, cmdline);
params = tag_next(params);
```

（4）设置标记 ATAG_NONE。

标记列表以标记 ATAG_NONE 结束，可如下设置：

```
params->hdr.tag = ATAG_NONE;
params->hdr.size = 0;
```

10.2　U-Boot 介绍与移植到 S5PV210 开发板

10.2.1　U-Boot 简介

视频讲解

U-Boot 全称是 Universal Boot Loader，即通用的 Bootloader，是遵循 GPL 条款的开放源代码项目。其前身是由德国 DENX 软件工程中心的 Wolfgang Denk 基于 8xxROM 的源代码创建的 PPCBOOT 工程。随后被越来越多的人选择作为嵌入式系统的引导程序，因此后来经整理代码结构使其非常容易支持其他类型的开发板和 CPU（最初只支持 PowerPC）；增加了更多的功能，比如启动 Linux，下载 S-Record 格式的文件，通过网络启动，通过 PCMCIA/CompactFlash/ATA Disk/SCSI 等方式启动。2002 年 11 月增加了 ARM 架构 CPU 及其他更多 CPU 的支持后，改名为 U-Boot，实现了从 PPCBOOT 向 U-Boot 的顺利过渡，并且一直沿用至今，目前在他的带领下，众多有志于开源的嵌入式开发人员正如火如荼地将不同系列的嵌入式处理器的 Bootloader 移植到 U-Boot 中，以支持更多的嵌入式操作系统的装载和引导。

U-Boot 可以引导多种操作系统，支持多种架构的 CPU。它不仅支持嵌入式 Linux 系统的引导，还支持 NetBSD、VxWorks、QNX、RTEMS、ARTOS、LynxOS、FreeBSD、SVR4、Esix、OpenBSD、Solaris、Dell、NCR、Android 等嵌入式操作系统，这就是 U-Boot 之所以叫"通用（Universal）"的原因。另外，U-Boot 除支持最初的 PowerPC 系列处理器外，还支持更多架构的处理器，如 PowerPC、MIPS、x86、ARM、NIOS、XScale 等。这些特点正是 U-Boot 项目的开

发目标,即支持尽可能多的嵌入式处理器和嵌入式操作系统。

U-Boot 有如下特性:

(1) 开放源代码。

(2) 支持多种嵌入式操作系统内核,如 Linux、NetBSD、VxWorks、Android 等。

(3) 支持多系列的处理器,如 PowerPC、ARM、x86、MIPS、XScale 等。

(4) 较高的可靠性和稳定性。

(5) 高度灵活的功能设置,适合 U-Boot 调试以及操作系统的不同的引导需求和产品发布等。

(6) 丰富的设备驱动源代码,如串口、以太网、SDRAM、Flash、LCD、EEPROM、RTC、按键等。

(7) 较为丰富的开发调试文档与强大的网络技术支持。

(8) 支持 NFS 挂载、RAMDISK(压缩或非压缩)形式的根文件系统。

(9) 支持 NFS 挂载,从 Flash 中引导压缩或非压缩系统内核。

(10) 可灵活设置、传递多个关键参数给操作系统,满足系统在不同开发阶段的调试要求与产品发布,尤其对 Linux 的支持最为突出。

(11) 支持目标板环境参数多种存储方式,如 Flash、EEPROM。

(12) 上电自检功能:SDRAM、Flash 大小自动检测,SDRAM 故障检测,CPU 型号。

(13) 特殊功能:XIP 内核引导。

(14) CRC32 检验:可校验 Flash 中内核、RAMDISK 镜像文件是否完好。

U-Boot 项目工程是开源的,所以可以从它的官方网站直接获得最新版本的源代码工程。另外,在使用过程中如果遇到问题,或发现项目工程中的 Bug,可以通过邮件列表或在论坛上发帖以获得帮助。

目前,在大多数 Linux 项目中都选用 U-Boot 作为引导程序,所以其组织结构与 Linux 的结构越来越接近,特别是从 2014.10 版开始,U-Boot 中还支持与 Linux 一样风格的配置界面,直接执行 make menuconfig 即可打开图形界面的配置系统。

10.2.2　U-Boot 源码结构

视频讲解

选择什么版本的 U-Boot,这个没有特别要求,实际上针对具体目标板的代码量是很少的,只要支持所选的硬件平台就可以,经典的 U-Boot 1.6 版本,至今还有很多人在使用,所以本书继续以 U-Boot-2014.04 版本为例(最新的版本为 U-Boot-2020.07),其中关于 S5PV210 部分的代码基本没有改变,只是多了一些 Kconfig 用于支持 make menuconfig 的图形界面的代码。下面的分析方式与讲解对其他版本 U-Boot 的学习都有很重要的参考价值,本节相关的源码在/opt/bootloader 下。

下载下来的 U-Boot 为 u-boot-2014.04.tar.bz2,解压后为 u-boot-2014.04,在其根目录下共有 20 个子目录,可以分为 4 类:

(1) 平台相关的或目标板相关的。

(2) 通用的设备驱动程序。

(3) 通用的函数。

(4) U-Boot 工具、示例程序、文档等。

这 20 个子目录的功能与作用如表 10-2 所示。

表 10-2　U-Boot 顶层目录结构

目　　录	功　　能	描　　　　述
api	通用的函数	为应用层提供常用的与平台无关的函数
arch	平台相关	CPU 相关的代码,比如 ARM、MIPS、x86 等
board	目标板相关	与目标电路板相关,可能 CPU 相同,比如 smdk2410、smdk2410x、s5pv210、i. MX6 等
common	通用的函数	通用的函数,主要是对驱动程序进一步封装
disk	通用的驱动程序	硬盘接口程序、驱动程序相关
doc	说明文档	帮助说明文档等
drivers	设备相关驱动	设备的驱动程序,基本上是通用性的代码,可以调用目标板相关的函数
dts	驱动相关	设备树相关,主要是提供 U-Boot 与 Linux 之间的动态接口,可以看出 U-Boot 与 Linux 的发展越来越同步
examples	示例程序	简单测试程序,可以使用 U-Boot 下载后运行
fs	通用的驱动	与文件系统相关
include	通用程序	头文件和目标板配置文件,开发板配置相关的文件存放在 include/configs 目录下
lib	通用函数库	通用的函数库,比如 printf 函数
Licenses	GNU 规范相关	GNU 规范相关的说明
nand_spl	通用设备程序	从 NAND 启动相关的程序
net	通用设备程序	各种网络协议程序
post	通用设备程序	上电自检程序
scripts	脚本	编译时执行的一些脚本处理程序
spl	通用程序	在 U-Boot 前面执行的程序,主要针对现在的一些新的平台,比如 S5PV210
test	示例程序	一些应用程序
tools	常用工具	生成 S-Record 文件、制作 U-Boot 格式镜像的工具,比如 mkimage

1. 与目标板相关的代码

在 u-boot-2014.04 中,目标板相关的代码都位于/board 目录,在该目录下,列出了当前版本的 U-Boot 所能支持的所有目标板。目前 U-Boot 支持大多数比较常见的目标板,像 Samsung 的 SMDK2410、SMDKC100、SMDKV310 等,一般设计的主板和这些主板都大同小异,不会有太大的差别。

源代码树中/board 下的每个文件夹都对应一个目标板,比如/board/samsung 目录对应的就是 Samsung 的系列评估板。/board 目录下包含 286 个文件夹(不同版本的 U-Boot 支持的目标板数量会有所不同,/board 下对应的文件夹数量也不一样),这说明支持 286 种常用的目标板。

在具体目标板对应的目录中,一般包含以下文件:

(1) board.c,目标板基本的通用初始化代码。

(2) init.S,最底层的硬件初始化,通常用汇编语言实现。

(3) Makefile,与编译相关。

(4) 其他文件,如内存的初始化、Flash 启动相关、对应目标板的初始化等。

2. 与 CPU 相关的代码

CPU 相关的代码位于/arch 目录下,在该目录下,列出了当前版本的 U-Boot 所能支持的所有 CPU 类型。和目标板相关的代码类似,该目录的每个子目录都对应一种具体的 CPU 类型。/arch 目录下有 16 个文件夹,这说明当前版本支持 16 个类型的 CPU,比如常见的有 ARM、x86、MIPS 等。这也说明 U-Boot 是一种使用非常广泛的 Bootloader 程序。

在具体的 CPU 对应的目录中,一般包含以下文件:

(1) config. mk,该文件主要包含一些编译选项,该文件将被各 CPU 目录下的 Makefile 所引用。

(2) Makefile,与编译相关。

(3) Start. S,启动代码,是整个 U-Boot 映射的入口点。

(4) 其他一些 CPU 初始化相关代码。

3. U-Boot 工具集

在/tools 目录下,包含一些 U-Boot 工具,常见的如 mkimage 等。对于嵌入式开发而言,mkimage 比较常用,而其他工具比较少用,此处着重分析 mkimage 及其基本用法。

mkimage 用于制作 U-Boot 可辨识的镜像,包括文件系统镜像和内核镜像等。mkimage 主要是在原镜像的头部添加一个单元,以说明该文件的类型、目标板类型、文件大小、加载地址、名字等信息。

mkimage 的基本用法如下。

(1) -l:指定打开文件的方式,当指定了-l 时,将以只读方式打开指定的文件。

(2) -A:设置目标体系结构,因为不同的目标平台 U-Boot 和内核的交互数据不一致,因此这里对目标平台加以指定,当前 U-Boot 支持的目标体系结构有 alpha、arm、x86、mips、ppc 等。

(3) -C:设置当前镜像的压缩形式,U-Boot 支持的有未压缩的镜像 none,bzip2 的压缩格式 bzip2 和 gzip 的压缩格式 gzip。

(4) -T:设置镜像类型,当前 U-Boot 支持的镜像如下。

- filesytem——文件系统镜像,可以利用 U-Boot 将文件系统放入某个位置。
- firmware——固件镜像,固件镜像通常被直接烧入 Flash 中的二进制文件。
- kernel——内核镜像,内核镜像是嵌入式操作系统的镜像,通常在加载操作系统镜像后,控制权将从 U-Boot 中释放。
- multi——多文件镜像,多文件镜像通常包含多个镜像,比如同时包含操作系统镜像和 ramdisk 镜像。多文件镜像将同时包含不同镜像的信息。
- ramdisk——ramdisk 镜像,ramdisk 镜像有点像数据块,启动时一些启动参数将传递给内核。
- script——脚本文件,通常包含 U-Boot 支持的命令序列。当希望 U-Boot 作为一个 Real Shell 时,可把这些配置脚本都放到 script 镜像中。
- standalone——单独的应用程序镜像,standalone 可在 U-Boot 提供的环境下直接运行,程序运行完成后一般将返回 U-Boot。

(5) -a:设置镜像的加载地址,即希望 U-Boot 把该镜像加载到哪个位置。

(6) -d:设置输入镜像文件,即希望对哪个镜像文件进行操作。

(7) -e:设置镜像的入口点,这个选项并不对所有镜像都有效。通常对于内核镜像而言,设置内核镜像的入口点后，系统将把硬件寄存器中的 IP 寄存器（对 ARM 而言）作为入口地址，然后跳转到该地址继续执行。但对于不能直接运行的文件系统镜像而言，设置该地址并无实际意义。

（8）-n：设置镜像的名字，设置镜像的名字是为了给用户一个清楚的描述。

mkimage 除以上这些选项外，还有一些选项，它们并不是常用的，这里就不一一说明了。

10.2.3　U-Boot 配置、编译与 SPL 介绍

视频讲解

1. U-Boot 概述

当把从官方网站下载的 U-Boot 源码文件解压后，可以用 SourceInsight 工具打开，会发现有几千个文件，要想理解这么多的文件，对于初次接触者来说不是一件容易的事。所以推荐初学者阅读 U-Boot 根目录下的 README 文件，这里面有对 U-Boot 的历史、版本命名规则、目录组织结构、软件配置以及添加一个新目标板等的详细介绍。另外就是阅读 U-Boot 的 Makefile 文件，通过 Makefile 就可以知道整个代码的结构及先后链接关系，知道哪些文件需要被编译进我们的镜像，哪些文件首先执行，以及可执行文件占用的内存分布情况等。

下面针对 u-boot-2014.04 的 README 文件，介绍如何对一块新目标板进行配置、编译。下面是 README 中的部分说明：

```
For all supported boards there are ready-to-use default
configurations available; just type "make <board_name>_config".
Example: For a TQM823L module type:

    cd u-boot
    make TQM823L_config
…
Finally, type "make all", and you should get some working U-Boot
images ready for download to / installation on your system:
- "u-boot.bin" is a raw binary image
- "u-boot" is an image in ELF binary format
- "u-boot.srec" is in Motorola S-Record format
…
    export BUILD_DIR=/tmp/build
    make distclean
    make NAME_config
    make all
```

其中 TQM823L 是目标板，即/board 目录下的一个子目录 TQM823L，在这个目录下包含了目标板相关的一些初始化的代码。现在我们知道，要为一块新目标板编译 U-Boot，首先要针对具体的目标板进行配置，即执行 make <board_name>_config 命令进行配置，然后执行 make all 编译，这样就可以生成如下 3 个文件：

（1）U-Boot.bin——二进制可执行文件，它就是可以直接烧入 Flash、SD/MMC 的文件。

（2）U-Boot——ELF 格式的可执行文件。

（3）U-Boot.srec——Motorola S-Record 格式的可执行文件。

在编译结束后，有时需要对前面编译产生的文件进行清理，甚至有时要把最终编译生成的文件存放到指定的目录下，这在 README 中也有具体说明。如果要指定目录，需要设置一个临时环境变量 BUILD_DIR。如果要清理编译后生成的文件，需要执行命令 make distclean；这里需要注意，当执行此命令后，下次再编译时需要从头开始做，即从执行 make <board_name>_config 开始。

对于本书用到的 S5PV210 开发板,直接执行 make smdkc100_config、make all 后生成的 U-Boot. bin 烧写到 SD 卡中,然后从 SD 卡启动,没有任何信息从串口输出,说明直接编译下载的源码是无法使用的,需要修改代码。

2. U-Boot 的配置过程

对本书实验的 u-boot-2014.04,先直接使用其自带的一个单板 smdkc100,这只是 Samsung 提供的一个通用单板,未必适用所有的目标开发板,前面直接配置和编译的镜像文件并不能使用。首先执行配置命令如下:

```
book@JXES:/opt/bootloader/u - boot - 2014.04 $ make smdkc100_config smdk2410_config
Configuring for smdkc100 board...
Configuring for smdk2410 board...
```

下面对配置命令进行分析,看看它是怎么工作的。在顶层根目录下的 Makefile 文件中,可以找到如下代码:

```
…
MKCONFIG   : =  $ (srctree)/mkconfig
export MKCONFIG
…
% _config:: outputmakefile
    @ $ (MKCONFIG) -A $ (@:_config = )
```

在 U-Boot 根目录下编译时,$(MKCONFIG)就是 U-Boot 根目录下的 mkconfig 脚本文件,从名字可以想到这个脚本文件应该与配置相关。

%_config 前面的%是通配符,会匹配所有以_config 为后缀的目标。“::”是 Makefile 文件中的多目标规则,可以同时配置多个目标,也就是说,一次可以配置两个或更多个目标板,比如上面同时配置了 smdlecloo_config 和 smdk2410_config,下面主要针对 smdkc100 进行介绍。

$(@:_config=)的结果就是将 smdkc100_config 中的_config 去掉,结果为 smdkc100,所以 make smdkc100_config 实际上就是执行如下命令:

```
./mkconfig - A smdkc100
```

在 mkconfig 中,首先会看到下面几个变量:

```
15 TARGETS = ""
17 arch = ""
18 cpu = ""
19 board = ""
20 vendor = ""
21 soc = ""
```

这里先来解释这几个变量的概念。TARGETS 是 Makefile 的目标;arch 是体系结构,比如 ARM、MIPS、x86 等;cpu 即表示 CPU 类型,比如 ARM920T、ARMv7 等;board 即目标单板名称,比如 smdkc100、smdk2410 等;vendor 表示厂商名称,比如 Samsung、Freescale 等;soc 表示片上系统,比如 s5pv210、s3c2410 等。这里对片上系统 SoC 再进行说明,它的全称是 System on Chip,上面除了 CPU 外,还集成了包括 UAR、USB、NAND Flash、LCD 控制器等外设,这些外设可看作片内外设。

现在知道所谓的 U-Boot 配置,最终真正执行的是这个 mkconfig,下面详细分析 mkconfig

这个 shell 脚本文件都做了些什么。

1）确定目标板的名称 BOARD_NAME

```
23
24 if [ \( $# -eq 2 \) -a \( "$1" = "-A" \) ]; then
25   # Automatic mode
26   line='awk '( $0 !~ /^#/ && $7 ~ /^'"$2"'$/) { print $1, $2, $3, $4, $5, $6, $7,
        $8 }' $srctree/boards.cfg'
27   if [ -z "$line" ]; then
28     echo "make: *** No rule to make target \'$2_config'. Stop." >&2
29     exit 1
30   fi
31
32   set ${line}
33   # add default board name if needed
34   [ $# = 3 ] && set ${line} ${1}
35 fi
36
```

如果参数个数等于 2，而且第 1 个参数等于"-A"，则执行第 26 行的代码，这里用到了一个脚本语言里非常强大的工具 awk，首先 $srctree 被替换为 u-boot-2014.04，即 U-Boot 所在根目录名，然后 awk 会扫描 u-boot-2014.04/boards.cfg 中的每一行，如果找到与前面表达式（$0 !~ /^#/ && $7 ~ /^'"$2"'$/）相匹配的行，则执行{ print $1, $2, $3, $4, $5, $6, $7, $8 }这条语句。

先来看 boards.cfg 这个文件，这个文件保存在 U-Boot 的根目录下，下面这段内容是从 boards.cfg 中摘抄过来的：

```
43 # Status, Arch, CPU:SPLCPU, SoC, Vendor, Board name, Target, Options, Maintainers
44 ################################################################################
…
369 Active arm   armv7   rmobile   renesas   lager   lager      - Nobuhiro Iwamatsu < nobuhiro.
       iwamasu.yj@renesas.com >
370 Active arm   armv7   rmobile   renesas   lager   lager_nor   lager:NORFLASH   Nobuhiro Iwamatsu
       < nobuhiro.iwamatsu.yj@renesas.com >
371 Active arm   armv7   s5pc1xx   samsung   goni   s5p_goni   - Mateusz Zalega < m.zalega@samsung.com >
372 Active arm   armv7   s5pc1xx   samsung   smdkc100   smdkc100   - Minkyu Kang < mk7.kang@samsung.com >
```

其中第 43 行是注释部分，说明了每一行代表的含义，第 372 行给出本书实验目标板名称是 smdkc100。下面接着分析 awk 是怎么处理 boards.cfg 文件的。在第 26 行中，$0 代表当前整行，同时将第一个字段存入 $1，第 2 个字段存入 $2。以此类推，awk 默认是按空格分段，正好 boards.cfg 中每一行都是以空格分段的，当然也可以自定义分隔符，以-F 标识符指定。如果当前行不以 # 开头，且第 7 个字段与 mkconfig 传进来的第 2 个参数（即 smdkc100）相等，则分别将第 372 行中的字段输出到"line"变量中保存，最终第 26 行的执行结果如下：

```
Line = Active arm armv7 s5pc1xx Samsung smdkc100 smdkc100 -
```

上面这行分别对应：

```
$1 = Active       # 状态
$2 = arm          # 体系架构
$3 = armv7        # CPU
$4 = s5pc1xx      # SoC 的名称
$5 = samsung      # 厂商名称
```

```
$ 6 = smdkc100        # 目标板名称
$ 7 = smdkc100        # 配置的目标
$ 8 = -               # 其他选项
```

至此,mkconfig 已经将 boards.cfg 中的字段提取出来,下面将它们"归类"。

```
50 # Strip all options and/or _config suffixes
51 CONFIG_NAME = " $ {7 % _config}"
52
53 [ " $ {BOARD_NAME}" ] || BOARD_NAME = " $ {7 % _config}"
54
55 arch = " $ 2"
56 cpu = 'echo $ 3 | awk 'BEGIN {FS = ":"} ; {print $ 1}''
57 spl_cpu = 'echo $ 3 | awk 'BEGIN {FS = ":"} ; {print $ 2}''
58 if [ " $ 6" = " < none >" ]; then
59   board =
60 elif [ " $ 6" = " - " ]; then
61   board = $ {BOARD_NAME}
62 else
63   board = " $ 6"
64 fi
65 [ " $ 5" ! = " - " ] && vendor = " $ 5"
66 [ " $ 4" ! = " - " ] && soc = " $ 4"
```

第 51 行表示去掉 $ {7}的后缀_config,这里 $ {7}=smdkc100,所以最终第 51 行执行的结果是 CONFIG_NAME=smdkc100。

第 53 行由于 BOARD_NAME 这个变量开始的初值是 NULL,所以执行"||"后面的语句 BOARD_NAME=" $ {7%_config},所以 BOARD_NAME=smdkc100。

接着看第 55～66 行,脚本语言不是太难,确定了下面这些变量的值:

```
arch = arm
cpu = armv7
spl_cpu = NULL
board = smdkc100
vendor = samsung
soc = s5pc1xx
```

到这里,已经将 boards.cfg 的内容解析完毕,下面这句脚本是执行 make smdkc100_config 成功后打印出来的提示信息。

```
97 if [ " $ options" ]; then
98   echo "Configuring for $ {BOARD_NAME} - Board: $ {CONFIG_NAME}, Options: $ {options}"
99 else
100   echo "Configuring for $ {BOARD_NAME} board..."
101 fi
```

如果将上面分析出来的变量值带进去,则 echo 命令打印的内容正是"Configuring for smdkc100 board..."。

2) 创建平台/目标板相关的软链接

下面接着分析 mkconfig 的内容,如下所示:

```
104 # Create link to architecture specific headers
105 #
106 if [ - n " $ KBUILD_SRC" ]; then
107   mkdir - p $ {objtree}/include
```

```
108  LNPREFIX = $ {srctree}/arch/ $ {arch}/include/asm/
109  cd $ {objtree}/include
110  mkdir - p asm
111 else
112  cd arch/ $ {arch}/include
113 fi
114
115 rm - f asm/arch
116
117 if [ - z " $ {soc}" ]; then
118  ln - s $ {LNPREFIX}arch - $ {cpu} asm/arch
119 else
120 ln - s $ {LNPREFIX}arch - $ {soc} asm/arch
121 fi
122
123 if [ " $ {arch}" = "arm" ]; then
124  rm - f asm/proc
125  ln - s $ {LNPREFIX}proc - armv asm/proc
126 fi
127
128 if [ - z " $ KBUILD_SRC" ]; then
129  cd $ {srctree}/include
130 fi
```

第 106 行的条件不成立，所以执行 else 分支部分，进入 arch/arm/include 目录，然后删除里面 asm/arch 这个软链接文件（如果存在）。第 117 行，由于 $ {soc}这个变量不为空，所以也是执行 else 分支部分，即执行 ln -s $ {LNPREFIX}arch- $ {soc} asm/arch，由前面知道 soc=s5pc1xx，变量 LNPREFIX 为空，所以最终会执行 ln -s arch-s5pc1xx asm/arch，这里相当于给 u-boot-2014.04/arch/arm/include/asm/arch-s5pc1xx 创建了一个软链接，如下所示：

```
book@jxes:/opt/bootloader/u - boot - 2014.04/arch/arm/include/asm $ ll arch
lrwxrwxrwx 1 book book 12 2014 - 09 - 20 16:36 arch - > arch - s5pc1xx
```

第 123～126 行的脚本执行与前面类似，这里给 proc-armv 创建了一个软链接如下：

```
book@jxes:/opt/bootloader/u - boot - 2014.04/arch/arm/include/asm $ ll proc
lrwxrwxrwx 1 book book 12 2014 - 09 - 20 16:36 proc - > proc - armv
```

第 128 行由于 KBUILD_SRC 为空，则进入 u-boot-2014.04/include 目录下。

3）创建顶层 Makefile 包含的文件 include/config.mk

接着分析 mkconfig 文件的内容。

```
133 # Create include file for Make
134 #
135 ( echo "ARCH     = $ {arch}"
136     if [ ! - z " $ spl_cpu" ]; then
137   echo 'ifeq ( $ (CONFIG_SPL_BUILD),y)'
138   echo "CPU     = $ {spl_cpu}"
139   echo "else"
140   echo "CPU     = $ {cpu}"
141   echo "endif"
142     else
143   echo "CPU     = $ {cpu}"
144     fi
145     echo "BOARD  = $ {board}"
```

```
146
147     [ " $ {vendor}" ] && echo "VENDOR = $ {vendor}"
148     [ " $ {soc}"     ] && echo "SOC    = $ {soc}"
149     exit 0 ) > config.mk
150
151 # Assign board directory to BOARDIR variable
152 if [ - z " $ {vendor}" ]; then
153     BOARDDIR = $ {board}
154 else
155     BOARDDIR = $ {vendor}/ $ {board}
156 fi
```

这里为 make 创建头文件,第 135~148 行的脚本比较简单,可以看出都是用 echo 命令输出一些信息,即前面分析的变量值赋给对应的变量。关键点是在第 149 行,这里有个重定位符号“>”,即将 echo 输出的信息重定位到 config.mk 这个文件,这正好就是 make 所需要的头文件 include/config.mk。config.mk 的内容如下:

```
ARCH = arm
CPU = arm
BOARD = smdkc100
VENDOR = samsung
SOC = s5pc1xx
```

第 152~155 行将目标板所在路径指定给变量 BOARDDIR,最终使得这个变量为 BOARDDIR＝Samsung/smdkc100。

4) 创建目标板相关的头文件 include/config.h

接着分析 mkconfig 的脚本如下。

```
159 # Create board specific header file
160 #
161 if [ " $ APPEND" = "yes" ]   # Append to existing config file
162 then
163   echo >> config.h
164 else
165 > config.h     # Create new config file
166 fi
167 echo "/ * Automatically generated - do not edit * /" >> config.h
168
169 for i in $ {TARGETS}; do
170   i = "'echo $ {i} | sed '/ = / {s/ = /   /;q; }; { s/$/   1/; } ''"
171   echo " # define CONFIG_ $ {i}" >> config.h;
172 done
173
174 echo " # define CONFIG_SYS_ARCH \" $ {arch}\"" >> config.h
175 echo " # define CONFIG_SYS_CPU    \" $ {cpu}\""    >> config.h
176 echo " # define CONFIG_SYS_BOARD \" $ {board}\"" >> config.h
177
178 [ " $ {vendor}" ] && echo " # define CONFIG_SYS_VENDOR \" $ {vendor}\"" >> config.h
179
180 [ " $ {soc}"   ] && echo " # define CONFIG_SYS_SOC   \" $ {soc}\""   >> config.h
181 [ " $ {board}" ] && echo " # define CONFIG_BOARDDIR board/ $ BOARDDIR" >> config.h
182 cat << EOF >> config.h
183 # include < config_cmd_defaults.h >
184 # include < config_defaults.h >
```

```
185 # include < configs/ $ {CONFIG_NAME}.h>
186 # include < asm/config.h>
187 # include < config_fallbacks.h>
188 # include < config_uncmd_spl.h>
189 EOF
```

第 161 行变量 APPEND 为空，所以执行 else 分支，创建 config.h 文件（脚本语言中"＞"也是重定位，这里创建一个新文件）。

第 167 行向 config.h 中添加一行注释"/ * Automatically generated - do not edit * /"。

第 169～181 行在 config.h 中定义了一些与目标板相关的宏。第 182～189 行将其他一些头文件包含进这个 config.h 中，其中最值得注意的是第 185 行，这行解析出来即：

```
# include < configs/smdkc100.h>
```

这是目标板配置相关的头文件，这个文件中的具体内容需要针对目标板进行配置。下面是 u-boot-2014.04/include/config.h 的具体内容：

```
/ * Automatically generated - do not edit * /
# define CONFIG_SYS_ARCH "arm"
# define CONFIG_SYS_CPU      "armv7"
# define CONFIG_SYS_BOARD "smdkc100"
# define CONFIG_SYS_VENDOR "samsung"
# define CONFIG_SYS_SOC      "s5pc1xx"
# define CONFIG_BOARDDIR board/samsung/smdkc100
# include < config_cmd_defaults.h>
# include < config_defaults.h>
# include < configs/smdkc100.h>
# include < asm/config.h>
# include < config_fallbacks.h>
# include < config_uncmd_spl.h>
```

到这里，基于 u-boot-2014.04 默认的目标单板配置就算结束了，从前面的配置过程来看，增加一个新的目标板：是在/boards 目录下创建一个目标板< board_name >的目录（习惯以单板名称命名，当然自定义为其他名称也可以）；二是在 include/configs 目录下也需要建立一个头文件< board_name >.h，里面存放目标板< board_name >的配置信息，通常是一些宏定义。

在 u-boot-2014.10 版本之前，还没有类似 Linux 一样的可视化配置界面（即使用 make menuconfig 来配置），所以只能手动修改配置文件（include/configs/< board_name >.h）的方法来裁剪、设置 U-Boot。

通常在配置文件中包含如下两类宏的定义。

（1）选项相关（Options），前缀为"CONFIG_"，它们用于选择 CPU、SoC、开发板类型，设置系统时钟、选择设备驱动等。比如：

```
# define CONFIG_SAMSUNG        1     / * in a Samsung core * /
# define CONFIG_S5P            1     / * which is in a S5P Family * /
# define CONFIG_S5PC100        1     / * which is in a S5PC100 * /
# define CONFIG_SMDKC100       1     / * working with SMDKC100 * /
/ * input clock of PLL: SMDKC100 has 12MHz input clock * /
# define CONFIG_SYS_CLK_FREQ        12000000
```

（2）参数相关（Setting），前缀也是"CONFIG_"，在以前老版本的 U-Boot 中，前缀会写成"CFG_"，它们用于设置 malloc 缓冲区的大小、U-Boot 的提示符，以及 U-Boot 下载文件时的默认加载地址、Flash 的起始地址等，比如：

```
#define CONFIG_SYS_SDRAM_BASE        0x20000000        //DRAM Base
#define CONFIG_SYS_TEXT_BASE         0x20000000        //Text Base
#define CONFIG_SETUP_MEMORY_TAGS
#define CONFIG_CMDLINE_TAG
#define CONFIG_INITRD_TAG
#define CONFIG_CMDLINE_EDITING
#define CONFIG_SYS_MALLOC_LEN        (CONFIG_ENV_SIZE + (1 << 20))
```

从 U-Boot 源代码的编译、链接过程可知，U-Boot 中的文件是否被编译和链接都是由宏开关来设置的，这些宏就定义在目标板的配置文件中。比如，对于网卡驱动，常见的网卡驱动有 DM9000，对应的驱动文件是 drivers/dm9000.c，如果开发板上没有网卡模块，那么只要在配置文件中不定义网卡的宏开关即可。下面举例说明宏开关在驱动文件中的写法。

```
#include < common.h >   /* 这个文件中会包含 config.h 头文件，而目标板配置文件又被包含在
                         config.h 中 */
#ifdef CONFIG_DRIVER_DM9000
/* 实际的驱动代码 */
…
#endif /* CONFIG_DRIVER_DM9000 */
```

如果定义了宏 CONFIG_DRIVER_DM9000，则文件中包含有效的代码；否则，文件被注释为空。所以目标板配置文件除了设置一些参数外，主要用来配置 U-Boot 的功能，选择哪些功能模块编译进 U-Boot 镜像等。

3. 新版 U-Boot 的配置

最后简单介绍在 u-boot-2020.07 版本的窗口界面配置过程，在控制台输入 make menuconfig 命令：

```
book@JXES:/opt/bootloader/u-boot-2020.07 $ make menuconfig
```

可以看出在这版 U-Boot 里多了一个 Kconfig 的 shell 脚本，当执行后会打开一个配置框图，如图 10-2 所示。

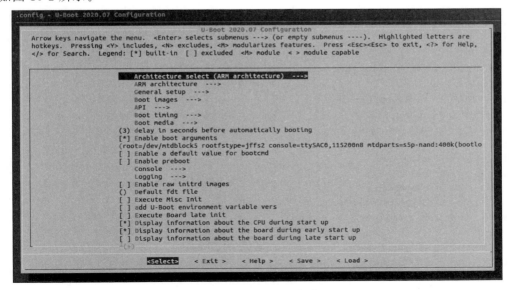

图 10-2　新版 U-Boot 可视化配置

相信了解 Linux 的人都很熟悉,完全与 Linux 的配置风格类似。这里不过多介绍,有兴趣的读者可以体验一下新版本,除配置比较人性化一点外,其他的基本上还是保留了 U-Boot 一贯的风格。

4. U-Boot 编译过程分析

在分析 U-Boot 编译前,先引入一个 Makefile 的知识点,GNU make 的执行过程分为两个阶段。

第一阶段：读取所有的 Makefile 文件(包括 MAKEFILES 变量指定的、指示符 include 指定的,以及命令行选项"-f(--file)"指定的 Makefile 文件),内建所有的变量,明确规则和隐含规则,并建立所有目标和依赖之间的依赖关系。

第二阶段：根据第一阶段已经建立的依赖关系结构链表决定哪些目标需要更新,并使用对应的规则来重建这些目标。

所以,无论执行 make＜board_name＞_config 还是 make all,make 命令首先会将 Makefile 文件从头解析一遍,然后根据"目标-依赖"关系来建立目标。

在前面的配置完成后,执行 make all 即可编译,从 Makefile 中可以了解 U-Boot 使用了哪些文件、哪个文件首先执行、可执行文件占用内存的情况等。

在 Makefile 文件的开头部分通常都是一些变量的定义,这些变量会在接下来的脚本运行时用到。比如:

```
160 srctree        := $(if $(KBUILD_SRC),$(KBUILD_SRC),$(CURDIR))
161 objtree        := $(CURDIR)
162 src            := $(srctree)
163 obj            := $(objtree)
164
165 VPATH          := $(srctree)$(if $(KBUILD_EXTMOD),:$(KBUILD_EXTMOD))
166
167 export srctree objtree VPATH
168
169 MKCONFIG       := $(srctree)/mkconfig
170 export MKCONFIG
171
172 # Make sure CDPATH settings don't interfere
173 unexport CDPATH
174
175 ###################################################################
176
177 HOSTARCH := $(shell uname -m | \
178     sed -e s/i.86/x86/ \
179         -e s/sun4u/sparc64/ \
180         -e s/arm.*/arm/ \
181         -e s/sa110/arm/ \
182         -e s/ppc64/powerpc/ \
183         -e s/ppc/powerpc/ \
184         -e s/macppc/powerpc/\
185         -e s/sh.*/sh/)
186
187 HOSTOS := $(shell uname -s | tr '[:upper:]' '[:lower:]' | \
188     sed -e 's/\(cygwin\).*/cygwin/')
189
190 export  HOSTARCH HOSTOS
```

在第160行中,用到一个if条件赋值语句,由于变量$(KBUILD_SRC)为空,所以srctree即为变量$(CURDIR)的值。在Makefile中变量$(CURDIR)是Makefile自己的环境变量,它等于当前目录,所以将第161～170行展开如下:

```
srctree = /opt/bootloader/u - boot - 2014.04
objtree = /opt/bootloader/u - boot - 2014.04
src = /opt/bootloader/u - boot - 2014.04
obj = /opt/bootloader/u - boot - 2014.04
VPATH = /opt/bootloader/u - boot - 2014.04
MKCONFIG = /opt/bootloader/u - boot - 2014.04/mkconfig
```

同时用export命令将这些变量都导出,即在其他地方可以使用这些变量,有点类似一个全局变量。

第177～190行主要用shell命令获取宿主机架构和宿主机操作系统的名称,分别赋给下面这两个变量,同时也用export命令导出。

```
HOSTARCH = x86
HOSTOS = Linux
```

下面列出Makefile中所使用的GNU编译、链接工具和shell工具。

```
318 # Make variables (CC, etc...)
319 AS            = $ (CROSS_COMPILE)as
320 # Always use GNU ld
321 ifneq ( $ (shell $ (CROSS_COMPILE)ld.bfd - v 2 > /dev/null),)
322 LD            = $ (CROSS_COMPILE)ld.bfd
323 else
324 LD            = $ (CROSS_COMPILE)ld
325 endif
326 CC            = $ (CROSS_COMPILE)gcc
327 CPP           = $ (CC) - E
328 AR            = $ (CROSS_COMPILE)ar
329 NM            = $ (CROSS_COMPILE)nm
330 LDR           = $ (CROSS_COMPILE)ldr
331 STRIP         = $ (CROSS_COMPILE)strip
332 OBJCOPY       = $ (CROSS_COMPILE)objcopy
333 OBJDUMP       = $ (CROSS_COMPILE)objdump
334 AWK           = awk
335 RANLIB        = $ (CROSS_COMPILE)RANLIB
336 DTC           = dtc
337 CHECK         = sparse
...
```

这里用到一个变量$(CROSS_COMPILE),这个变量在前面定义如下:

```
197 # set default to nothing for native builds
198 ifeq ( $ (HOSTARCH), $ (ARCH))
199 CROSS_COMPILE ? =
200 endif
```

从第199行可以看到,并没有给变量CROSS_COMPILE赋值,即为一个空值,所以直接执行make all命令,一定会出现找不到编译工具链的错误,因为在3.2.4节已经制作了一套ARM交叉工具链,所以这里要指定这个工具链名的前缀为"arm-linux-",将这个前缀赋值给CROSS_COMPILE即可,这样make命令就会找到类似arm-linux-gcc这样的工具链。如果在 Makefile 中不这样修改，也可以在执行 make all 命令时带上参数。另外，还需要指定 ARCH 环境变量为指定的平台名，比如 arm，指定方法与 CROSS_COMPILE 一样，可以在 Makefile 文件里直接定义，也可以在命令行中指定，命令输入如下：

```
book@jxes:/opt/bootloader/u-boot-2014.04 $ make all CROSS_COMPILE = arm-linux- arch = arm
```

最后还需要注意第 336 行，有些宿主机系统里并没有 dtc 这个工具，或者版本太低，如果遇到此工具不能使用，可以将宿主机系统里的 dtc 工具先升级一下，然后再重新编译。

```
book@jxes:/opt/tools $ sudo apt install device-tree-compiler        //设备树编译工具 dtc
411 no-dot-config-targets := clean clobber mrproper distclean \
412         help % docs check % coccicheck \
413         ubootversion backup tools-only
414
415 config-targets := 0
416 mixed-targets := 0
417 dot-config      := 1
418
419 ifneq ( $ (filter $ (no-dot-config-targets), $ (MAKECMDGOALS)),)
420   ifeq ( $ (filter-out $ (no-dot-config-targets), $ (MAKECMDGOALS)),)
421     dot-config := 0
422   endif
423 endif
424
425 ifeq ( $ (KBUILD_EXTMOD),)
426         ifneq ( $ (filter config % config, $ (MAKECMDGOALS)),)
427             config-targets := 1
428             ifneq ( $ (filter-out config % config, $ (MAKECMDGOALS)),)
429                 mixed-targets := 1
430             endif
431         endif
432 endif
```

第 411～432 行主要用来决定 make smdkc100_config 和 make all 在 Makefile 文件中的执行方向，这里用到 Makefile 的函数 filter 和 filter-out，关于这两个函数的用法可以参考 GNU make 的帮助文档。

第 419 行中的 MAKECMDGOALS 是 Makefile 的一个变量，它保存了执行 make 命令时所带的命令行参数信息。当执行 make smdkc100_config 时，$ (filter config % config, $ (MAKECMDGOALS))会返回字符串 smdkc100，因为不为空，所以 config-targets := 1。当执行 make all 命令时，这里没有配置的项，最终得到：

```
config-targets = 1
mixed-targets = 0
dot-config = 1
```

接着往下看，上面得到的变量将会用于下面的这些条件语句中：

```
433 ifeq ( $ (mixed-targets),1)
434 # =================================
435 # We're called with mixed targets ( * config and build targets).
436 # Handle them one by one.
437
438 PHONY += $ (MAKECMDGOALS) build-one-by-one
439
```

```
440  $(MAKECMDGOALS): build - one - by - one
441    @:
442
443  build - one - by - one:
444    $(Q)set - e; \
445    for i in $(MAKECMDGOALS); do \
446        $(MAKE) - f $(srctree)/Makefile $ $i; \
447    done
448
449  else
450  ifeq ($(config - targets),1)
451  # ==================================
452  # * config targets only - make sure prerequisites are updated, and descend
453  # in scripts/kconfig to make the * config target
454  # Read arch specific Makefile to set KBUILD_DEFCONFIG as needed.
455  # KBUILD_DEFCONFIG may point out an alternative default configuration
456  # used for 'make defconfig'
457
458  % _config:: outputmakefile
459    @$(MKCONFIG) - A $(@:_config = )
460
461  else
462  # ==================================
463  # Build targets only - this includes vmlinux, arch specific targets, clean
464  # targets and others. In general all targets except * config targets.
465
466  # load ARCH, BOARD, and CPU configuration
467  - include include/config.mk
468
469  ifeq ($(dot - config),1)
470  # Read in config
471  - include include/autoconf.mk
472  - include include/autoconf.mk.dep
473
474  # load other configuration
475  include $(srctree)/config.mk
476
477  ifeq ($(wildcard include/config.mk),)
478  $(error "System not configured - see README")
479  endif
```

第433行，由于 mixed-targets 为空值，所以 if 条件不成立，执行后面的 else 分支，在 else 分支中 config-targets＝1 成立，所以当配置目标时执行 make smdkc100_config 命令就会执行第451～460行。

执行 make all 命令后，会执行到第461行的 else 分支。第467行首先包含头文件 include/config.mk，这个 config.mk 是在前面配置时生成的文件。这里的包含指令 include 前面有一个"-"，表示当包含的文件不存在时，make 不输出任何信息，也不退出，这样的好处是不影响 make 的继续执行。第477行，用到了 Makefile 的一个函数 wildcard，这个函数判定 include/config.mk 是否存在，如果不存在，则输出错误信息，所以，如果在没有配置目标板前直接输入 make 命令编译，则会报这个错误。比如：

```
book@JXES:/opt/bootloader/u - boot - 2014.04 $ make
Makefile:479: *** "System not configured - see README". Stop.
```

当所有源码文件都编译成目标文件后，就需要链接，而链接需要对应的链接文件，Makefile 中下面这几行主要完成这个任务。

```
482 # If board code explicitly specified LDSCRIPT or CONFIG_SYS_LDSCRIPT, use
483 # that (or fail if absent). Otherwise, search for a linker script in a
484 # standard location.
485
486 ifndef LDSCRIPT
487 #LDSCRIPT := $(srctree)/board/$(BOARDDIR)/u-boot.lds.debug
488 ifdef CONFIG_SYS_LDSCRIPT
489     # need to strip off double quotes
490     LDSCRIPT := $(srctree)/$(CONFIG_SYS_LDSCRIPT:"%"=%)
491 endif
492 endif
493
494 # If there is no specified link script, we look in a number of places for it
495 ifndef LDSCRIPT
496 ifeq ($(CONFIG_NAND_U_BOOT),y)
497     LDSCRIPT := $(srctree)/board/$(BOARDDIR)/u-boot-nand.lds
498     ifeq ($(wildcard $(LDSCRIPT)),)
499         LDSCRIPT := $(srctree)/$(CPUDIR)/u-boot-nand.lds
500     endif
501 endif
502 ifeq ($(wildcard $(LDSCRIPT)),)
503     LDSCRIPT := $(srctree)/board/$(BOARDDIR)/u-boot.lds
504 endif
505 ifeq ($(wildcard $(LDSCRIPT)),)
506     LDSCRIPT := $(srctree)/$(CPUDIR)/u-boot.lds
507 endif
508 ifeq ($(wildcard $(LDSCRIPT)),)
509     LDSCRIPT := $(srctree)/arch/$(ARCH)/cpu/u-boot.lds
510 endif
511 endif
```

上面这几行主要是为 LDSCRIPT 变量赋值，第 496 行检查 CONFIG_NAND_U_BOOT 宏是否定义，此宏是从 NAND 启动的开关，如果没有定义，条件不成立，变量 LDSCRIPT 即为空，继续执行下面的条件判定语句。在第 505 行，这里用到了 Makefile 的一个函数 wildcard，此函数主要作用是展开匹配的字符列表，比如这里的 $(wildcard $(LDSCRIPT))，它的作用是将 $(LDSCRIPT)变量展开，然后 if 做条件判定，这里是与空字符作比较，如果为空则执行 if 分支。第 505~508 行都是执行类似的动作，直到找到合适的链接文件 u-boot.lds 为止。在 smkdc100 目标板上，链接文件在 u-boot-2014.04/arch/arm/cpu 目录下。

```
536 KBUILD_CFLAGS += $(call cc-option,-Wno-format-nonliteral)
537
538 # turn jbsr into jsr for m68k
539 ifeq ($(ARCH),m68k)
540 ifeq ($(findstring 3.4,$(shell $(CC) --version)),3.4)
541 KBUILD_AFLAGS += -Wa,-gstabs,-S
542 endif
543 endif
544
545 ifneq ($(CONFIG_SYS_TEXT_BASE),)
546 KBUILD_CPPFLAGS +=-DCONFIG_SYS_TEXT_BASE=$(CONFIG_SYS_TEXT_BASE)
```

```
547 endif
548
549 export CONFIG_SYS_TEXT_BASE
```

第536～546行都是在为变量KBUILD_CFLAGS赋值,这里主要看第545行和546行,首先第545行判定CONFIG_SYS_TEXT_BASE这个变量是否为0,其实这个变量通常在目标配置文件中定义,比如smkdc100.h,用来指定段基地址,所以第545行的条件成立,则执行if条件分支,这个分支主要是给变量KBUILD_CFLAGS赋值,这里其实是在给编译器定义一个宏CONFIG_SYS_TEXT_BASE,且其值等于配置文件里同名的变量,通常给编译器定义变量要加上参数-D。这里需要说明Makefile中的赋值的方法,通常有下面几种。

(1) +=:将等号后面的内容添加到变量中,与连接符有点类似,所以上面的KBUILD_CFLAGS是由一系列的变量组成的,这些变量构成编译工具链的配置参数。

(2) :=:表示覆盖变量之前的值。

(3) ?=:如果没有被赋值过,则赋予等号后面的值。

(4) =:通常所谓的赋值。

继续往下看Makefile:

```
569 head-y := $(CPUDIR)/start.o
570 head-$(CONFIG_4xx) += arch/powerpc/cpu/ppc4xx/resetvec.o
571 head-$(CONFIG_MPC85xx) += arch/powerpc/cpu/mpc85xx/resetvec.o
572
573 HAVE_VENDOR_COMMON_LIB = $(if $(wildcard $(srctree)/board/$(VENDOR)/common/Makefile),y,n)
574
575 libs-y += lib/
576 libs-$(HAVE_VENDOR_COMMON_LIB) += board/$(VENDOR)/common/
577 libs-y += $(CPUDIR)/
578 ifdef SOC
579 libs-y += $(CPUDIR)/$(SOC)/
580 endif
581 libs-$(CONFIG_OF_EMBED) += dts/
582 libs-y += arch/$(ARCH)/lib/
583 libs-y += fs/
584 libs-y += net/
…
613 libs-y += drivers/usb/musb/
614 libs-y += drivers/usb/musb-new/
615 libs-y += drivers/usb/phy/
616 libs-y += drivers/usb/ulpi/
…
642 u-boot-init := $(head-y)
643 u-boot-main := $(libs-y)
…
697 # Always append ALL so that arch config.mk's can add custom ones
698 ALL-y += u-boot.srec u-boot.bin System.map
699
700 ALL-$(CONFIG_NAND_U_BOOT) += u-boot-nand.bin
701 ALL-$(CONFIG_ONENAND_U_BOOT) += u-boot-onenand.bin
702 ALL-$(CONFIG_RAMBOOT_PBL) += u-boot.pbl
…
741 cmd_pad_cat = $(cmd_objcopy) && $(append) || rm -f $@
742
743 all:    $(ALL-y)
744
```

从第 569 行开始，目标对象的第一个文件是 $(CPUDIR)/start.o，即 arch/arm/cpu/armv7/start.o。对于 S5PV210 平台，第 570、571 行由于宏没有定义故不会被执行。从第 575 行开始指定了 libs 变量，即平台、目标板相关的库，这些库需要编译器调用各自目录下的子 Makefile 来编译生成，这些 Makefile 都是一些比较简单的 Makefile。生成的库都是最终 U-Boot 的主要构成部分。

从第 700 行开始以 CONFIG_开头的宏都没有配置，所以 $(ALL-y) 就只展开为第 698 行 u-boot.srec u-boot.bin System.map。

从第 743 行就是执行 make all 命令找到的最终目标 all 的地方，它依赖于 $(ALL-y)。$(ALL-y) 会被展开为多个目标，然后 make all 命令会找到每个目标，根据每个目标的依赖关系进行编译，最终构建 u-boot.bin。

```
771 u-boot.bin: u-boot FORCE
772   $(call if_changed,objcopy)
773   $(call DO_STATIC_RELA, $<, $@, $(CONFIG_SYS_TEXT_BASE))
774   $(BOARD_SIZE_CHECK)
```

从第 771 行得知，u-boot.bin 依赖于 U-Boot，下面再分析一下 U-Boot 的依赖关系。

```
918 u-boot:  $(u-boot-init) $(u-boot-main) u-boot.lds
919   $(call if_changed,u-boot__)
920 ifeq ($(CONFIG_KALLSYMS),y)
921   smap='$(call SYSTEM_MAP,u-boot) | \
922       awk '$2 ~ /[tTwW]/ {printf $1 $3 "\\\000"}'';  \
923   $(CC) $(c_flags) -DSYSTEM_MAP="\"$${smap}\"" \
924       -c $(srctree)/common/system_map.c -o common/system_map.o
925   $(call cmd,u-boot__) common/system_map.o
926 endif
```

第 918 行说明 U-Boot 依赖于 $(u-boot-init) $(u-boot-main) u-boot.lds，第 642、643 行说明，$(u-boot-init) 展开为 arch/arm/cpu/armv7/start.o，$(u-boot-main) 展开为 $(libs-y)，而 $(libs-y) 展开为各个目录下的相关库，同时这里还依赖于链接脚本文件 arch/arm/cpu/u-boot.lds。

以上就是 u-boot-2014.04 根目录下的 Makefile 的主要内容分析，最后再看一下链接脚本的具体内容。

```
10 OUTPUT_FORMAT("elf32-littlearm", "elf32-littlearm", "elf32-littlearm")
11 OUTPUT_ARCH(arm)
12 ENTRY(_start)
13 SECTIONS
14 {
15   . = 0x00000000;
16
17   . = ALIGN(4);
18   .text:      //基地址,链接时由 LDFLAGS 决定
19   {
20       *(.__image_copy_start)
21       CPUDIR/start.o (.text *)
22       *(.text *)
23   }
24
```

```
25    . = ALIGN(4);
26    .rodata: { * (SORT_BY_ALIGNMENT(SORT_BY_NAME(.rodata*))) }
27
28    . = ALIGN(4);
29    .data: {
30        * (.data*)
31    }
32
33    . = ALIGN(4);
34
35    . = .;
36
37    . = ALIGN(4);
38    .u_boot_list: {
39        KEEP(* (SORT(.u_boot_list*)));
40    }
41
42    . = ALIGN(4);
43
44    .image_copy_end:
45    {
46        * (.__image_copy_end)
47    }
48
49    .rel_dyn_start:
50    {
51        * (.__rel_dyn_start)
52    }
53
54    .rel.dyn: {
55        * (.rel*)
56    }
57
58    .rel_dyn_end:
59    {
60        * (.__rel_dyn_end)
61    }
62
63    .end:
64    {
65        * (.__end)
66    }
67
68    _image_binary_end = .;
69
70    /*
71     * Deprecated: this MMU section is used by pxa at present but
72     * should not be used by new boards/CPUs.
73     */
74    . = ALIGN(4096);
75    .mmutable: {
76        * (.mmutable)
77    }
78
```

```
79 /*
80  * Compiler - generated __bss_start and __bss_end, see arch/arm/lib/bss.c
81  * __bss_base and __bss_limit are for linker only (overlay ordering)
82  */
83
84 .bss_start __rel_dyn_start (OVERLAY): {
85     KEEP( * (.__bss_start));
86     __bss_base = .;
87 }
88
89 .bss __bss_base (OVERLAY): {
90     * (.bss * )
91     . = ALIGN(4);
92     __bss_limit = .;
93 }
94
95 .bss_end __bss_limit (OVERLAY): {
96     KEEP( * (.__bss_end));
97 }
98
99  .dynsym _image_binary_end: { * (.dynsym) }
100 .dynbss: { * (.dynbss) }
101 .dynstr: { * (.dynstr * ) }
102 .dynamic: { * (.dynamic * ) }
103 .plt: { * (.plt * ) }
104 .interp: { * (.interp * ) }
105 .gnu.hash: { * (.gnu.hash) }
106 .gnu: { * (.gnu * ) }
107 .ARM.exidx: { * (.ARM.exidx * ) }
108 .gnu.linkonce.armexidx: { * (.gnu.linkonce.armexidx. * ) }
109 }
```

第 15 行说明链接文件里指定的链接地址是 0x00000000，在前面 Makefile 分析时已知，编译器编译时也指定了链接地址，只是地址由配置文件里的宏指定，所以最终的链接地址是编译时指定的地址加上这里的地址。由于这里的地址是 0x00000000，所以实际的链接地址等于编译时指定的地址。

第 21 行将 start.o 链接到程序的最前面，也就是上电后执行的第一个程序，即 U-Boot 的入口点在 arch/arm/cpu/armv7/start.S 中。

第 17、25 行 ALIGN(4)代表地址空间是 4 字节对齐。第 43～67 行指定地址重定位空间，这个地址段的信息将重定位后的代码的链接地址修正为其运行地址。在链接脚本中之所以有这两个段的信息，是因为在编译时指定编译器生成位置无关码，即在链接时指定了-pie 选项，这个选项的定义内容可以查看 u-boot-2014.04/arch/arm/config.mk，这里面有下面这两行定义：

```
82 # needed for relocation
83 LDFLAGS_u - boot += - pie
```

生成位置无关码可以使代码在不同的地址空间内执行，主要是考虑到片内存储空间比较小，而片外内存空间比较大，但要使同样的代码在这两个内存空间都可以执行，或在其中空间小的内存上执行部分代码，这时就涉及地址重定位的问题，所以在 U-Boot 编辑链接时增加了这个功能,提供了极大的方便。

5. SPL 介绍

SPL 不是 Bootloader 必须要有的内容,随着芯片的功能越来越多以及对安全性的需求,就出现了 SPL 启动阶段这个概念。前面分析过 S5PV210 的启动过程分为两个阶段,即 BL1 和 BL2,其中 BL1 进行一些基本的初始化,比如系统时钟、内存等,另外还负责加载 BL2 到内存空间,跳到 BL2 中执行。所以 u-boot-2014.04 针对这类情形专门设计了一套机制,用于完成 BL1 的工作,即 SPL 机制。

SPL 的全称为 Secondary Program Loader,即第 2 阶段程序加载器,从名称便可确定 SPL 就是 BL1。要使 U-Boot 支持 SPL 的功能,首先需要在目标板配置文件(smdkc100.h)中定义一个宏 CONFIG_SPL,如果没有这个宏,则编译时不会生成 SPL 程序。下面是顶层 Makefile 中的定义,根据宏 CONFIG_SPL 决定是否要生成 SPL。

```
702 ALL - $(CONFIG_RAMBOOT_PBL) += u - boot.pbl
703 ALL - $(CONFIG_SPL)          += spl/u - boot - spl.bin
704 ALL - $(CONFIG_SPL_FRAMEWORK) += u - boot.img
```

所以当执行 make all 时,make 就会编译 spl/u-boot-spl.bin 这个目标,在顶层 Makefile 中的定义如下所示:

```
1079 spl/u - boot - spl.bin: spl/u - boot - spl
1080    @:
1081 spl/u - boot - spl: tools prepare
1082    $(Q)$(MAKE) obj = spl - f $(srctree)/spl/Makefile all
```

第 1079 行说明 spl/u-boot-spl.bin 依赖于 spl/u-boot-spl,而第 1080～1082 行中,make 找到目标 spl/u-boot-spl,然后执行指定的 Makefile 文件,这个文件包含在 u-boot-2014.04/spl 下,其对应的链接文件为 u-boot-2014.04/arch/arm/cpu/u-boot-spl.lds。

```
24 CONFIG_SPL_BUILD : = y
25 export CONFIG_SPL_BUILD
```

从 u-boot-2014.04/spl/Makefile 的第 24、25 行得知,这里首先导出环境变量 CONFIG_SPL _BUILD=y,这个宏在各个源代码文件中用来控制代码的走向,即决定是否要编译进 SPL 中。比如:

```
787 static init_fnc_t init_sequence_f[ ] = {
…
942 # ifndef CONFIG_SPL_BUILD
943  reserve_malloc,
944  reserve_board,
945 # endif
```

以上代码是 common/Board_f.c 下的代码,用宏来决定第 943、944 行是否要编译进 SPL,还是编译进 u-boot.bin。

最终这样编译后,会在 u-boot-2014.04/spl 下生成 u-boot-spl.bin,同时在 u-boot-2014.04 下生成 u-boot.bin。

10.2.4　U-Boot 启动过程源码分析

1. 添加自己的目标板

通过前面的介绍,基本可以配置、编译 U-Boot,并且最终可以生成二进制文件 u-boot.bin

视频讲解

和 u-boot-spl. bin。下面将介绍如何在 U-Boot 框架中添加一块自己的目标板。

关于在 U-Boot 中添加新目标板，这个在它的 README 帮助文档中有详细步骤，下面就按 README 中的步骤添加一个新目标板，"克隆"一个 smdkc100 目标来演示一下。

1）添加目标板的硬件信息

打开 u-boot-2014.04 根目录下的 boards. cfg 配置文件，找到 smdkc100 的位置，如下所示：

```
Active arm armv7 s5pc1xx samsung smdkc100 smdkc100 - Minkyu Kang mk7.kang@samsung.com
```

现在对照 smdkc100 目标板"克隆"tq210 目标板如下：

```
Active arm armv7 s5pc1xx samsung tq210 tq210 - jxessoft.com < jxessoft@163.com >
```

2）添加目标板相关的代码

在 U-Boot 的顶层 u-boot-2014.04/board/目录下存放目标板相关源码文件，直接复制 board/samsung/smdkc100/目录为 board/samsung/tq210，然后修改里面的文件名如下：

```
book@jxes:/opt/bootloader/u - boot - 2014.04 $  cp - rf board/samsung/smdkc100/
board/samsung/tq210
book@jxes:/opt/bootloader/u - boot - 2014.04 $ mv board/samsung/tq210/smdkc100.c board/
samsung/tq210/tq210.c
```

同时需要修改当前目录下的 Makefile 文件里的内容：

```
book@jxes:/opt/bootloader/u - boot - 2014.04 $ vi board/samsung/tq210/Makefile
obj - y      : = tq210.o          //将 smdkc100.o 改为 tq210.o
obj - $ (CONFIG_SAMSUNG_ONENAND)   + = onenand.o
obj - y     + = lowlevel_init.o
```

3）创建目标板配置文件

直接复制 include/configs/smdkc100.h 目标板的配置文件为 include/configs/tq210.h，如下所示：

```
book@jxes:/opt/bootloader/u - boot - 2014.04 $ cp include/configs/smdkc100.h include/
configs/tq210.h
```

4）验证配置是否成功

到这里就把新目标板 tq210"克隆"成功，现在可以输入配置命令验证是否"克隆"成功：

```
book@jxes:/opt/bootloader/u - boot - 2014.04 $  make tq210_config
Configuring for tq210 board...
```

显然新目标板配置没有问题。下面直接输入编译命令编译 U-Boot，这里用的 ARM 交叉编译工具就是前面制作的交叉工具链。

```
book@jxes:/opt/bootloader/u - boot - 2014.04 $  make all CROSS_COMPILE = arm - linux - ARCH = arm
```

5）对项目瘦身

U-Boot 是一个非常流行的 Bootloader 引导程序，支持的目标板和处理器非常多，但对于具体的项目一般只需要一个目标板和一个处理器就可以了，所以下面将一些与项目无关的代码删除，这样可以使项目看上去比较清爽，便于管理。

arch/目录下只保留 ARM 架构的处理器，如下所示：

```
book@jxes:/opt/bootloader/u - boot - 2014.04/arch$ ls
arm
```

arm 目录下只保留下面 4 个文件和目录：

```
book@jxes:/opt/bootloader/u-boot-2014.04/arch/arm $ ls
config.mk cpu include lib
```

S5PV210 是基于 ARM 的 Cortex-A8 架构的，所以 u-boot-2014.04/arch/arm/cpu 目录下只需要保留下面这些内容：

```
book@jxes:/opt/bootloader/u-boot-2014.04/arch/arm/cpu $ ls
armv7 Makefile u-boot.lds u-boot-spl.lds
```

u-boot-2014.04/arch/arm/include/asm 目录下以"arch-"开头的目录只保留 arch-s5pc1xx，其他以"arch-"开头的目录都删除掉，另外 imx-common、armv8、kona-common 这 3 个目录也都删除。

```
book@jxes:/opt/bootloader/u-boot-2014.04/arch/arm/include/asm $ ls
arch              config.h          hardware.h        omap_mmc.h        setup.h
arch-s5pc1xx      davinci_rtc.h     io.h              omap_musb.h       spl.h
armv7.h           dma-mapping.h     linkage.h         pl310.h           string.h
assembler.h       ehci-omap.h       mach-types.h      posix_types.h     system.h
atomic.h          emif.h            macro.h           proc              types.h
bitops.h          errno.h           memory.h          proc-armv         u-boot-arm.h
bootm.h           gic.h             omap_boot.h       processor.h       u-boot.h
byteorder.h       global_data.h     omap_common.h     ptrace.h          unaligned.h
cache.h           gpio.h            omap_gpio.h       sections.h        utils.h
```

u-boot-2014.04/board 目录下只保留 samsung 这一个目录，其他目录都删除。然后 samsung 目录下只保留 common 和 tq210 这两个目录，即只保留新添加的目标板 tq210，如下所示：

```
book@jxes:/opt/bootloader/u-boot-2014.04/board $ ls
samsung
book@jxes:/opt/bootloader/u-boot-2014.04/board/samsung $ ls
common tq210
```

最后，在配置文件目录只保留新添加的目标板的配置文件，如下所示：

```
book@jxes:/opt/bootloader/u-boot-2014.04/include/configs $ ls
tq210.h
```

2. U-Boot 启动过程分析

通常 U-Boot 启动分为两部分：第一部分的代码主要是由汇编语言实现的，完成平台相关的初始化，比如关看门狗、ARM 大小端设置、时钟配置、缓存设置、内存分配等，而且源文件名一般都为 start.S；第二部分代码主要是由高级语言 C 实现的，完成目标板相关的硬件设备初始化、参数配置等，比如调试串口、网络等。

本书 u-boot-2014.04 的程序代码的走向也遵循 U-Boot 一贯的流程，执行过程在链接脚本 u-boot-2014.04/arch/arm/cpu/u-boot.lds 中也有体现，如下所示：

```
12 ENTRY(_start)
13 SECTIONS
14 {
15   . = 0x00000000;
16
17   . = ALIGN(4);
```

```
18  .text :
19  {
20      * (.__image_copy_start)
21      CPUDIR/start.o (.text *)
22      * (.text *)
23  }
24
25  . = ALIGN(4);
26  .rodata : { * (SORT_BY_ALIGNMENT(SORT_BY_NAME(.rodata *))) }
27
28  . = ALIGN(4);
29  .data : {
30      * (.data *)
31  }
```

第 21 行,CPUDIR/start.o (.text *)表明 U-Boot 执行的入口点是 start.o(即前面介绍的 BL2 程序的入口函数),结合前面的 Makefile 分析,不难知道入口点 start.o 即 u-boot-2014. 04/arch/arm/cpu/armv7/start.S。

另外,u-boot-2014.04 在 u-boot.lds 所在目录下还有一个链接脚本 u-boot-spl.lds,这也 就是前面介绍的 BL1 部分的链接脚本,如下所示:

```
12 ENTRY(_start)
13 SECTIONS
14 {
15  . = 0x00000000;
16
17  . = ALIGN(4);
18  .text :
19  {
20      __image_copy_start = .;
21      CPUDIR/start.o (.text *)
22      * (.text *)
23  }
```

通过脚本比较不难发现,BL1 与 BL2 链接脚本文件中指定的程序入口函数都是 ENTRY (_start),同时这也说明了 SPL 程序的第一部分代码与 U-Boot 的第一部分代码基本是共用 的。下面分析一下 U-Boot 第一部分代码的走向。

1) 硬件设备相关的初始化

程序入口函数在 u-boot-2014.04/arch/arm/cpu/armv7/start.S 中定义,具体代码如下:

```
22 .globl _start
23 _start: b  reset                      //复位异常,地址 0x0
24  ldr  pc, _undefined_instruction      //未定义的指令异常,地址 0x4
25  ldr  pc, _software_interrupt         //软件中断异常,地址 0x8
26  ldr  pc, _prefetch_abort             //预取指异常,地址 0xc
27  ldr  pc, _data_abort                 //数据异常,地址 0x10
28  ldr  pc, _not_used                   //未使用异常,地址 0x14
29  ldr  pc, _irq                        //常规中断异常,地址 0x18
30  ldr  pc, _fiq                        //快速中断异常,地址 0x1c
```

第 22 行用 globl 声明了一个全局变量名_start,正好就是链接脚本文件里的 ENTRY(_ start)。第 23~30 行为 ARM 架构典型的代码设计风格,即目标板上电首先从异常向量表开 始执行。这里值得注意的是第 23 行,它执行的是 b 跳转命令,此复位异常命令跳转之后就不会再返回。其他异常发生后,跳转到对应的异常处理程序,处理完后还会返回到当初发生跳转的地方继续执行。reset、_undefined_instruction 等标识表示具体异常处理程序所在的地址。下面为 reset 异常处理程序。

```
94 reset:
95  bl   save_boot_params
96  /*
97   * disable interrupts (FIQ and IRQ), also set the cpu to SVC32 mode,
98   * except if in HYP mode already
99   */
100  mrs   r0, cpsr
101  and   r1, r0, #0x1f    @ mask mode bits
102  teq   r1, #0x1a     @ test for HYP mode
103  bicne    r0, r0, #0x1f    @ clear all mode bits
104  orrne    r0, r0, #0x13    @ set SVC mode
105  orr   r0, r0, #0xc0     @ disable FIQ and IRQ
106  msr   cpsr,r0
```

其中第 94 行即为目标板上电后所跳转的地方,第 100~106 行配置 ARM 的 CPSR 寄存器,禁止处理器的中断(FIQ 和 IRQ),同时将处理器配置为管理模式(svc)。

2)为加载第二阶段代码做准备

```
125 #ifndef CONFIG_SKIP_LOWLEVEL_INIT
126  bl   cpu_init_cp15
127  bl   cpu_init_crit
128 #endif
129
130  bl   _main
```

第 126 行仅是一个 bl 跳转语句,bl 命令跳转执行后会自动返回到起始位置继续向下执行,这里仍是对处理器的配置,比如禁止 MMU、cache 等,返回后执行第 127 行,这里也是一个 bl 跳转语句,具体如下:

```
243 ENTRY(cpu_init_crit)
244  /*
245   * Jump to board specific initialization...
246   * The Mask ROM will have already initialized
247   * basic memory. Go here to bump up clock rate and handle
248   * wake up conditions.
249   */
250  b   lowlevel_init     @ go setup pll,mux,memory
251 ENDPROC(cpu_init_crit)
```

第 245~248 行的注释说明这里会跳转去执行目标板相关的初始化,而且主要是内存相关的。第 250 行是一个 b 跳转指令,这个指令是一个"一跳不回"的指令,那么怎么才能再返回到第 130 行执行 main 程序?下面看看 lowlevel_init 具体做了什么,相关代码在 u-boot-2014.04/board/samsung/tq210/lowlevel_init. S 中。

```
20  .globl lowlevel_init
21 lowlevel_init:
22 mov r9, lr
23
24 /* r5 has always zero */
25 mov r5, #0
```

```
…
63   /* for UART */
64   bl uart_asm_init
…
66 1:
67   mov lr, r9
68   mov pc, lr
69
```

从第 22、67 和 68 行可以看出，虽然前面是用 b 命令跳转到这里执行，但在这里首先将返回地址保存在 r9 寄存器中，执行完目标板相关初始化后，再将 r9 寄存器保存的地址赋给 lr，即可返回到跳转语句处继续往下执行。另外第 64 行对 UART 做了初始化，通常为后续串口调试做准备。对以上代码只进行了简单介绍，后续具体移植时我们会对这里的代码具体介绍，同时要修改或添加相关的初始化代码。

当执行完目标板相关的初始化后，回到 start.S 中的第 130 行执行 main 主程序，第 130 行是一个 bl 跳转指令，这个指令会跳转到 arch/arm/lib/crt0.S 中执行，这个文件主要是为创造 C RunTime 环境做准备。

```
58 ENTRY(_main)
59
60 /*
61    * Set up initial C runtime environment and call board_init_f(0).
62    */
63
64 # if defined(CONFIG_SPL_BUILD) && defined(CONFIG_SPL_STACK)
65   ldr   sp, = (CONFIG_SPL_STACK)
66 # else
67   ldr   sp, = (CONFIG_SYS_INIT_SP_ADDR)
68 # endif
69   bic   sp, sp, #7   /* 8 - byte alignment for ABI compliance */
70   sub   sp, sp, #GD_SIZE   /* allocate one GD above SP */
71   bic   sp, sp, #7   /* 8 - byte alignment for ABI compliance */
72   mov   r9, sp           /* GD is above SP */
73   mov   r0, #0
74   bl    board_init_f
75
```

第 58 行说明前面 start.S 的第 130 行即跳转到这里执行。第 60～75 行是为后面执行 C 语言做准备，即配置栈空间，另外这里还有一个宏 CONFIG_SPL_BUILD，将栈设置分为 SPL 部分与非 SPL 部分。第 74 行的 board_init_f 是一个用 C 语言写的函数，这个函数在 u-boot-2014.04/arch/arm/lib/board.c 中定义，进行一些基本的硬件初始化，为进入 DRAM 内存运行做准备。

```
84 ldr   sp, [r9, #GD_START_ADDR_SP]   /* sp = gd -> start_addr_sp */
85 bic   sp, sp, #7                    /* 8 - byte alignment for ABI compliance */
86 ldr   r9, [r9, #GD_BD]              /* r9 = gd -> bd */
87 sub   r9, r9, #GD_SIZE             /* new GD is below bd */
88
89 adr   lr, here
90 ldr   r0, [r9, #GD_RELOC_OFF]       /* r0 = gd -> reloc_off */
91 add   lr, lr, r0
92 ldr   r0, [r9, #GD_RELOCADDR]       /* r0 = gd -> relocaddr */
93 b relocate_code
```

从第 84 行开始配置环境变量,在第 93 行跳转到另一个函数 relocate_code 处执行,这是一个重定位过程,因为目标板上电时是在片内的内存中执行的,当代码复制到片外内存后,程序的执行地址就发生了改变,所以我们需要对代码做重定位处理,具体怎么来转换程序的执行地址,这要结合前面链接脚本里的重定位段。关于 relocate_code 的代码也是用汇编语言实现的,这部分代码在 arch/arm/lib/relocate.S 中。

```
23 ENTRY(relocate_code)
24   ldr   r1, = __image_copy_start        /* r1 <- SRC &__image_copy_start */
25   subs  r4, r0, r1                      /* r4 <- relocation offset */
26   beq   relocate_done                   /* skip relocation */
27   ldr   r2, = __image_copy_end          /* r2 <- SRC &__image_copy_end */
28
29 copy_loop:
30   ldmia r1!, {r10 - r11}                /* copy from source address [r1]    */
31   stmia r0!, {r10 - r11}                /* copy to    target address [r0]    */
32   cmp   r1, r2                          /* until source end address [r2]     */
33   blo   copy_loop
34
35   /*
36    * fix .rel.dyn relocations
37    */
38   ldr   r2, = __rel_dyn_start           /* r2 <- SRC &__rel_dyn_start */
39   ldr   r3, = __rel_dyn_end             /* r3 <- SRC &__rel_dyn_end */
40 fixloop:
41   ldmia r2!, {r0 - r1}                  /* (r0,r1) <- (SRC location,fixup) */
42   and   r1, r1, #0xff
43   cmp   r1, #23                         /* relative fixup? */
44   bne   fixnext
45
46   /* relative fix: increase location by offset */
47   add   r0, r0, r4
48   ldr   r1, [r0]
49   add   r1, r1, r4
50   str   r1, [r0]
51 fixnext:
52   cmp   r2, r3
53   blo   fixloop
54
55 relocate_done:
56 ENDPROC(relocate_code)
```

代码重定位在 U-Boot 的帮助文档 doc/README.arm-relocation 中也有详细说明。第 24 行和第 27 行指定了需要重定位代码的范围,我们应该还记得 __image_copy_start 和 __image_copy_end 这两个标识符是 U-Boot 链接脚本里定义的,看到这里,就知道当初为什么要在链接脚本里定义这两个标识了。要实现重定位,必须在链接时指定位置无关选项,这样编译出来的代码才是位置无关的,可以用作重定位处理,即指定"-pie"选项,前面有介绍。使用此选项,编译器会生成一个修正表(fixup table),在最终的二进制文件 u-boot.bin 中就会多出两个段,即 .rel.dyn 和 .dynsym,这两个标识符也不陌生,前面介绍链接脚本时看到过这两个标识符。参考这些标识符,上面 relocate_code 重定位代码就可以很容易地将重定位后的代码链接地址修正为其运行地址,这样 U-Boot 就可以实现重定位到任何地址。当执行重定位返回后,还要做清 BSS 操作,然后跳转到 board.c 中的 board_init_r 中执行,进行更进一步的初始化,比如网卡,然后进入 main_loop 循环,从这以后,U-Boot 所执行的代码基本都是用 C 语言编写了。

3. U-Boot 内存布局分析

U-Boot 是从 start. S 中的 reset 处开始运行,主要执行一些 CPU 底层的初始化,然后跳转到 crt0. S 中的_main 函数中执行。根据前面的分析,board_init_f 是用 C 语言实现的,因为执行 C 代码需要分配栈,所以 main 函数主要为执行 board_init_f 函数设置栈,以及为全局变量 gd 预留一块内存空间。这里的 gd 变量相当关键,它为 U-Boot 接下来的执行提供了帮助,其定义在 u-boot-2014.04/arch/arm/include/asm/global_data. h 头文件中,具体定义如下:

```
47 # ifdef CONFIG_ARM64
48 # define DECLARE_GLOBAL_DATA_PTR    register volatile gd_t * gd asm ("x18")
49 # else
50 # define DECLARE_GLOBAL_DATA_PTR    register volatile gd_t * gd asm ("r9")
51 # endif
```

上述定义说明,全局变量 gd 是一个寄存器变量,保存在 r9 寄存器中,gd_t 结构体定义在 u-boot-2014.04/include/asm-generic/global_data. h 中,如下所示:

```
26 typedef struct global_data {
27   bd_t * bd;
28   unsigned long flags;
29   unsigned int baudrate;
30   unsigned long cpu_clk;                 /* CPU clock in Hz!    */
31   unsigned long bus_clk;
32   /* We cannot bracket this with CONFIG_PCI due to mpc5xxx */
33   unsigned long pci_clk;
34   unsigned long mem_clk;
35 # if defined(CONFIG_LCD) || defined(CONFIG_VIDEO)
36   unsigned long fb_base;                 /* Base address of framebuffer mem */
37 # endif
   …
80 # if defined(CONFIG_SYS_I2C)
81   int    cur_i2c_bus;                    /* current used i2c bus */
82 # endif
83   unsigned long timebase_h;
84   unsigned long timebase_l;
85   struct arch_global_data arch;          /* architecture-specific data */
86 } gd_t;
87 # endif
```

现在回到 crt0. S 的_main 入口,其中宏 CONFIG_SYS_INIT_SP_ADDR 为栈地址,是在配置文件 tq210. h 中定义的,这里的栈地址可以根据实际情况来设置。在 tq210. h 中定义如下:

```
# define CONFIG_SYS_INIT_SP_ADDR (CONFIG_SYS_LOAD_ADDR + PHYS_SDRAM_1_SIZE)
```

其中 PHYS_SDRAM_1_SIZE 为内存的大小,本书实验的开发板上内存是 1GB,故有如下定义,也是在 tq210. h 中定义的。

```
/* SMDKC100 has 1 banks of DRAM, we use only one in U-Boot */
# define CONFIG_NR_DRAM_BANKS 1
# define PHYS_SDRAM_1     CONFIG_SYS_SDRAM_BASE   /* SDRAM Bank #1 */
# define PHYS_SDRAM_1_SIZE(1024 << 20)  /* 0x40000000, 1024MB Bank,1GB 内存 */
```

而 CONFIG_SYS_LOAD_ADDR 在 tq210.h 中定义如下：

```
#define CONFIG_SYS_LOAD_ADDR    CONFIG_SYS_SDRAM_BASE
```

上述宏定义即为内存的起始地址，如下所示：

```
/* DRAM Base */
#define CONFIG_SYS_SDRAM_BASE    0x20000000
```

根据前面裸机程序的介绍，0x20000000 即为内存控制器 0 的起始基地址。

下面再看宏 GD_SIZE 的定义，它是在 u-boot-2014.04/include/generated/generic-asm-offsets.h 中定义的，其值为 160。

```
1 #ifndef __GENERIC_ASM_OFFSETS_H__
2 #define __GENERIC_ASM_OFFSETS_H__
3 /*
4  * DO NOT MODIFY.
5  *
6  * This file was generated by Kbuild
7  *
8  */
9 #define GENERATED_GBL_DATA_SIZE 160 /* (sizeof(struct global_data) + 15) & ~15 @ */
10 #define GENERATED_BD_INFO_SIZE 32 /* (sizeof(struct bd_info) + 15) & ~15 @ */
11 #define GD_SIZE 160 /* sizeof(struct global_data)     @ */
12 #define GD_BD 0 /* offsetof(struct global_data, bd) @ */
13 #define GD_RELOCADDR 44 /* offsetof(struct global_data, relocaddr) @ */
14 #define GD_RELOC_OFF 64 /* offsetof(struct global_data, reloc_off) @ */
15 #define GD_START_ADDR_SP 60 /* offsetof(struct global_data, start_addr_sp)     @ */
16 #endif
```

第 9～15 行都是一些宏的定义，这些宏都是在 U-Boot 编译时生成的，然后导出到这个头文件中，也就是说，include/generated/ 这个目录下面的文件都是在编译时新生成的，关于其他的宏在后面会用到。

本书实验板使用的是 1GB，因此内存起始地址为 0x20000000，结束地址为 0x60000000－1。前面介绍 U-Boot 链接脚本时，指定的链接地址都与 Cortex-A8 处理器有关，通过修改 tq210.h 中的宏 CONFIG_SYS_TEXT_BASE 指定链接地址。本书实验将其指定为 u-boot.bin 在 DDR2 内存中执行的起始地址。

```
/* Text Base */
#define CONFIG_SYS_TEXT_BASE    0x20000000
```

下面对 board_init_f 函数进行分析。首先在此函数中定义了几个重要的变量：addr 为最终重定位用的地址，addr_sp 为最终的用户栈指针地址。

```
264 void board_init_f(ulong bootflag)
265 {
266   bd_t * bd;
267   init_fnc_t ** init_fnc_ptr;
268   gd_t * id;
269   ulong addr, addr_sp;
…
275 memset((void *)gd, 0, sizeof(gd_t));
276
277 gd->mon_len = (ulong)&__bss_end - (ulong)_start;
```

第 275 行对全局变量 gd 进行初始化,同时计算出 u-boot. bin 的大小,保存到 gd-> mon_len 中,__bss_end 与_start 在这里再次出现,它们都是在链接脚本里定义的。

接下来调用数组 init_sequence 中的每个函数,进行一系列的初始化操作。

```
231 init_fnc_t * init_sequence[ ] = {
232  arch_cpu_init,                    /* basic arch cpu dependent setup */
233  mark_bootstage,
234 #ifdef CONFIG_OF_CONTROL
235 fdtdec_check_fdt,
236 #endif
237 #if defined(CONFIG_BOARD_EARLY_INIT_F)
238  board_early_init_f,
239 #endif
240  timer_init,                       /* initialize timer */
241 #ifdef CONFIG_BOARD_POSTCLK_INIT
242  board_postclk_init,
243 #endif
244 #ifdef CONFIG_FSL_ESDHC
245  get_clocks,
246 #endif
247  env_init,                         /* initialize environment */
248  init_baudrate,                    /* initialize baudrate settings */
249  serial_init,                      /* serial communications setup */
250  console_init_f,                   /* stage 1 init of console */
251  display_banner,                   /* say that we are here */
252  print_cpuinfo,                    /* display cpu info (and speed) */
253 #if defined(CONFIG_DISPLAY_BOARDINFO)
254  checkboard,                       /* display board info */
255 #endif
256 #if defined(CONFIG_HARD_I2C) || defined(CONFIG_SYS_I2C)
257  init_func_i2c,
258 #endif
259  dram_init,                        /* configure available RAM banks */
260  NULL,
261 };
```

第 232 行的 arch_cpu_init 在 u-boot-2014. 04/arch/arm/cpu/armv7/s5p-common/cpu_info. c 中定义,它会调用 s5p_set_cpu_id 读取 CPU 版本和 ID 信息,保存到 s5p_cpu_rev 和 s5p_ cpu_ id 中。第 240 行的 timer_ init 是在 u-boot-2014. 04/arch/arm/cpu/armv7/s5p-common/timer. c 中定义的,用来初始化系统定时器。第 249 行的 serial_init 用来初始化串口,这里的串口即 debug 调试所用的串口,其端口号在配置文件 tg210. h 中定义如下:

```
#define CONFIG_SERIAL0          1       /* use SERIAL 0 on SMDKC100 */
```

这里默认使用串口 0,注意这里需要为串口 0 配置 GPIO 端口,具体可以参考开发板原理图,使用的是 GPIO0。根据 S5PV210 的寄存器定义(使用方法参考前面的 GPIO 裸机程序内容),配置如下:

```
ldr r0, = 0xE0200000             /* GPA0CON */
ldr  r1, = 0x22222222            /* UART0 */
str  r1, [r0]
```

以上这三行代码,可以放在 start. S 中,也可以放在 u-boot-2014. 04/board/Samsung/tq210/lowlevel_init. S 中,总之,只要在 serial_init 执行前配置好即可。

接下来调用 display_banner 函数显示 U-Boot 版本信息，这个函数比较简单。接着调用 print_cpuinfo，此函数在 u-boot-2014.04/arch/arm/cpu/armv7/s5p-common/cpu_info.c 中定义，打印 CPU 名称和时钟信息。

```
31 int print_cpuinfo(void)
32 {
33   char buf[32];
34   printf("CPU:\t%s%X@%sMHz\n",
35           s5p_get_cpu_name(), s5p_cpu_id,
36           strmhz(buf, get_arm_clk()));
37
38   return 0;
39 }
```

第 34 行用 s5p_get_cpu_name 函数得到 CPU 的名称，此函数比较简单，直接返回一个宏，此宏在配置文件 tg210.h 中定义如下：

```
# define S5P_CPU_NAME      "S5P"
```

所以，CPU 名称即为 S5P。另一个函数 s5p_cpu_id 用来获取 CPU 的 ID，由于默认已经支持 S5PC100 和 S5PC110，所以可以返回 0xc100 和 0xc110，但是 tq210 是新添加的目标板，所以无法使用此函数，需要修改第 34 行代码，将 CPU 的 ID 固定，即可不用此函数。代码修改好后如下：

```
printf("CPU:\t%sTQ210@%sMHz\n",s5p_get_cpu_name(),strmhz(buf, get_arm_clk()));
```

函数 get_arm_clk 有如下定义：

```
306 unsigned long get_arm_clk(void)
307 {
308   if (cpu_is_s5pc110())
309       return s5pc110_get_arm_clk();
310   else
311       return s5pc100_get_arm_clk();
312 }
```

第 308 行根据不同的 CPU 的 ID 调用不同的函数，具体修改如下：

```
unsigned long get_arm_clk(void)
{
    return tq210_get_arm_clk();
}
```

这样只需要实现 tq210_get_arm_clk 函数，可以参照前面第 309 行的函数来实现，如下所示：

```
82 /* tq210: return ARM clock frequency,add by gary l */
83 static unsigned long tq210_get_arm_clk(void)
84 {
85   struct tq210_clock *clk =
86       (struct tq210_clock *)samsung_get_base_clock();
87   unsigned long div;
88   unsigned long dout_apll, armclk;
89   unsigned int apll_ratio;
90
91   div = readl(&clk->div0);
```

```
92
93  /* APLL_RATIO: [2:0] */
94  apll_ratio = div & 0x7;
95
96  dout_apll = get_pll_clk(APLL) / (apll_ratio + 1);
97  armclk = dout_apll;
98
99  return armclk;
100 }
```

同样在第 96 行的 get_pll_clk 函数也是根据 CPU 的 ID 决定调用相应的函数，所以直接修改如下：

```
unsigned long get_pll_clk(int pllreg)
{
    return tq210_get_pll_clk(pllreg);
}
```

与前面 get_arm_clk 类似，仿照 s5pc110_get_pll_clk 实现函数 tq210_get_pll_clk。

```
26 static unsigned long tq210_get_pll_clk(int pllreg)
27 {
28  struct tq210_clock * clk =
29      (struct tq210_clock * )samsung_get_base_clock();
30  unsigned long r, m, p, s, mask, fout;
31  unsigned int freq;
32  switch (pllreg) {
33  case APLL:
…
69  freq = CONFIG_SYS_CLK_FREQ_TQ210;
70  if (pllreg == APLL) {
71      if (s < 1)
72          s = 1;
73      /* FOUT = MDIV * FIN / (PDIV * 2^(SDIV - 1)) */
74      fout = m * (freq / (p * (1 << (s - 1))));
75  } else
76      /* FOUT = MDIV * FIN / (PDIV * 2^SDIV) */
77      fout = m * (freq / (p * (1 << s)));
78
79  return fout;
80 }
```

以上代码只有第 69 行与函数 s5pc110_get_pll_clk 不同，其他基本一致，第 69 行的宏在目标板配置文件 tg210.h 中定义：

```
#define CONFIG_SYS_CLK_FREQ_TQ210  24000000    //24MHz 输入时钟
```

到这里，函数 print_cpuinfo 就可以执行成功。另外，定义了 tq210_clock 数据类型，对应的头文件为 arch\arm\include\asm\arch-s5pc1xx\clock.h，此头文件也是参考 S5PV210 芯片手册上的 CLOCK 寄存器来定义的。

```
struct tq210_clock {
    unsigned int apll_lock;
    unsigned char res1[0x04];
    unsigned int mpll_lock;
    …
```

```
     unsigned int div6;
     unsigned int div7;
};
```

继续回到 board_init_f 函数中执行。下面主要看一些关键的代码,其他代码了解一下即可。

```
323   addr = CONFIG_SYS_SDRAM_BASE + get_effective_memsize();
```

其中 CONFIG_SYS_SDRAM_BASE 为 0x20000000,而 get_effective_memsize() 函数执行后的结果是返回内存空间的大小,即 1GB,所以最终 addr=0x60000000,即内存的最高地址。

```
373   addr -= gd->mon_len;
374   addr &= ~(4096 - 1);
375
376 debug("Reserving %ldk for U-Boot at: %08lx\n", gd->mon_len >> 10, addr);
```

第 373 行和 374 行为后面重定位 U-Boot 预留了一块内存空间,gd->mon_len 为 U-Boot 的大小。

```
382   addr_sp = addr - TOTAL_MALLOC_LEN;
383   debug("Reserving %dk for malloc() at: %08lx\n",
384           TOTAL_MALLOC_LEN >> 10, addr_sp);
```

第 382～384 行计算栈指针地址,同时为 malloc 预留一块内存空间给堆内存用。

```
389   addr_sp -= sizeof (bd_t);
390   bd = (bd_t *) addr_sp;
391   gd->bd = bd;
392   debug("Reserving %zu Bytes for Board Info at: %08lx\n",
393           sizeof (bd_t), addr_sp);
394
395 #ifdef CONFIG_MACH_TYPE
396   gd->bd->bi_arch_number = CONFIG_MACH_TYPE; /* board id for Linux */
397 #endif
```

第 389～393 行为 bd 数据结构预留一块内存空间,同时使 gd->bd 指向现在的 addr_sp 所在地址。bd 数据结构保存了目标板的一些信息,比如第 396 行将机器码信息保存在 bd 结构体中。注意,在内核启动时,此处的机器码要与内核中的一致,否则启动不了内核,使用设备树启动除外。

```
399   addr_sp -= sizeof (gd_t);
400   id = (gd_t *) addr_sp;
401   debug("Reserving %zu Bytes for Global Data at: %08lx\n",
402           sizeof (gd_t), addr_sp);
```

第 399～402 行为 gd 数据结构预留了一块内存空间,同时让临时变量 id 指向现在的 addr_sp 所在地址。

```
421   gd->irq_sp = addr_sp;
422 #ifdef CONFIG_USE_IRQ
423   addr_sp -= (CONFIG_STACKSIZE_IRQ + CONFIG_STACKSIZE_FIQ);
424   debug("Reserving %zu Bytes for IRQ stack at: %08lx\n",
425     CONFIG_STACKSIZE_IRQ + CONFIG_STACKSIZE_FIQ, addr_sp);
426 #endif
```

第 421～426 行主要是为中断配置相应的中断栈内存空间。

```
449  gd->bd->bi_baudrate = gd->baudrate;
450  /* Ram ist board specific, so move it to board code ... */
451  dram_init_banksize();
452  display_dram_config();              /* and display it */
453
454  gd->relocaddr = addr;
455  gd->start_addr_sp = addr_sp;
456  gd->reloc_off = addr - (ulong)&_start;
457  debug("relocation Offset is: % 081x\n", gd->reloc_off);
458  if (new_fdt) {
459      memcpy(new_fdt, gd->fdt_blob, fdt_size);
460      gd->fdt_blob = new_fdt;
461  }
462  memcpy(id, (void *)gd, sizeof(gd_t));
463 }
```

第 449～463 行主要是将一些关键的变量值保存到全局变量 gd 中。宏 CONFIG_SYS_TEXT_BASE 将代码段的基地址设置为 0x20000000，所以 addr-(ulong)&_start 即为重定位地址相对于 U-Boot 当前所在地址 0x20000000 的偏移地址，这里_start 的地址是 0x20000000；在第 462 行还将全局变量 gd 的内容复制到 id 所指向的那块内存，实现对 gd 空间的重定位。至此 board_init_f 函数执行完毕，现在的内存布局如图 10-3 所示。

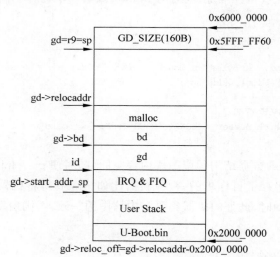

图 10-3　U-Boot 内存布局

board_init_f 执行完后再返回到 crt0.S 的_main 函数中，执行如下代码：

```
89  ldr  sp, [r9, #GD_START_ADDR_SP]    /* sp = gd->start_addr_sp */
90  bic  sp, sp, #7                     /* 8-byte alignment for ABI compliance */
91  ldr  r9, [r9, #GD_BD]               /* r9 = gd->bd */
92  sub  r9, r9, #GD_SIZE               /* new GD is below bd */
93
94  adr  lr, here
95  ldr  r0, [r9, #GD_RELOC_OFF]        /* r0 = gd->reloc_off */
96  add  lr, lr, r0
97  ldr  r0, [r9, #GD_RELOCADDR]        /* r0 = gd->relocaddr */
```

```
98  b      relocate_code
99 here:
```

第 89 行中的 r9 寄存器即 gd 变量,其中 GD_START_ADDR_SP、GD_BD、GD_SIZE、GD_RELOC_OFF 和 GD_RELOCADDR 都是在 include/generated/generic-asm-offsets. h 中定义的。

第 94 行将标号 here 的相对地址赋值给 lr 寄存器,然后 lr 减去重定位地址相对 U-Boot 当前地址的偏移,这样 lr 寄存器中保存了 U-Boot 重定位后的地址,执行完 relocate_code 重定位函数后,返回到 lr 地址执行,此时执行的就是重定位后的区域,即在 DDR2 内存中。

第 98 行中 relocate_code 函数的主要功能就是将原先在片内 RAM 中执行的代码重定位到片外的 RAM 中执行,同时还要对地址进行修正。重定位后的内存布局如图 10-4 所示。

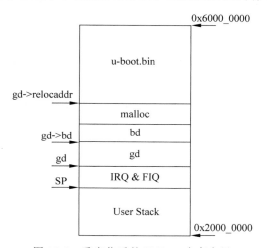

图 10-4　重定位后的 U-Boot 内存布局

执行完 relocate_code 后再次返回到 crt0. S 中,具体代码如下:

```
100 /* Set up final (full) environment */
101
102    bl c_runtime_cpu_setup /* we still call old routine here */
103
104    ldr r0, = __bss_start           /* this is auto-relocated! */
105    ldr r1, = __bss_end             /* this is auto-relocated! */
106
107    mov r2, #0x00000000             /* prepare zero to clear BSS */
108
109 clbss_l:cmp r0, r1                 /* while not at end of BSS */
110    strlo   r2, [r0]                /* clear 32-bit BSS word */
111    addlo   r0, r0, #4              /* move to next */
112    blo clbss_l
113
114    bl coloured_LED_init
115    bl red_led_on
116
117    /* call board_init_r(gd_t * id, ulong dest_addr) */
118    mov  r0, r9                     /* gd_t */
119    ldr r1, [r9, #GD_RELOCADDR]     /* dest_addr */
```

```
120     /* call board_init_r */
121     ldr pc, = board_init_r               /* this is auto-relocated! */
122
123     /* we should not return here. */
```

第 102 行为调用 C 函数准备环境,比如栈。第 104～108 行清除 BSS 段。第 114、115 行
用于控制 LED 灯,这里是空函数不进行任何处理。第 117～119 行为调用 board_init_r 函数
做准备,即此函数的两个参数,第一个参数是 gd 数据结构所在的地址,第二个参数为重定位后
u-boot.bin 的地址。第 121 行跳转到 board_init_r 函数执行,如果执行顺利,就再不会返回。
可以说,执行到这里,接下来的程序代码基本都是用 C 语言写的。board_init_r 与前面的
board_init_f 类似,都用来初始化目标系统,只是 board_init_r 会进行更具体的初始化,比如网
卡初始化等,同时执行到最后,会跳转到 main_loop 函数中执行 U-Boot 相关的内容,比如
U-Boot 下比较常用的 menu 选项、命令都会在这里进行处理。其中比较重要的是 bootm 命
令,它是启动内核的命令,无论是 TAG 传参方式还是设备树方式启动内核,都是在这个命令
里完成的,具体内容在配套资源补充资料第 7 章中有介绍。

4. SPL 功能实现

关于 U-Boot 的第一、二阶段,前面已经介绍完毕,这里再分析一下 crt0.S 里的代码。下
面是修改后的代码,并且支持 SPL 的功能。

```
64 #if !defined(CONFIG_SPL_BUILD)
65     ldr sp, = (CONFIG_SYS_INIT_SP_ADDR)
66
67     bic sp, sp, #7                /* 8-byte alignment for ABI compliance */
68     sub sp, sp, #GD_SIZE          /* allocate one GD above SP */
69     bic sp, sp, #7                /* 8-byte alignment for ABI compliance */
70     mov r9, sp                    /* GD is above SP */
71     mov r0, #0
72 #endif
73 #ifdef CONFIG_SPL_BUILD
74     bl copy_bl2_to_sdram          /* copy bl2 to ddr2 */
75     ldr pc, = CONFIG_SYS_SDRAM_BASE  /* jump to ddr2,launch bl2 */
76 #else
77     bl board_init_f
78 #endif
```

第 64～72 行通过宏 CONFIG_SPL_BUILD 指定编译 U-Boot 时包含进去,而编译 SPL
代码时不会包含这部分。同理,第 73 行至第 78 行通过“#ifdef…#else…#endif”语句来选择
编译的内容。

第 74 行是编译 SPL 时才会执行的代码,它的作用是调用 copy_bl2_to_sdram 函数将
U-Boot 代码从片内 RAM 复制到片外的 DDR2 中。这个函数是用 C 语言编写,具体代码的原
理这里不重复分析,有不清楚的地方可以参考第 9 章。第 75 行直接跳转到 DDR2 中去执行
U-Boot 代码,SPL 的执行到此也就结束了。所以整个 SPL 的代码内容比较少,它的主要功能
就是复制与跳转。

5. 编译、烧写到目标板

将上面移植的 U-Boot 编译后烧写到目标板上执行,应该可以看到 U-Boot 的启动信息。
下面是在目标板上执行的部分启动信息:

U-Boot 2014.04 (Jan 05 2021 - 16:37:24) for TQ210

```
CPU:   S5PTQ210@1000MHz
Board: SMDKV210
DRAM: 1 GiB
WARNING: Caches not enabled
```

从启动信息中可以看到前面修改的内容,比如"CPU:S5PTQ210 @ 1000MHz",但U-Boot 执行到"WARNING:Caches not enabled"就停止了。下面就根据警告信息继续剖析一下 U-Boot 的内容。

通过警告信息可以发现,当代码执行到 board_init_r 函数时,在调用 onenand_init 初始化函数时失败了,这个函数的执行由宏 CONFIG_CMD_ONENAND 来决定,由于不是通过onenand 方式启动,所以这里直接将此函数屏蔽掉,或在 tg210.h 中取消宏定义。

```
588 #if defined(CONFIG_CMD_ONENAND)
589     //onenand_init();
590 #endif
```

再次执行 make all 命令,编译成功后,将 u-boot-spl.bin 烧写到 SD 卡的扇区 1,将 u-boot.bin 烧写到 SD 卡的扇区 32,烧写成功后插卡上电,启动信息如下:

```
U-Boot 2014.04 (Mar 05 2015 - 22:28:47) for TQ210
CPU:   S5PTQ210@1000MHz
Board: TQ210
DRAM: 1 GiB
WARNING: Caches not enabled
*** Warning - bad CRC, using default environment
In:    serial
Out:   serial
Err:   serial
Net:   smc911x: Invalid chip endian 0x07070707
No ethernet found.
Hit any key to stop autoboot: 0
TQ210 #
```

启动后按键盘空格键顺利进入 U-Boot 的命令行提示符控制台下,可以输入 bdinfo(或bd)命令查看系统信息,可以看到如下系统信息,说明 U-Boot 工作正常。

```
TQ210 # bd
arch_number = 0x00000722
boot_params = 0x20000100
DRAM bank   = 0x00000000
-> start    = 0x20000000
-> size     = 0x40000000
current eth = unknown
ip_addr     = < NULL >
baudrate    = 115200 bps
TLB addr    = 0x5FFF0000
relocaddr   = 0x5FF95000
reloc off   = 0x3FF95000
irq_sp      = 0x5FE54F40
sp start    = 0x5FE54F30
TQ210 #
```

从上面的系统信息可知,最有代表性的是 U-Boot 启动地址 0x20000000,说明前面配置的

U-Boot 可以工作。在 10.2.5 节中，主要任务就是完善 U-Boot，使其功能更强大。

在第 11 章移植内核时，会用到这里的 arch_number，即机器的 ID 信息，通常从 U-Boot 跳转到 kernel 中执行，会传入这个机器 ID 作为参数，然后 kernel 执行时首先会用自身配置的机器 ID 与 U-Boot 传进来的进行比较，如果不一致，kernel 就不会被运行。所以为了前后一致，需要将这里的机器 ID 改成与 S5PV210 平台相关的，代码修改如下（board/samsung/tg210/tg210.c）：

```
60  int board_init(void)
61  {
62      //smc9115_pre_init();
63      dm9000_pre_init();
64      gd->bd->bi_arch_number = MACH_TYPE_SMDKV210;
65      gd->bd->bi_boot_params = PHYS_SDRAM_1 + 0x100;
66      return 0;
67  }
```

第 64 行用来设置环境变量 arch_number 等于 MACH_TYPE_SMDKV210(0x998)，这样就会与后面内核中的机器 ID 相匹配。（注：使用设备树启动，内核不检查机器 ID 信息。）

10.2.5　U-Boot 下的驱动移植

视频讲解

为了后面烧写内核时可以使用网络远程烧写，需要在 U-Boot 下实现网卡的功能，同时还要支持 NAND Flash 的操作以及使 LCD 可以正常显示，所以下面分别对这三个模块进行介绍。

1. 网卡移植

用网络传输文件速度比串口快很多，本书使用的目标板支持的网卡芯片是 DM9000A，u-boot-2014.04 已经自带了 DM9000 网卡的驱动，只需要稍作修改即可。

TQ210 是将 DM9000A 网卡芯片与 S5PV210 的 SROM 控制器 Bank1 相连，S5PV210 的 SROM 控制器支持 8/16 位的 NOR Flash、EEPROM 和 SRAM 内存，支持 6 个 Bank，每个 Bank 寻址空间最大 128MB，并且都有一个唯一的片选信号 nGCSx，此片选信号用来选通外接的内存芯片。对于 DM9000A 网卡所接的 SROM，当发送的地址在 Bank1 的寻址范围为 0x8800_0000～0x8FFF_FFFF 时，表示访问的是 Bank1，并且 nGCS1 信号被拉低，这样就选中了接在 Bank1 上的 DM9000A 网卡芯片。TQ210 的网卡芯片原理图如图 10-5 所示。

从图 10-5 可以确定以下几点：

（1）地址线和数据线是共用的，为 Xm0DATA0-15，它们由 Xm0ADDR2 来选择，当 Xm0ADDR2 为高电平时用作数据线，为低电平时用作地址线。Xm0OEn 为读使能引脚，当被拉低时可以从 DM9000A 读数据；同样要对某个地址进行写操作时，需要拉低 Xm0WEn 信号，Xm0WEn 即为写使能引脚。

（2）DM9000A 的总线宽度是 16 位。

（3）中断引脚是 XEINT10。

DM9000A 网卡芯片是一款高度集成的、低成本的单片快速以太网 MAC 控制器，具有通用处理器接口、10Mbps/100Mbps 物理层和 16KB 的 SRAM。它包含一系列可被访问的控制状态寄存器，这些寄存器是字节对齐的，它们在硬件或软件复位时被设置成初始值。另外 DM9000A 有 2 个端口：DATA(数据)和 INDEX(地址)。DM9000A 的地址线和数据线复用，当 CMD 引脚为低电平时，操作的是 INDEX 端口；当 CMD 引脚为高电平时，操作的是 DATA

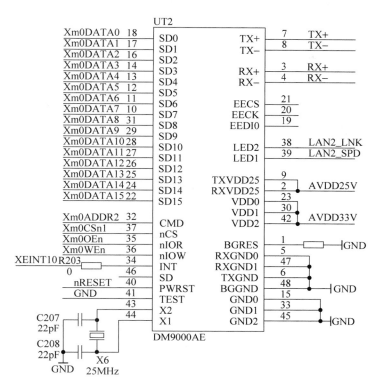

图 10-5 TQ210 的网卡芯片原理图

端口。

对 S5PV210 的 SROM 操作主要涉及两类寄存器：SROM_BW 和 SROM_BC,而实验用的是 BANK1,所以只需要配置 SROM_BW 和 SROM_BC1 寄存器。下面我们先简单介绍一下这两个寄存器(只介绍 Bank1 相关,其他 Bank 的配置可以参考 S5PV210 芯片手册),SROM_BW 寄存器如表 10-3 所示。

表 10-3 SROM_BW 寄存器配置

SROM_BW	位	描 述	初始状态
ByteEnable1	[7]	Bank1 的 nWBE/nBE(for UB/LB)控制。0=不使用；1=使用	0
WaitEnable1	[6]	Bank1 的 wait 使能控制。0=禁止；1=允许	0
AddrMode1	[5]	Bank1 的基地址选择。0=Half-word 基地址；1=Byte 基地址	0
DataWidth1	[4]	Bank1 的数据总线宽度。0=8 位；1=16 位	0

对于 TQ210 开发板的 DM9000A 的地址是按字节对齐存取的,AddrMode1 设置为 1,DataWidth1 设置为 1,目标板上没有使用 Xm0WAITn 和 Xm0BEn,所以 DM9000A 设置如下：

```
SROM_BW[7:4] = 0x3;
```

对于 SROM_BC 寄存器主要配置与一些时序相关,这个需要结合 DM9000A 的芯片手册来设置相应的时序,如表 10-4 所示。

表 10-4　SROM_BC 寄存器配置

SROM_BC	位	描　　述	初始状态
Tacs	[31：28]	地址配置，在片选信号 nGCS 前经过的时钟周期。0000＝0clock；0001＝1clock；0010＝2clock；0011＝3clock；…；1110＝14clock；1111＝15clock	0
Tcos	[27：24]	读使能信号前，芯片选择需要的时钟。0000＝0clock；0001＝1clock；0010＝2clock；0011＝3clock；…；1110＝14clock；1111＝15clock	0
Reserved	[23：21]	Reserved	0
Tacc	[20：16]	访问周期。00000＝1clock；00001＝2clock；00001＝3clock；00010＝4clock；…；11101＝30clock；11110＝31clock；11111＝32clock	0
Tcoh	[15：12]	在读使能 nOE，芯片选择保持时钟。0000＝0clock；0001＝1clock；0010＝2clock；0011＝3clock；…；1110＝14clock；1111＝15clock	0
Tcah	[11：8]	在片选后地址保持时钟周期。0000＝0clock；0001＝1clock；0010＝2clock；0011＝3clock；…；1110＝14clock；1111＝15clock	0
Tacp	[7：4]	页模式访问周期。0000＝0clock；0001＝1clock；0010＝2clock；0011＝3clock；…；1110＝14clock；1111＝15clock	0
Reserved	[3：2]	保留	0
PMC	[1：0]	页模式配置。00＝Normal(1 data)；01＝4 data；10/11,保留	0

　　在配置这个寄存器前先来看下 S5PV210 的时序情况，下面以读时序为例，如图 10-6 所示。

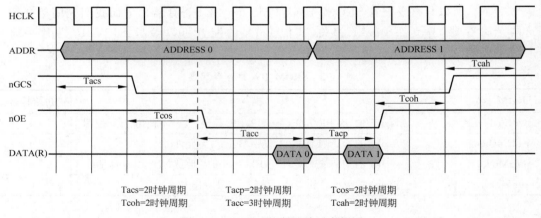

图 10-6　SROM 控制器读时序框图

　　有了上面关于 SROM 的时序，再结合 DM9000A 的时序，就可以确定 SROM_BC 寄存器中的时钟周期应该怎么配置。关于 DM9000A 的时序，可以参考 DM9000A 的芯片手册，一般芯片厂家都给出各参数的最小值、最大值和推荐值，配置的参数只要在其指定的范围内即可。下面是 DM9000A 芯片手册上的时序图与参数值，如图 10-7 所示。

　　下面是本实验中设置的参数值。

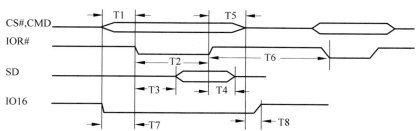

时间	描述	最小值	最大值	单位
T1	从CS#和CMD信号到IOR#信号有效的时间	0		ns
T2	IOR#信号宽度	10		ns
T3	系统数据(SD)延迟时间		3	ns
T4	IOR#到SD无效的时间		3	ns
T5	IOR#到CS#和CMD无效的时间	0		ns
T6	IOR#无效到下一个IOR#/IOW#有效的时间 (在读DM9000A寄存器时)	2		clk*
T6	IOR#无效到下一个IOR#/IOW#有效的时间 (在通过F0h寄存器读DM9000A寄存器时)	4		clk*
T2+T6	IOR#无效到下一个IOR#/IOW#有效的时间 (在通过F2h寄存器读DM9000A寄存器时)	1		clk*
T7	CS#和CMD有效到IO16有效的时间		3	ns
T8	CS#和CMD无效到IO16有效的时间		3	ns

注：clk*为默认时钟20ns。

图 10-7 DM9000A 时序及参数

Tacs：地址发出后等多长时间发片选信号，图 10-7 中 DM9000A 的 CS 和 CMD（地址）同时发出，所以 Tacs＝0ns。

Tcos：发出片选信号后等多长时间发出读使能信号（nOE、IOR），在 DM9000A 的时序图上对应为 T1，最小值为 0，最大值可以随意设置，这里定义为 Tcos＝5ns。

Tacc：读使能信号持续时间，在 DM9000A 的时序图上对应为 T2，设置为 Tacc＝15ns。

Tcoh：读使能信号结束后，片选信号保持时间，在 DM9000A 的时序图中对应为 T5，所以可以设置 Tcoh＝5ns。

Tcah：片选结束后，地址保存时间，DM9000A 中片选和地址同时结束，所以 Tcah＝0。

Tacp 与页模式相关，这里不要求，可以不用配置。

另外，S5PV210 的 SROM 控制器使用 MSYS 域提供 HCLK 时钟，为 200MHz，即一个时钟周期为 5ns。关于时钟配置可以参考第 8 章的时钟介绍。

下面总结 DM9000 网卡操作的步骤：

（1）确认总线位宽，Bank 寻址空间。

（2）确认网卡读/写时序信号。

（3）了解网卡的读/写操作方法。比如 CMD 引脚用来选择 INDEX 和 DATA 等。

在 u-boot-2014.04 中已经支持 DM9000 网卡，所以接下来的移植比较简单。

从 board.c 中的 board_init_r 函数开始分析，前面已经知道此函数对外设做了一些初始化，其中就有网卡初始化，具体如下所示：

```
661 # if defined(CONFIG_CMD_NET)
662     puts("Net:   ");
663     eth_initialize(gd->bd);
664 # if defined(CONFIG_RESET_PHY_R)
665     debug("Reset Ethernet PHY\n");
```

```
666        reset_phy();
667 #endif
```

第 661 行说明要使 U-Boot 支持网络功能,首先需要定义宏 CONFIG_CMD_NET,然后在第 663 行调用网卡初始化函数 eth_initialize(gd-> bd)。

宏 CONFIG_CMD_NET 默认定义在 config_cmd_default. h 中,这个头文件默认是包含在目标板配置文件 tq210. h 中的,所以这里不用额外定义了。

```
64 /*************************************************
65  *  Command definition
66  *************************************************/
67 #include < config_cmd_default. h>
```

eth_initialize 函数是网卡初始化程序的通用入口,它在 net/eth. c 中定义如下:

```
275 int eth_initialize(bd_t * bis)
276 {
…
292    /*
293     * If board-specific initialization exists, call it.
294     * If not, call a CPU-specific one
295     */
296    if (board_eth_init != __def_eth_init) {
297        if (board_eth_init(bis) < 0)
298            printf("Board Net Initialization Failed\n");
299    } else if (cpu_eth_init != __def_eth_init) {
300        if (cpu_eth_init(bis) < 0)
301            printf("CPU Net Initialization Failed\n");
302    } else
303        printf("Net Initialization Skipped\n");
```

从第 292~295 行的注释可以知道,如果定义了目标板相关的初始化函数就调用它,否则调用 CPU 相关的初始化函数。继续看 __def_eth_init 函数,它也是在 net/eth. c 中定义的。

```
92 static int __def_eth_init(bd_t * bis)
93 {
94    return -1;
95 }
96 int cpu_eth_init(bd_t * bis) __attribute__((weak, alias("__def_eth_init")));
97 int board_eth_init(bd_t * bis) __attribute__((weak, alias("__def_eth_init")));
```

从第 92 行可以看到,__def_eth_init 函数并没有做什么事,而第 96、97 行用到了 gcc 编译器的弱符号 weak 和别名属性 alias,所以如果没有定义 board_eth_init 函数,则 board_eth_init 就和 __def_eth_init 相同,这样调用 board_eth_init 就相当于调用 __def_eth_init。接下来必须要实现 board_eth_init 这个函数,而且这个函数名也是一个通用的入口函数,即无论是 DM9000A 网卡还是其他厂家的网卡,都会用到此入口函数。下面来看一下这个函数具体做了些什么。这个函数在 board/Samsung/tq210/tq210. c 中定义,可见这是与具体目标板相关的代码。

```
81 int board_eth_init(bd_t * bis)
82 {
83    int rc = 0;
84 #ifdef CONFIG_SMC911X
85    rc = smc911x_initialize(0, CONFIG_SMC911X_BASE);
```

```
86  # endif
87    return rc;
88  }
```

第 84～86 行通过一个宏来决定调用哪个网卡的初始化函数,很显然这里不是调用
DM9000A 的初始化函数,所以需要修改,修改方式在后面介绍。另外,在 tq210.c 中还有一个
函数 smc9115_pre_init,这个函数用来配置 SROM 控制器。接下来看 u-boot-2014.04 自带的
DM9000A 网卡驱动。可以在 drivers/net/下找到一个名为 DM9000x.c 的文件,即 DM9000A
网卡的驱动,在这个文件中找到 dm9000 的初始化函数如下:

```
627 int dm9000_initialize(bd_t * bis)
628 {
629     struct eth_device * dev = &(dm9000_info.netdev);
630
631     /* Load MAC address from EEPROM */
632     dm9000_get_enetaddr(dev);
633
634     dev -> init = dm9000_init;
635     dev -> halt = dm9000_halt;
636     dev -> send = dm9000_send;
637     dev -> recv = dm9000_rx;
638     sprintf(dev -> name, "dm9000");
639
640     eth_register(dev);
641
642     return 0;
643 }
```

这就是需要添加到 board_eth_init 函数中的初始化函数,并且它需要一个 bd_t * 类型的
参数,而 board_eth_init 传进来的参数正好就是此类型。第 632 行的函数用来获取网卡 MAC
地址,在 dm9000x.c 中定义如下:

```
559 static void dm9000_get_enetaddr(struct eth_device * dev)
560 {
561 # if !defined(CONFIG_DM9000_NO_SROM)
562     int i;
563     for (i = 0; i < 3; i++)
564         dm9000_read_srom_word(i, dev -> enetaddr + (2 * i));
565 # endif
566 }
```

从第 561 行知道,由宏 CONFIG_DM9000_NO_SROM 决定 MAC 地址是否从网卡的片
内 EEPROM 加载 MAC 地址,使用的开发板 DM9000A 没有接 EEPROM,不能从 EEPROM
加载 MAC,所以要在 tq210.h 中定义这个宏,表示不从 EEPROM 加载 MAC 地址。顺便再看
一下,还有什么宏需要添加到目标板配置文件 tq210.h 中。在前面的跟踪分析中可知,U-Boot
默认不使用 DM9000 作为网卡,所以要把 DM9000 驱动编译进 U-Boot.bin 中,通常都是由宏
来决定是否编译进镜像文件,查看 drivers/net/Makefile 即可。

```
17 obj - $(CONFIG_DESIGNWARE_ETH) += designware.o
18 obj - $(CONFIG_DRIVER_DM9000) += dm9000x.o
19 obj - $(CONFIG_DNET) += dnet.o
```

由第 18 行可知,DM9000 驱动是由宏 CONFIG_DRIVER_DM9000 决定是否编译进镜

像,所以还需要定义此宏。

　　配置的宏如果没有定义完整,在最终编译时会编译不通过,提示宏没有定义。这里就先来定义,免得编译时出错,这几个宏在 drivers/net/dm9000x.c 中都可以找到。

- CONFIG_DM9000_BASE 为 DM9000 的基地址。
- DM9000_DATA 为 DM9000 的 DATA(数据)端口地址。
- DM9000_IO 为 DM9000 的 INDEX(地址)端口地址。

下面把上述需要定义的宏都定义到 tq210.h 配置文件中。

```
# ifdef CONFIG_CMD_NET
# define CONFIG_ENV_SROM_BANK      1         /* Select SROM Bank - 1 for Ethernet */
# define CONFIG_DRIVER_DM9000
# define CONFIG_DM9000_NO_SROM
# define CONFIG_DM9000_BASE        0x88000000
# define DM9000_IO                (CONFIG_DM9000_BASE)
# define DM9000_DATA              (CONFIG_DM9000_BASE + 0x4)
# endif                                     /* CONFIG_CMD_NET */
```

　　宏 DM9000_DATA 为 DATA 端口的基地址,即 0x8800_0000＋0x4,刚好将 Xm0ADDR2 地址引脚拉高,即 DM9000A 芯片的 CMD 引脚被拉高。

　　下面修改 board_eth_init 函数。

```
93   int board_eth_init(bd_t * bis)
94   {
95       int rc = 0;
96   # ifdef CONFIG_SMC911X
97       rc = smc911x_initialize(0, CONFIG_SMC911X_BASE);       //不会执行
98   /* add by gary l */
99   # elif defined(CONFIG_DRIVER_DM9000)                       //在 tq210.h 中有定义
100      rc = dm9000_initialize(bis);
101  # endif
102      return rc;
103  }
```

　　SROM 控制器相关的初始化定义如下:

```
48 static void dm9000_pre_init(void)
49 {
50    u32 smc_bw_conf, smc_bc_conf;
51    /* Ethernet needs bus width of 16 bits */
52    smc_bw_conf = SMC_DATA16_WIDTH(CONFIG_ENV_SROM_BANK) | SMC_BYTE_ADDR_MO  DE(CONFIG_ENV
_SROM_BANK);
53    smc_bc_conf = SMC_BC_TACS(0) | SMC_BC_TCOS(1) | SMC_BC_TACC(2)
54       | SMC_BC_TCOH(1) | SMC_BC_TAH(0)
55       | SMC_BC_TACP(0) | SMC_BC_PMC(0);
56    /* Select and configure the SROMC bank */
57    s5p_config_sromc(CONFIG_ENV_SROM_BANK, smc_bw_conf, smc_bc_conf);
58 }
```

　　关于 SROM 控制器的配置,前面已经分析过,这里只是对寄存器 SROM_BW 和 SROM_BC 进行配置,对照源码中各个宏的定义不难理解。

　　在 U-Boot 中添加网卡的主要目的是可以通过网络下载文件到目标板,比如可以通过网络烧写内核,或者加载远程的网络文件系统,所以下面还要实现 tftpboot 命令用于从服务器下

载文件,另外要实现 ping 命令用于检查网络是否畅通。怎么添加这些命令呢?可以查看 include/config_cmd_all.h 头文件,这里面定义了 U-Boot 支持的所有命令,我们发现 tftpboot 命令是由宏 CONFIG_CMD_NET 决定的,这个宏前面已经添加,而 ping 命令是由宏 CONFIG_CMD_PING 决定的,这个在目标板配置文件 tg210.h 中还没有,需要定义。

现在再重新编译 U-Boot,即可在 U-Boot 下使用 ping 命令。在使用过程中,有时会遇到 ping 不通,读取不到 DM9000A 的 ID,可以通过跟踪错误提示信息的方法对 DM900 驱动进行调试,这里需要在 dm9000_reset 函数中加一点延时,这样读取 DM9000A 的 ID 才会稳定。代码修改如下:

```
269     do {
270         DM9000_DBG("resetting the DM9000, 2nd reset\n");
271         udelay(25); /* Wait at least 20 us */
272     } while (DM9000_ior(DM9000_NCR) & 1);
273     /* add by gary l */
274     udelay(200);
```

到这里,整个 U-Boot 下的 DM9000A 网卡驱动就移植完成。在 U-Boot 下可以通过测试 ping 命令,以及通过 tftpboot 命令下载文件来测试网卡移植是否成功。在测试前需要配置下面几个环境变量,即用 set 命令设置。

- ipaddr:U-Boot 的 IP 地址;
- ethaddr:U-Boot 的 MAC 地址;
- serverip:U-Boot 通过 tftpboot 从服务器下载文件时,服务器对应的 IP 地址。

为了方便,还可以直接将上面这些环境变量在 U-Boot 中事先设置好,这样就不需要每次使用前都设置这些环境变量。方法很简单,只需要在目标板配置文件中添加如下几个宏即可。

```
#define CONFIG_DRIVER_DM9000
#define CONFIG_DM9000_NO_SROM
#define CONFIG_DM9000_BASE       0x88000000
#define DM9000_IO                (CONFIG_DM9000_BASE)
#define DM9000_DATA              (CONFIG_DM9000_BASE + 0x4)
#define CONFIG_CMD_PING
#define CONFIG_IPADDR            192.168.1.200
#define CONFIG_SERVERIP          192.168.1.123
#define CONFIG_ETHADDR           11:22:33:44:55:6A
#endif /* CONFIG_CMD_NET */
```

宏 CONFIG_IPADDR、CONFIG_SERVERIP 和 CONFIG_ETHADDR 即为上面三个环境变量,定义了这三个宏后就无须每次设置环境变量。

移植后,在串口控制台上输入 ping 命令和 tftpboot 命令后的 debug 信息如下:

```
TQ210 # ping 192.168.1.123
dm9000 i/o: 0x88000000, id: 0x90000a46
DM9000: running in 16 bit mode
MAC: 11:22:33:44:55:66
WARNING: Bad MAC address (uninitialized EEPROM?)
operating at 100M full duplex mode
Using dm9000 device
host 192.168.1.123 is alive
TQ210 #
TQ210 # tftpboot 20000000 u-boot.bin
```

```
dm9000 i/o: 0x88000000, id: 0x90000a46
DM9000: running in 16 bit mode
MAC: 11:22:33:44:55:66
WARNING: Bad MAC address (uninitialized EEPROM?)
operating at 100M full duplex mode
Using dm9000 device
TFTP from server 192.168.1.123; our IP address is 192.168.1.200
Filename 'u-boot.bin'.
Load address: 0x20000000
Loading: #################
          246.1 KiB/s
done
Bytes transferred = 237220 (39ea4 hex)
```

TFTP 服务器端程序在 Windows 系统上运行如图 10-8 所示，默认会自动找到当前计算机的 IP 地址，只需要将待烧写的镜像文件放到 TFTP 服务器程序所在的根目录（F:\jxex\books\Tools\tftpboot\）下即可。在本书后面会经常用到 tftpboot 命令烧写镜像文件。

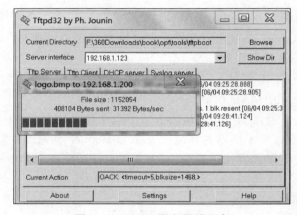

图 10-8　TFTP 服务器端程序

2. NAND Flash 移植

如何使 U-Boot 支持 NAND Flash，先看看 U-Boot 帮助文档。

```
90 Configuration Options:
91
92    CONFIG_CMD_NAND
93        Enables NAND support and commmands.
94
```

另外，在 board_init_r 函数中通过宏决定是否要初始化 NAND 设备。

```
583 # if defined(CONFIG_CMD_NAND)
584     puts("NAND: ");
585     nand_init();           /* go init the NAND */
586 # endif
```

所以要使 U-Boot 支持 NAND，需要配置 CONFIG_CMD_NAND。添加了 CONFIG_CMD_NAND 后，若还无法编译成功，则需要定义一些宏来支持 NAND 相关的命令，比如 nand write 等，与配置 DM9000A 网卡类似，如果事先不知道还需要定义哪些宏，可以先 make all 编译一次 U-Boot，在编译错误信息中会有缺少的宏提示。

下面根据编译时的错误提示定义需要的宏。首先指定 NAND 设备数量,由于开发板上只有一片 NAND,所以宏 CONFIG_SYS_MAX_NAND_DEVICE 定义为 1 即可。还要指定 NAND 的基址,对应的宏是 CONFIG_SYS_NAND_BASE,通过查找 S5PV210 手册可以知道 NAND 的基地址是 0xB0E0_0000。由于 U-Boot 默认操作的是 ONENAND,而且环境变量默认也是保存到 ONENAND,现在要将其指定保存到 NAND。根据编译错误提示信息,查看 common/Makefile 发现 ONENAND 是由宏 CONFIG_ENV_IS_IN_ONENAND 包含进 U-Boot 镜像的,而 NAND 需要另外一个宏才能包含进 U-Boot 镜像,所以需要先屏蔽宏 CONFIG_ENV_IS_IN_ONENAND,再定义宏 CONFIG_ENV_IS_IN_NAND。下面是 NAND 相关的宏在 tq210.h 中的定义:

```
88 #define CONFIG_SYS_MAX_NAND_DEVICE 1
89 #define CONFIG_SYS_NAND_BASE        0xB0E00000
…
210 #define CONFIG_ENV_IS_IN_NAND      1
```

U-Boot 自带的 NAND 驱动一般不可以用于 S5PV210 平台,对于三星平台,U-Boot-2014-04 版本还仅支持 S3C2410/2440 平台相关的 NAND 操作。所以接下来需要添加支持 S5PV210 平台的 NAND 操作。

下面通过对 board_init_r 代码中 NAND 初始化代码的跟踪可发现,nand_init 在 drivers/ mtd/nand/nand.c 中定义,其中关键的是它还调用了 board_nand_init 函数。通过函数名可以想到此函数应该与具体平台相关,进一步跟踪代码发现,board_nand_init 函数也是在当前目录下的 s3c2410_nand.c 中定义,这是 U-Boot 提供的默认支持 S3C2410 平台的 NAND 设备。现在就以此为模板添加支持 S5PV210 平台的 NAND 设备。首先复制一份并改名为 s5pv210_ nand.c,这是一个新代码文件,需要将其包含进 U-Boot 镜像。需要在 Makefile 中添加如下信息:

```
55 obj - $(CONFIG_NAND_S3C2410) += s3c2410_nand.o
56 obj - $(CONFIG_NAND_S5PV210) += s5pv210_nand.o
```

这里需要在配置文件 tg210.h 中添加宏 CONFIG_NAND_S5PV210 作为开关,当定义了此宏就会将 s5pv210_nand.o 编译进 U-Boot 镜像。

```
90 #define CONFIG_NAND_S5PV210
```

接下来就是对 s5pv210_nand.c 的代码进行修改,首先把代码中的 s3c2410 全部替换为 s5pv210,接下来可以参考配套资源补充资料第 2 章相关内容来修改代码。

首先添加 S5PV210 NAND 相关的寄存器定义,所以在 arch/arm/include/asm/arch- s5pc1xx/cpu.h 中添加 NAND 基地址和中断相关的寄存器定义。

```
62 #define TQ210_VIC2_BASE 0xF2200000
63 #define TQ210_VIC3_BASE 0xF2300000
…
67 #define TQ210_NAND_BASE 0xB0E00000
…
117 SAMSUNG_BASE(dmc0, DMC0_BASE)
118 SAMSUNG_BASE(dmc1, DMC1_BASE)
119 SAMSUNG_BASE(nand, NAND_BASE)
```

接着定义一个 NAND 寄存器的结构体 arch/arm/include/asm/arch-s5pc1xx/nand_

reg. h。

```
 3 # ifndef __ASM_ARM_ARCH_NAND_REG_H_
 4 # define __ASM_ARM_ARCH_NAND_REG_H_
 5
 6 # ifndef __ASSEMBLY__
 7
 8 struct tq210_nand {
 9     u32 nfconf;
10     u32 nfcont;
…
60     u32 nfeccconecc3;
61     u32 nfeccconecc4;
62     u32 nfeccconecc5;
63     u32 nfeccconecc6;
64 };
65 # endif
66 # endif
```

再回到 board_nand_init 函数中，此函数主要进行 NAND 相关的初始化，添加函数 s5pv210_nand_select_chip，这个函数最终会调用 s5pv210_hwcontrol 函数，所以需要修改函数 s5pv210_hwcontrol，此函数主要做一些与硬件相关的操作，比如发 NAND 命令、发地址、片选等。具体代码如下（修改后的代码）：

```
19 static void s5pv210_hwcontrol(struct mtd_info * mtd, int cmd, unsigned int ctrl)
20 {
21     struct nand_chip * chip = mtd -> priv;
22     struct tq210_nand * nand = (struct tq210_nand * )samsung_get_base_nand();
23     debug("hwcontrol(): 0x % 02x 0x % 02x\n", cmd, ctrl);
24     ulong IO_ADDR_W = (ulong)nand;
25     if (ctrl & NAND_CTRL_CHANGE) {
26
27         if (ctrl & NAND_CLE)
28             IO_ADDR_W = IO_ADDR_W | 0x8;     /* 命令寄存器 */
29         else if (ctrl & NAND_ALE)
30             IO_ADDR_W = IO_ADDR_W | 0xC;     /* 地址寄存器 */
31
32         chip -> IO_ADDR_W = (void * )IO_ADDR_W;
33
34         if (ctrl & NAND_NCE)                 /* 选中片选 */
35             writel(readl(&nand -> nfcont) & ~(1 << 1), &nand -> nfcont);
36         else                                 /* 取消片选 */
37             writel(readl(&nand -> nfcont) | (1 << 1), &nand -> nfcont);
38     }
39
40     if (cmd ! = NAND_CMD_NONE)
41         writeb(cmd, chip -> IO_ADDR_W);
42     else
43         chip -> IO_ADDR_W = &nand -> nfdata;
44 }
```

现在重新编译 U-Boot，烧写到开发板后，可以使用 U-Boot 提供的 nand 操作命令，比如 nand write、nand erase、nand read 等，使用 NAND 的方式如下：

```
nand erase 10000 200000                          //擦除操作
```

```
nand write 20000000 10000 200000                    //写操作
nand read 20000000 10000 200000                     //读操作
```

如果给 NAND 分区后,上述读/写、擦除操作将变得简单,假设其中 kernel 分区的地址为
0x10000,分区大小为 0x200000,这样上面的操作等价于:

```
nand erase.part kernel                              //擦除操作
nand write 20000000 kernel                          //写操作
nand read 20000000 kernel                           //读操作
```

首先,打开 tq210.h 配置文件,默认提供了分区配置信息,下面是修改后的分区信息:

```
 95 # define MTDIDS_DEFAULT      "nand0 = s5p - nand"
 96 # define MTDPARTS_DEFAULT    "mtdparts = s5p - nand:512k(bootloader)"\
 97                     ",128k@0x80000(params)"\
 98                     ",2m@0xA0000(logo)"\
 99                     ",8m@0x2A0000(kernel)"\
100                     ",256k@0xAA0000(dtree)"\
101                     ", - (rootfs)"
```

分配 512KB 给 U-Boot,128KB 给环境变量,8MB 给内核,2MB 给开机图片缓存区(后面
移植 LCD 驱动时会用到),256KB 给设备树,剩余的空间都用作根文件系统。先后面构建文
件系统时再详细介绍 MTD 分区相关的知识,目前只需要照着例子修改,调整下各分区的大
小、分区名称即可。

对于分配给环境变量的分区,还需要确认 tq210.h 配置文件中关于环境变量的存放地址、
大小的定义是否与上面分区一致,否则,没法保存环境变量信息到 NAND 的指定分区。

```
210 # define CONFIG_ENV_IS_IN_NAND    1
211 # define CONFIG_ENV_SIZE       (128 << 10)    /* 128KiB, 0x20000 */
212 # define CONFIG_ENV_ADDR       (512 << 10)    /* 256KiB, 0x80000 */
213 # define CONFIG_ENV_OFFSET     (512 << 10)    /* 256KiB, 0x80000 */
```

重新编译 U-Boot,将其烧到开发板,执行 mtdparts 命令可以查看分区信息,如果配置正
确,查看到的信息应该与上面配置的一致,下面是具体分区信息:

```
TQ210 # mtdparts default
TQ210 # mtdparts
device nand0 < s5p - nand >, # parts = 5
 # : name            size            offset          mask_flags
 0: bootloader       0x00080000      0x00000000      0
 1: params           0x00020000      0x00080000      0
 2: logo             0x00200000      0x000A0000      0
 3: kernel           0x00800000      0x002A0000      0
 4: dtree            0x00040000      0x00AA0000      0
 5: rootfs           0x3F520000      0xAE0000        0
active partition: nand0,0 - (bootloader) 0x00040000 @ 0x00000000
defaults:
mtdids : nand0 = s5p - nand
mtdparts: mtdparts = s5p - nand:512k(bootloader),128k@0x80000(params),2m@0xA0000(logo),8m@
0x2A0000(dtree), - (rootfs)
TQ210 # saveenv
Saving Environment to NAND...
Erasing NAND...
Erasing at 0x80000 -- 100 % complete.
Writing to NAND... OK
TQ210 #
```

注意：如果 mtdparts 命令执行失败，可以尝试先执行 mtdparts default 初始化分区信息，然后再执行 mtdparts 命令就可以正常查看分区信息，否则说明前面添加的分区不正确。另外，执行 mtdparts default 后，通常紧接着先执行 saveenv 命令将分区信息保存到环境变量分区缓存，这里即为 NAND 中的 param 分区，这样下次启动直接用 mtdparts 命令就可以查看分区信息。

最后，由于 NAND 的易失性，还需要为 NAND 添加 ECC 功能，这样 NAND 的功能才完整。下面主要实现 NAND 的 ECC 写操作，对于 ECC 读操作，可直接使用 S5PV210 片内 ROM 提供的读 NAND 接口函数。有关 ECC 的详细介绍以及操作，可以参考配套资源补充资料第 2 章，这里只是简单介绍 U-Boot 下的 NAND 操作移植。

首先，在 board_nand_init 函数中有如下定义（参考 S3C2410）：

```
# ifdef CONFIG_S3C2410_NAND_HWECC
    nand -> ecc.hwctl = s3c2410_nand_enable_hwecc;
    nand -> ecc.calculate = s3c2410_nand_calculate_ecc;
    nand -> ecc.correct = s3c2410_nand_correct_data;
    nand -> ecc.mode = NAND_ECC_HW;
    nand -> ecc.size = CONFIG_SYS_NAND_ECCSIZE;
    nand -> ecc.bytes = CONFIG_SYS_NAND_ECCBYTES;
    nand -> ecc.strength = 1;
# else
    nand -> ecc.mode = NAND_ECC_SOFT;
# endif
```

所以需要实现上述函数以及相关宏的定义。首先在配置文件 tq210.h 中添加如下宏的定义：

```
97 # define CONFIG_S5PV210_NAND_HWECC
98 # define CONFIG_SYS_NAND_ECCSIZE      512
99 # define CONFIG_SYS_NAND_ECCBYTES     13
```

ECCSIZE 与 ECCBYTES 对于不同容量的 NAND，其值是不一样的，具体可以参考 NAND 芯片使用手册。参考 S3C2410 的定义，定义函数 s5pv210_nand_enable_hwecc、s5pv210_nand_calculate_ecc 和 s5pv210_nand_correct_data。有关这三个函数的实现可以参考本书的源代码，原理部分可以参考配套资源补充资料第 2 章，这里不再重复讲解。

另外，有一个特别的结构体需要注意，如下所示：

```
struct nand_ecclayout {
    uint32_t eccbytes;
    uint32_t eccpos[MTD_MAX_ECCPOS_ENTRIES_LARGE];
    uint32_t oobavail;
    struct nand_oobfree oobfree[MTD_MAX_OOBFREE_ENTRIES_LARGE];
};
```

这个结构体在 include/linux/mtd/mtd.h 中定义，它描述了如何存储 ECC 信息。在配套资源补充资料第 2 章有实现本书实验板的 ECC 定义规则，下面需要把定义的规则告诉 U-Boot，所以需要定义如下的一个结构体：

```
176 static struct nand_ecclayout nand_oob_64 = {
177    .eccbytes = 52,
178    .eccpos = { 12, 13, 14, 15, 16, 17, 18, 19, 20, 21,
179               22, 23, 24, 25, 26, 27, 28, 29, 30, 31,
```

```
180                  32, 33, 34, 35, 36, 37, 38, 39, 40, 41,
181                  42, 43, 44, 45, 46, 47, 48, 49, 50, 51,
182                  52, 53, 54, 55, 56, 57, 58, 59, 60, 61,
183                  62, 63},
184     /* 0 和 1 用于保存坏块标记,12~63 保存 ecc,剩余 2~11 为 free */
185     .oobfree = {
186                  {.offset = 2,
187                  .length = 10}
188              }
189 };
```

另外,还要实现一个 ECC 读函数 s5pv210_nand_read_page_hwecc。这个函数直接使用 S5PV210 所提供的函数,下面是封装后的函数。

```
130 #define NF8_ReadPage_Adv(a, b, c) (((int(*)(u32, u32, u8 *))(*((u32 *)0xD0037F
        90)))(a, b, c))
131 static int s5pv210_nand_read_page_hwecc(struct mtd_info * mtd, struct nand_chip * chip,
                    uint8_t * buf, int oob_required, int page)
132 {
133     /* TQ210 使用的 NAND Flash 一个块 64 页 */
134     return NF8_ReadPage_Adv(page / 64, page % 64, buf);
135 }
```

其中地址 0xD0037F90 就是 S5PV210 提供的函数接口地址。下面是 board_nand_init 函数中关于 ECC 部分修改后的代码。

```
235 #ifdef CONFIG_S5PV210_NAND_HWECC
236     nand->ecc.hwctl = s5pv210_nand_enable_hwecc;
237     nand->ecc.calculate = s5pv210_nand_calculate_ecc;
238     nand->ecc.correct = s5pv210_nand_correct_data;
239     nand->ecc.mode = NAND_ECC_HW;
240     nand->ecc.size = CONFIG_SYS_NAND_ECCSIZE;
241     nand->ecc.bytes = CONFIG_SYS_NAND_ECCBYTES;
242     nand->ecc.strength = 1;
243
244     nand->ecc.layout = &nand_oob_64;
245     nand->ecc.read_page = s5pv210_nand_read_page_hwecc;
246 #else
247     nand->ecc.mode = NAND_ECC_SOFT;
248 #endif
249
250 #ifdef CONFIG_S3C2410_NAND_BBT
251     nand->bbt_options |= NAND_BBT_USE_FLASH;
252 #endif
```

在宿主机上重新编译 U-Boot,直接输入 make all 命令编译,将编译后的 tq210-spl.bin 和 u-boot.bin 分别烧写到 SD 卡的扇区 1 和扇区 32,将烧写好的 SD 卡插入目标板,上电从 SD 卡启动。

接下来,先通过 SD 卡启动目标板,然后在 U-Boot 的 menu 菜单下使用 nand 操作命令将 U-Boot 镜像烧写到 NAND 的 Bootloader 分区,然后将目标板的拨码开关设置为 NAND 方式启动。在烧写前,先要考虑镜像加载的顺序,加载方式与从 SD 卡启动加载顺序是类似的,都是先将前 16KB 的内容复制到片内 RAM 中执行,然后将真正的 U-Boot 加载到 DDR2 内存中,最终跳转到内存中执行。在从 NAND 加载前,先要对 NAND Flash 进行初始化,另外在

SPL 阶段如何将 u-boot. bin 镜像复制到内存？怎么区分是从 SD 卡启动还是从 NAND 启动？这里可以通过读取 OMR 寄存器来判断 S5PV210 当前是从哪个设备启动的。关于 OMR 寄存器可以参考 S5PV210 芯片手册，在 S5PV210 启动序列那一章有相应介绍。另外从 NAND 加载 U-Boot 镜像到内存，直接调用 S5PV210 提供的 NAND 读操作接口函数，这些在前面都有介绍，所以对代码相关的介绍，这里不再重复，具体的代码可以参考 u-boot-2014.04/board/Samsung/tq210/tq210.c 下的 copy_bl2_to_sdram 函数。下面举例说明怎么使用 U-Boot 下的 NAND 操作命令对 NAND Flash 进行烧写。

（1）擦除 Bootloader 分区。

```
TQ210 # nand erase.part bootloader
```

（2）加载 tq210-spl. bin 镜像到内存。

```
TQ210 # tftpboot 20000000 tq210 - spl.bin
```

（3）烧写 tq210-spl. bin 到 NAND 的 0 地址，即第 0 块第 0 页。

```
TQ210 # nand write 20000000 0 $ filesize
```

这里的 $ filesize 为一个临时变量，它的值为待烧写文件的大小。

（4）重复（2）和（3）的动作，将 u-boot. bin 烧写到 NAND 的 0x4000 地址。

```
TQ210 # tftpboot 20000000 u - boot.bin
TQ210 # nand write 20000000 4000 $ filesize
```

都烧写好后，可以将目标板的拨码开关设置为 NAND 启动方式，然后重新上电启动，在串口终端按键盘空格键，如果可以正常进入 U-Boot 的菜单目录，说明 NAND 烧写以及 NAND 启动都没有问题。

最后，在对 NAND 烧写 U-Boot 时，先烧写了 spl 的镜像，然后再烧写 u-boot. bin 的镜像，也就是说需要分两步才可以烧写完成。这样有点麻烦，下面使用 Linux 下的文件合并命令，将这两个镜像文件合成一个文件，这样每次烧写 Bootloader 时，只需要烧写一个镜像文件就可以。

```
book@jxes:/opt/bootloader/u - boot - 2014.04 $ cp spl/tq210 - spl.bin tmp.bin
book@jxes:/opt/bootloader/u - boot - 2014.04 $ truncate tmp.bin - c - s 16K
book@jxes:/opt/bootloader/u - boot - 2014.04 $ cat u - boot.bin >> tmp.bin
book@jxes:/opt/bootloader/u - boot - 2014.04 $ mv tmp.bin u - boot - combine.bin
```

truncate 命令"-s"操作选项将 tmp. bin 文件大小扩展为 16KB，"-c"表示不创建文件，然后使用 cat 命令将 u-boot. bin 追加到 tmp. bin 后面，最后重命名为 u-boot-combine. bin。为了方便，可以把上面的这些命令添加到 U-Boot 的 Makefile 文件中，这样每次编译后，自动将这两个镜像合并。U-Boot 根目录下的 Makefile 修改如下：

```
700 ALL - y + = u - boot.srec u - boot.bin System.map combine
701
…
749 combine: u - boot.bin spl/u - boot - spl.bin FORCE
750     cp $(objtree)/spl/tq210 - spl.bin $(objtree)/tmp.bin
751     truncate $(objtree)/tmp.bin - c - s 16K
752     cat $(objtree)/u - boot.bin >> $(objtree)/tmp.bin
753     mv $(objtree)/tmp.bin $(objtree)/u - boot - combine.bin
```

输入 make all 命令编译,编译成功后,从编译 log 信息可以看到,编译器自动将 spl 和 u-boot. bin 合并成 u-boot-combine. bin。

```
OBJCOPY spl/u-boot-spl.bin
/opt/bootloader/u-boot-2014.04/tools/AddheaderToBL1 spl/u-boot-spl.bin spl/tq210-
spl.bin
cp /opt/bootloader/u-boot-2014.04/spl/tq210-spl.bin /opt/bootloader/u-boot-2014.04/
tmp.bin
truncate /opt/bootloader/u-boot-2014.04/tmp.bin -c -s 16K
cat /opt/bootloader/u-boot-2014.04/u-boot.bin >> /opt/bootloader/u-boot-2014.04/tmp.bin
mv /opt/bootloader/u-boot-2014.04/tmp.bin /opt/bootloader/u-boot-2014.04/u-boot-
combine.bin
book@jxes:/opt/bootloader/u-boot-2014.04 $
```

将合并后的镜像烧写到 NAND 的 0 地址测试,如果正常启动说明文件合并没有问题。烧写命令如下:

```
TQ210 # nand erase.part bootloader          //先擦除 Bootloader 分区
TQ210 # tftpboot 20000000 u-boot-combine.bin //加载到内存 20000000 地址
TQ210 # nand write 20000000 0 $filesize      //用 write 操作烧写到 NAND 的 0 地址
```

3. LCD 驱动移植

分析 LCD 驱动仍然从 board_init_f 函数开始,其中有如下代码用来初始化 LCD:

```
358 # ifdef CONFIG_LCD
359 # ifdef CONFIG_FB_ADDR
360     gd->fb_base = CONFIG_FB_ADDR;
361 # else
362     /* reserve memory for LCD display (always full pages) */
363     addr = lcd_setmem(addr);
364     gd->fb_base = addr;
365 # endif                                  //CONFIG_FB_ADDR
366 # endif                                  //CONFIG_LCD
```

从代码可以知道,只要定义第 358 行的宏 CONFIG_LCD,就会分配一个帧缓存地址,具体怎么分配通过调用 lcd_setmem 函数来确定。lcd_setmem 函数在 common/lcd.c 中定义,是一个通用的接口函数。注:需要在 LCD 上显示的内容都要存放在帧缓存中。

```
542 ulong lcd_setmem(ulong addr)
543 {
544     ulong size;
545     int line_length;
546
547     debug("LCD panel info: %d x %d, %d bit/pix\n", panel_info.vl_col,
548         panel_info.vl_row, NBITS(panel_info.vl_bpix));
549
550     size = lcd_get_size(&line_length);
551
552     /* Round up to nearest full page, or MMU section if defined */
553     size = ALIGN(size, CONFIG_LCD_ALIGNMENT);
554     addr = ALIGN(addr - CONFIG_LCD_ALIGNMENT + 1,
    CONFIG_LCD_ALIGNMENT);
555
556     /* Allocate pages for the frame buffer. */
557     addr -= size;
```

```
558
559    debug("Reserving % ldk for LCD Framebuffer at: % 08lx\n",
560        size >> 10, addr);
561
562    return addr;
563 }
```

第 547 行打印结构体变量 panel_info 的成员 vl_col(列)、vl_row(行)和 vl_bpix(BPP)，这些变量由具体的 LCD 驱动定义，所以后面需要给这些变量赋值。

第 550 行调用 lcd_get_size 函数获得帧缓存的大小，跟踪代码可以发现，此函数也在 lcd.c 中定义，并且定义为一个弱符号，所以可以在具体的 LCD 驱动里重新定义这个函数，当然也可以使用默认值。

```
408 __weak int lcd_get_size(int * line_length)
409 {
410     * line_length = (panel_info.vl_col * NBITS(panel_info.vl_bpix)) / 8;
411     return * line_length * panel_info.vl_row;
412 }
```

第 408 行，__weak 声明此函数为一个弱函数。所谓弱函数就是如果重定义此函数，当调用此函数时，实际调用的就是重定义的那个函数，否则默认就使用此弱函数，这是编译器中的一个技巧。

第 410、411 行也是根据 panel_info 变量来计算帧缓存大小的。

以上只是指定了帧缓存相关的信息，下面接着跟踪代码。在 board_init_r 初始化函数中还调用了 stdio_init 函数，这个函数用来初始化标准输入、标准输出和标准错误输出等 I/O。前面通过串口输出的 debug 信息都是在这里指定的。除串口、LCD 外，在此函数中可以看到其他一些设备也可以作为输入、输出 I/O，比如 JTAG、键盘等，它们具体在 common/stdio.c 中定义，这里只关心 LCD 相关的定义，如下所示：

```
206 # ifdef CONFIG_LCD
207    drv_lcd_init();
208 # endif
```

第 206 行说明只要定义了宏 CONFIG_LCD，就可调用 LCD 的初始化函数 drv_lcd_init，这个函数在 common/lcd.c 中定义如下：

```
414 int drv_lcd_init(void)
415 {
416    struct stdio_dev lcddev;
417    int rc;
418
419    lcd_base = map_sysmem(gd -> fb_base, 0);
420
421    lcd_init(lcd_base);                     /* LCD initialization */
422
423    /* Device initialization */
424    memset(&lcddev, 0, sizeof(lcddev));
425
426    strcpy(lcddev.name, "lcd");
427    lcddev.ext = 0;                         /* No extensions */
428    lcddev.flags = DEV_FLAGS_OUTPUT;        /* Output only */
429    lcddev.putc = lcd_putc;                 /* 'putc' function */
```

```
430     lcddev.puts = lcd_puts;                 /* 'puts' function */
431
432     rc = stdio_register(&lcddev);
433
434     return (rc == 0) ? 1 : rc;
435 }
```

第 419 行将帧缓存的地址赋给一个指针变量 lcd_base，接着在第 421 行调用 lcd_init 函数
初始化 LCD，而此函数也在当前文件中定义。第 426～433 行为结构体变量 stdio_dev 赋值，
其中第 429、430 行将输出函数赋给这个结构体，后面标准输出都是通过这些函数输出的。下
面再看看 lcd_init 函数具体做了什么事情。

```
497 static int lcd_init(void * lcdbase)
498 {
499     /* Initialize the lcd controller */
500     debug("[LCD] Initializing LCD frambuffer at %p\n", lcdbase);
501
502     lcd_ctrl_init(lcdbase);
503
…
510     if (map_to_sysmem(lcdbase) != gd->fb_base)
511         lcd_base = map_sysmem(gd->fb_base, 0);
512
513     debug("[LCD] Using LCD frambuffer at %p\n", lcd_base);
514
515     lcd_get_size(&lcd_line_length);
516     lcd_is_enabled = 1;
517     lcd_clear();
518     lcd_enable();
519
520     /* initialize the console */
521     console_col = 0;
522 #ifdef CONFIG_LCD_INFO_BELOW_LOGO
523     console_row = 7 + BMP_LOGO_HEIGHT / VIDEO_FONT_HEIGHT;
524 #else
525     console_row = 1;                        /* leave 1 blank line below logo */
526 #endif
527
528     return 0;
529 }
```

第 502 行，lcd_ctrl_init 函数是在 LCD 的驱动中实现的，由此可以知道，U-Boot 中真正调
用具体 LCD 驱动的入口是从这个函数开始的，而这个函数主要是对 LCD 控制器相关的硬件
初始化。

第 514～519 行分别调用 lcd_clear 函数来清屏，调用 lcd_enable 函数使能 LCD 控制器，这
些函数都需要在具体的 LCD 驱动里面实现。代码跟踪分析到这里，接下来就可以添加与目标
板相关的 LCD 驱动了。

LCD 相关驱动通常在 drivers/video 目录下，所以只需在此目录下创建文件 tq210_fb.c，
同时修改 drivers/video/Makefile，把添加的这个文件编译进 U-Boot 镜像中。

```
42 obj-$(CONFIG_FORMIKE) += formike.o
43 obj-$(CONFIG_TQ210_LCD) += tq210_fb.o
```

接下来就来实现 LCD 驱动里需要调用的函数。首先定义 S5PV210 的 LCD 控制器的寄存器结构体，在 arch/arm/include/asm/arch-s5pc1xx 下创建一个头文件 lcd_reg.h，具体内容请参考本书源码。

```
 8 struct tq210_lcd {
 9     unsigned int    vidcon0;
10     unsigned int    vidcon1;
11     unsigned int    vidcon2;
⋮
63     unsigned int    vidw04add1b0;
64     unsigned int    vidw04add1b1;
65 };
```

同时需要在 arch/arm/include/asm/arch-s5pc1xx/cpu.h 中定义 LCD 控制器的基地址，如下所示：

```
 68 #define TQ210_LCD_BASE 0xF8000000
    …
120 SAMSUNG_BASE(lcd, LCD_BASE)
121 #endif
```

最后在目标板配置文件 tq210.h 中定义需要的宏如下：

```
257 #define CONFIG_LCD
258 #define CONFIG_TQ210_LCD
```

接下来就可以在新创建的 tq210_fb.c 中实现 lcd_ctrl_init 函数和 lcd_enable 函数，以及定义 panel_info 结构体。LCD 控制器相关硬件初始化的内容可以参考配套资源补充资料第 3 章，这里不重复介绍。panel_info 结构体定义如下：

```
27 vidinfo_t panel_info = {
28     .vl_col = 800,                      //目标板的显示屏尺寸是 800×480
29     .vl_row = 480,
30     .vl_bpix = LCD_COLOR24,
31 };
```

第 30 行的宏 LCD_COLOR24 表示使用 24BPP，即 RGB＝8∶8∶8，红绿蓝各为 1 字节，在 include/lcd.h 中并没有这样的颜色宏定义，所以需要添加支持 24BPP 的宏定义如下：

```
335 #define LCD_MONOCHROME 0
336 #define LCD_COLOR2 1
337 #define LCD_COLOR4 2
338 #define LCD_COLOR8 3
339 #define LCD_COLOR16 4
340 #define LCD_COLOR24 5                        //24BPP
```

第 340 行是新添加的颜色宏，在后面的代码中会用到。

在此头文件中还有如下定义，指定了默认的 LCD_BPP 为 LCD_COLOR8。

```
354 /* Default to 8bpp if bit depth not specified */
355 #ifndef LCD_BPP
356 # define LCD_BPP                        LCD_COLOR8
357 #endif
```

第 356 行指定默认 LCD_BPP，如果未定义则使用这里默认的 LCD_COLOR8，所以在配置文件 tg210.h 中定义 LCD_BPP 为 LCD_COLOR24 是必要的。

下面输入 make all 命令编译 U-Boot,编译失败,错误信息如下:

```
common/lcd.c:106:3: error: # error Unsupported LCD BPP.
common/lcd.c: In function 'console_scrollup':
common/lcd.c:181: warning: implicit declaration of function 'COLOR_MASK'
common/lcd.c: In function 'lcd_drawchars':
common/lcd.c:309: warning: unused variable 'd'
make[1]: *** [common/lcd.o] 错误 1
make: *** [common] 错误 2
```

错误信息提示不支持的 LCD_BPP,因为 LCD_COLOR24 是新添加的,所以在相关代码中应做相应修改,修改 common/lcd.c 的代码如下:

```
104 #elif (LCD_BPP == LCD_COLOR8) || (LCD_BPP == LCD_COLOR16) || (LCD_BPP == LCD_COLOR24)
105 # define COLOR_MASK(c)      (c)
```

在第 104 行添加宏 LCD_COLOR24,同时还需要在 lcd.c 的 lcd_drawchars 函数下添加 LCD_COLOR24 分支如下:

```
310 #elif LCD_BPP == LCD_COLOR24
311        uint * d = (uint * )dest;
…
345 #elif    LCD_BPP == LCD_COLOR24
346            for (c = 0; c < 8; ++c) {
347                * d++ = (bits & 0x80) ?
348                        lcd_color_fg : lcd_color_bg;
349                bits << = 1;
350            }
351 #endif
352        }
353 #if LCD_BPP == LCD_MONOCHROME
354        * d = rest | ( * d & ((1 << (8 - off)) - 1));
355 #endif
356    }
357 }
```

第 345~350 行指定一个像素在内存中占 32 位,即 4 字节,但只使用 24BPP,即 3 字节表示一个像素,所以有 1 字节被浪费掉。

现在重新编译 U-Boot,然后将新的 U-Boot 烧写到目标板,这时可以看到串口调试信息不再显示在控制台上,而是显示在 LCD 显示屏上,这是因为 stdout 和 stderr 已经定向到 LCD 了,但 stdio 还是串口,所以在串口终端输入的信息都只能在 LCD 上显示。

接下来需要做一些修改,让标准输入和输出都还是从串口终端输入和输出,而让 LCD 显示开机画面,这样才符合日常使用习惯,这也避免后续从 U-Boot 启动到内核加载期间屏幕一直是黑屏。在前面分析 lcd_init 函数时,此函数中调用了一个函数 lcd_clear,该函数的作用是清屏,其实是让屏幕显示为全黑色,但在 lcd_clear 函数的最后有如下一些代码用来调用 LOGO 显示,当然前提是定义这个调用函数 lcd_logo。它在 common/lcd.c 中定义如下:

```
1087 static void * lcd_logo(void)
1088 {
1089 #ifdef CONFIG_SPLASH_SCREEN
1090    char * s;
1091    ulong addr;
1092    static int do_splash = 1;
```

```
1093
1094        if (do_splash && (s = getenv("splashimage")) != NULL) {
1095            int x = 0, y = 0;
1096            do_splash = 0;
1097
1098            if (splash_screen_prepare())
1099                return (void *)lcd_base;
1100
1101            addr = simple_strtoul (s, NULL, 16);
1102
1103            splash_get_pos(&x, &y);
1104
1105            if (bmp_display(addr, x, y) == 0)
1106                return (void *)lcd_base;
1107        }
1108 #endif /* CONFIG_SPLASH_SCREEN */
1109
1110    bitmap_plot(0, 0);
1111
1112 #ifdef CONFIG_LCD_INFO
1113    console_col = LCD_INFO_X / VIDEO_FONT_WIDTH;
1114    console_row = LCD_INFO_Y / VIDEO_FONT_HEIGHT;
1115    lcd_show_board_info();
1116 #endif /* CONFIG_LCD_INFO */
1117
1118 #if defined(CONFIG_LCD_LOGO) && !defined(CONFIG_LCD_INFO_BELOW_LOGO)
1119    return (void *)((ulong)lcd_base + BMP_LOGO_HEIGHT * lcd_line_length);
1120 #else
1121    return (void *)lcd_base;
1122 #endif /* CONFIG_LCD_LOGO && !defined(CONFIG_LCD_INFO_BELOW_LOGO) */
1123 }
```

此函数默认执行结果是返回帧缓存地址 lcd_base，如果需要显示其他信息，比如 splash screen 等，则需要开启相应的宏。下面主要分析开机启动画面（splash screen）如何实现。

首先在配置文件中添加宏 CONFIG_SPLASH_SCREEN，上述第 1094 行获取环境变量 splashimage 的值保存到变量 s 中，然后调用 simple_strtoul 将它转换为十六进制的整数保存到变量 addr 中。这里的环境变量 splashimage 中保存的是显示图片的地址，所以第 1098 行的 splash_screen_prepare 函数就是用来将 Flash 或 SD 卡中的图片信息读取保存到 splashimage 指定的地址中，接下来第 1105 行的 bmp_display 用于显示图片。这里有如下几个地方需要特别注意。

（1）第 1098 行的 splash_screen_prepare 函数是一个弱函数，如下所示：

```
31 int splash_screen_prepare(void)
32    __attribute__ ((weak, alias("__splash_screen_prepare")));
```

所以 splash_screen_prepare 函数需要在 LCD 驱动里实现，其实现方法比较简单，主要用途就是负责把图片从外部存储介质加载到内存空间指定的位置。这里使用 U-Boot 下的 nand read 命令直接将图片读到内存指定地址空间。

```
120 /*
121 ** 将 NAND Flash 的 logo 分区的数据读取到环境变量
122 ** splashimage 指定的内存地址
123 */
```

```
124 int splash_screen_prepare(void)
125 {
126     char * s = NULL;
127     char cmd[100];
128
129     if ((s = getenv("splashimage")) == NULL)
130     {
131         printf("Not set environable: splashimage\n");
132         return 1;
133     }
134
135     sprintf(cmd, "nand read %s logo", s);
136     return run_command_list(cmd, -1, 0);
137 }
```

（2）需要准备一张 800×480 的 BMP 格式的图片。

（3）如果从 NAND 启动，需要在 NAND 分区时预留一块分区用于存放图片资源，这部分在前面讲解 NAND 驱动移植时已经介绍。

（4）添加 splashimage 环境变量，在 U-Boot 中有一个宏专门用来指定额外环境变量，所以只需要在宏 CONFIG_EXTRA_ENV_SETTINGS 里添加 splashimage，并且指定图片加载地址为 0x23000000（参考前面的 NAND 的分区），同时将其他的额外环境变量都删除，修改配置文件 tg210.h 如下所示：

```
129 #define CONFIG_ENV_OVERWRITE
130 #define CONFIG_EXTRA_ENV_SETTINGS               \
131     "splashimage = 0x23000000" \
```

接下来就可以输入 make all 命令尝试编译，但遇到如下错误：

```
common/built-in.o: In function 'lcd_logo':
/opt/bootloader/u-boot-2014.04/common/lcd.c:1105: undefined reference to 'bmp_display'
arm-linux-ld: BFD (crosstool-NG 1.22.0) 2.20.1.20100303 assertion fail /opt/tools/crosstool
_build/.build/src/binutils-2.20.1a/bfd/elf32-arm.c:12195
arm-linux-ld: BFD (crosstool-NG 1.22.0) 2.20.1.20100303 assertion fail /opt/tools/crosstool
_build/.build/src/binutils-2.20.1a/bfd/elf32-arm.c:12429
Segmentation fault (core dumped)
make: *** [u-boot] 错误 139
```

以上错误提示没有定义 bmp_display 函数，跟踪代码发现此函数在 common/cmd_bmp.c 中定义，既然代码中有此函数的实现，自然想到应该是没有被包含进 U-Boot 镜像中。查看 common 目录下的 Makefile 发现，包含此函数需要定义宏 CONFIG_CMD_BMP。

```
56 obj-$(CONFIG_CMD_BMP) += cmd_bmp.o
```

下面是 LCD 相关的宏在配置文件 tg210.h 中的定义：

```
257 #define CONFIG_LCD
258 #define CONFIG_TQ210_LCD
259 #define LCD_BPP                    LCD_COLOR24
260 #define CONFIG_SPLASH_SCREEN
261 #define CONFIG_CMD_BMP
```

重新编译 U-Boot，然后烧写 SD 卡。上电从 SD 卡启动，发现之前的输出信息不再从 LCD 输出了，为什么会这样？可以看一下 common/console.c 下的 conosole_init_r 函数。

```
773 int console_init_r(void)
774 {
775     struct stdio_dev * inputdev = NULL, * outputdev = NULL;
776     int i;
777     struct list_head * list = stdio_get_list();
778     struct list_head * pos;
779     struct stdio_dev * dev;
780
781 # ifdef CONFIG_SPLASH_SCREEN
…
788     if (getenv("splashimage") ! = NULL) {
789         if (!(gd - > flags & GD_FLG_SILENT))
790             outputdev = search_device (DEV_FLAGS_OUTPUT, "serial");
791     }
792 # endif
793
794     /* Scan devices looking for input and output devices */
795     list_for_each(pos, list) {
796         dev = list_entry(pos, struct stdio_dev, list);
797
798         if ((dev - > flags & DEV_FLAGS_INPUT) && (inputdev == NULL)) {
799             inputdev = dev;
800         }
…
```

第 788～790 行指明，如果定义了环境变量 splashimage，标准输出就指向 serial，即从串口输出。

下面来测试 splash screen 画面的显示效果。首先将图片烧写到 LOGO 对应的分区，烧写方法与前面烧写 U-Boot 镜像到 NAND 类似，直接用 tftpboot 命令烧写，logo. bmp 图片文件要存放在 tftp 服务器目录下，然后上电从 NAND 启动，屏幕仍然是黑色，说明图片没有显示，同时在串口终端显示如下错误提示信息：

```
Error: 32 bit/pixel mode, but BMP has 24 bit/pixel
```

通过提示信息知道，BMP 图片需要 32 位的，因为在前面指定了像素由 32 位表示，所以需要制作一张 32 位的 BMP 图片（图像处理软件都支持制作 32 位 BMP 图片），然后重新将 BMP 图片烧写到 LOGO 分区。开机后发现串口打印信息正常，但开机 LOGO 没有显示，通过跟踪代码，在 bmp_display 函数下面调用函数 lcd_display_bitmap 来处理显示 BMP 图片。对于 32 位的图片需要先定义宏 CONFIG_BMP_32BPP，具体代码如下所示：

```
1065 # if defined(CONFIG_BMP_32BPP)
1066     case 32:
1067         for (i = 0; i < height; ++i) {
1068             for (j = 0; j < width; j++) {
1069                 * (fb++) = * (bmap++);
1070                 * (fb++) = * (bmap++);
1071                 * (fb++) = * (bmap++);
1072                 * (fb++) = * (bmap++);
1073             }
1074             fb -= lcd_line_length + width * (bpix / 8);
1075         }
1076         break;
1077 # endif /* CONFIG_BMP_32BPP */
```

所以,需要在配置文件 tg210.h 中添加宏 CONFIG_BMP_32BPP 的定义。

```
262 #define CONFIG_BMP_32BPP
```

将 U-Boot 重新编译后再烧写到 NAND,然后从 NAND 启动,可以看到开机启动画面。到这里 LCD 的驱动基本功能就移植结束了。

4. 添加开机声音提示

由于本书实验目标板是 TQ210,它自带了一个有源的蜂鸣器,只要给它通电,蜂鸣器就会发声,相比无源蜂鸣器来说简单很多,无源蜂鸣器还需要输入额定的频率才会发声。我们的目标板上的蜂鸣器控制电路如图 10-9 所示。

从蜂鸣器的控制线路图可知,只要给 XpwmTOUT1 引脚一个高电平,蜂鸣器就可以工作。根据 S5PV210 的引脚定义可以知道 XpwmTOUT1 引脚对应的是 GPD0_1 引脚,是一个 GPIO 引脚,所以最终对开发板上的蜂鸣器的操作可以认为是对 GPIO 的操作,相对比较简单,有关 GPIO 的操作可以参考第 5 章。

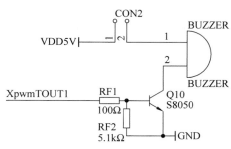

图 10-9 蜂鸣器控制电路

下面直接在 board/samsung/tq210/tq210.c 中添加如下操作 GPIO 的函数。

```
106 void beeper_on(unsigned char on)
107 {
108     unsigned int * gpd0con = (unsigned int * )0xE02000A0;        //GPD0CON
109     unsigned int * gpd0dat = (unsigned int * )0xE02000A4;        //GPD0DAT
110
111     /* 配置GPD0[1]为输出 */
112     writel((readl(gpd0con) & ~(0xF << 4)) | (1 << 4), gpd0con);
113
114     if (on)                                    //开启蜂鸣器
115         writel(readl(gpd0dat) | (1 << 1), gpd0dat);
116     else                                       //关闭蜂鸣器
117         writel(readl(gpd0dat) & ~(1 << 1), gpd0dat);
118 }
```

同时,在目标板初始化函数 board_init_r 中添加对 beeper_on 函数的调用。

```
518     beeper_on(1);                              //开启蜂鸣器
519     mdelay(500);                              //延时500ms
520     beeper_on(0);                             //关闭蜂鸣器
```

重新输入 make all 命令编译 U-Boot,烧写到 NAND 的 Bootloader 分区,上电从 NAND 启动,就可以听到蜂鸣器鸣叫的声音,到此整个 U-Boot 的驱动部分就移植结束。当然驱动远不止这些,具体需要在 U-Boot 下添加哪些设备的驱动,还需要针对实际的项目来定,这里的移植仅供参考。

10.2.6 添加启动菜单

U-Boot 移植的最终目的是用来加载内核和跳转到内核中执行,而且跳转到内核后,U-Boot 将会一去不复返,直到下次上电重新开机,或执行系统 reboot 命令。为了实现这个目的,需要为 U-Boot 添加启动菜单。下面先看一下 U-Boot 帮助文档里的介绍。

视频讲解

```
The assembling of the menu is done via a set of environment variables
"bootmenu_<num>" and "bootmenu_delay", i.e.:
    bootmenu_delay=<delay>
    bootmenu_<num>="<title>=<commands>"
```

从帮助文档很容易发现，启动菜单可以通过添加环境变量的方式添加，其中环境变量bootmenu_dealy 是设置延时时间，如果在指定的时间内没有按下键盘上的任何一个键，则默认就会执行启动菜单中的第 1 个菜单的内容，通常这个菜单配置为加载内核。其他环境变量的命名方式是 bootmenu_<num>，这里的 num 代表菜单的编号，从 0 开始。紧接着环境变量后的内容为菜单标题（<title>），以及这个菜单被选中后要执行的命令（<commands>）。在菜单中按键盘的上、下方向键可以上、下移动光标选择相应的菜单，按下 Enter 键执行被选中菜单的命令。

根据帮助文档中的介绍，要使用启动菜单，需要在目标板配置文件 tg210.h 中添加如下宏定义：

```
To enable the "bootmenu" command add following definitions to the
board config file:
    #define CONFIG_CMD_BOOTMENU
    #define CONFIG_MENU
To run the bootmenu at startup add these additional definitions:
    #define CONFIG_AUTOBOOT_KEYED
    #define CONFIG_BOOTDELAY 30
    #define CONFIG_MENU_SHOW
```

下面添加第一个菜单以方便第 11 章加载内核，另外再添加两个菜单分别用来烧写Bootloader 和 LOGO 图片到 NAND 上对应的分区中。

```
TQ210 # setenv bootmenu_0 start kernel=echo load kernel
TQ210 # setenv bootmenu_1 update u-boot(u-boot-combine.bin)=nand erase.part
bootloader\;tftpboot 20000000 u-boot-combine.bin\;nand write 20000000 0 0x42600
TQ210 # setenv bootmenu_2 update logo(logo.bmp)=nand erase.part logo\;tftpboot 20000000 logo.
bmp\;nand write 20000000 logo
TQ210 # saveenv
```

注意：最后一定要保存环境变量到 NAND 的 param 分区，这样下次从 NAND 启动就不需要再设置这些环境变量。另外，在 PuTTY 串口控制台上，输入多个命令时中间要用分号隔开，而且分号前要加上转义符号，即"\;"。现在输入 reset 命令就可以看到上面添加的启动菜单以及三个菜单选项：

```
*** U-Boot Boot Menu ***
    start kernel
    update u-boot(u-boot-combine.bin)
    update logo(logo.bmp)
    U-Boot console
Press UP/DOWN to move, ENTER to select
```

第11章

移植Linux内核

本章学习目标
- 了解 Linux 内核发展及其特点、获取方法；
- 了解内核源码结构以及内核启动过程；
- 掌握内核配置、编译和烧写方法；
- 了解 S5PV210 平台的 Linux 内核移植。

11.1 Linux 内核概述

视频讲解

11.1.1 Linux 内核发展及其版本特点

Linux 是一种开源操作系统内核，它是用 C 语言作为主要编程语言编写，符合 POSIX 标准的类 UNIX 操作系统。Linux 最早是由芬兰黑客 Linus Torvalds 为尝试在英特尔 x86 架构上提供自由免费的类 UNIX 操作系统而开发的。该计划开始于 1991 年，在计划早期有一些 Minix 黑客提供了协助，而今天全球无数程序员正在为该计划无偿提供帮助。

Linux 内核的版本号可以从源代码的顶层目录下的 Makefile 中看到，如下面几行构成了 Linux 的版本号：3.16.82。

```
VERSION = 3
PATCHLEVEL = 16
SUBLEVEL = 82
EXTRAVERSION =
```

其中的 VERSION 和 PATCHLEVEL 组成主版本号，如 2.4、2.6、3.16、5.8 等，稳定版本的主版本号用偶数表示（如 2.6、3.16 等），通常每隔 2～3 年会出现一个稳定版本。开发中的版本号用奇数来表示（如 2.5、3.1 等），它通常作为下一个版本的前身，本书所采用的版本是一个稳定的版本。

SUBLEVEL 称为次版本号，它不分奇偶，顺序递增。每隔 1～2 个月发布一个版本。EXTRAVERSION 称为扩展版本号，它也不分奇偶，顺序递增。每周发布几次扩展版本号，修正最新的稳定版本的问题。值得注意的是，EXTRAVERSION 也可以不是数字，而是类似"-rc6"的字样，表示这是一个测试版本。在新的稳定版本发布之前，会先发布几个测试版本用于测试。

Linux 内核的最初版本在 1991 年发布，这是 Linus Torvalds 为英特尔 386 开发的一个类 Minix 的操作系统。

Linux 1.0 的官方版发行于 1994 年 3 月，包含了英特尔 386 的官方支持，仅支持单 CPU 系统。

Linux 1.2 发行于 1995 年 3 月，它是第一个包含多平台支持的官方版本，如 Alpha、Sparc、Mips 等。

Linux 2.0 发行于 1996 年 6 月，包含很多新的平台支持，但是最重要的是，它是第一个支持 SMP（对称多处理器）体系的内核版本。

Linux 2.2 在 1999 年 1 月发布，它带来了 SMP 系统性能的极大提升，同时支持更多的硬件。

Linux 2.4 于 2001 年 1 月发布，它进一步地提升了 SMP 系统扩展，同时也集成了很多用于支持桌面系统的特性：USB、PC 卡（PCMCIA）的支持，内置的即插即用等。

Linux 2.6 于 2003 年 12 月发布，在 Linux 2.4 的基础上进行了极大的改进。Linux 2.6 内核支持更多的平台，从小规模的嵌入式系统到服务器级的 64 位系统；使用了新的调度器，进程的切换更高效；内核可被抢占，使得用户的操作可以得到更快速的响应；I/O 子系统也经历很大的修改，使得它在各种工作负荷下都更具响应性；模块子系统、文件系统都做了大量的改进。另外，以前使用 Linux 的变种 μClinux 来支持没有 MMU 的处理器，现在 Linux 2.6 中已经加入了 μClinux 的功能，也可以支持没有 MMU 的处理器。

从 Linux 3.0 版本开始，改进了对虚拟化和文件系统的支持，主要新特性如下：Btrfs 实现自动碎片整理、数据校验和检查，并且提升了部分性能；支持 sendmmsg() 函数调用，UDP 发送性能提升 20%，接口发送性能提升约 30%；支持 XEN dom0；支持应用缓存清理（Clean Cache）；支持伯克利包过滤器（Berkeley Packet Filter）实时过滤，配合 libpcap/tcpdump 提升包过滤规则的运行效率；支持无线局域网（WLAN）唤醒；支持非特殊授权的 ICMP_ECHO 函数等。3.0 版本对于 Linux 来说是一个革命性的里程碑，对于开发人员来说，从 3.x 版本开始引入了设备树（Device Tree）的概念，它的引入改变了以往 2.6 版本时代的常用代码架构，引入的原因主要是 Linux 创始人认为以前的代码过于混乱，长此以往下去 Linux 的安全性、稳定性存在隐患，有了设备树可以使 Linux 的核心与 SoC 板级代码进行分离，同时对 SoC 相关代码也进行了规范，即统一遵循设备树的框架去开发各自的 SoC 级程序。

11.1.2　Linux 内核源码获取

本章介绍的内核版本是 3.16.82，从官方可知这是一个长期获得支持的稳定版本，所谓长期支持是指会对此版本的内核进行技术支持和已知问题的修复和升级等。下面介绍如何获取 Linux 内核源代码。

首先登录 Linux 内核的官方网站，可以看到如图 11-1 所示的内容。如果要查看所有版本的 Linux 信息，可以在图 11-1 中直接单击 https://www.kernel.org/pub/ 查看。

Protocol	Location
HTTP	https://www.kernel.org/pub/
GIT	https://git.kernel.org/
RSYNC	rsync://rsync.kernel.org/pub/

Latest Stable Kernel: 5.6.15

mainline:	5.7-rc7	2020-05-24	[tarball]		[patch]	[inc. patch]	[view diff]	[browse]
stable:	5.6.15	2020-05-27	[tarball]	[pgp]	[patch]	[inc. patch]	[view diff]	[browse] [changelog]
longterm:	5.4.43	2020-05-27	[tarball]	[pgp]	[patch]	[inc. patch]	[view diff]	[browse] [changelog]
longterm:	4.19.125	2020-05-27	[tarball]	[pgp]	[patch]	[inc. patch]	[view diff]	[browse] [changelog]
longterm:	4.14.182	2020-05-27	[tarball]	[pgp]	[patch]	[inc. patch]	[view diff]	[browse] [changelog]
longterm:	4.9.225	2020-05-27	[tarball]	[pgp]	[patch]	[inc. patch]	[view diff]	[browse] [changelog]
longterm:	4.4.225	2020-05-27	[tarball]	[pgp]	[patch]	[inc. patch]	[view diff]	[browse] [changelog]
longterm:	3.16.82	2020-05-22	[tarball]	[pgp]	[patch]	[inc. patch]	[view diff]	[browse] [changelog]
linux-next:	next-20200529	2020-05-29						[browse]

图 11-1　kernel 网站首页

从网站首页可以发现,在 3.16.82 版本之后又发行了好几个版本,而且当前最新稳定版本是 5.4.43,各版本号后面紧跟的是发行日期,比如 3.16.82 版本号对应的发行日期是 2020-02-11,发行日期后面的下载链接标识符所表示的意义如表 11-1 所示。

表 11-1　kernel 网站首页各标识符的意义

标　识　符	描　　　述
tar. ball	对应版本内核的下载地址,单击它就可以下载,下载的是 xz 格式的压缩文件
pgp	对所下载 kernel 的完整性进行验证,类似于 MD5 的一种签名验证,了解即可,一般不会用到
patch	基于前面版本的 kernel 修改了哪些文件
inc. patch	基于前面版本的 kernel 增加了哪些文件
view diff	查看当前版本修改的记录,主要是与前面版本的差异
browse	查看当前所有修改的记录,通常更新较频繁,可以看到具体哪天的修改记录,包含修改人的姓名等
changelog	这是正式的修改记录,由开发者提供

通常各种补丁文件都是基于内核的某个正式版本生成的,除非有特别说明是基于哪个版本的内核。比如有补丁文件 patch-3.16.1、patch-3.16.2、patch-3.16.3,它们都是基于内核 3.16.1 生成的补丁文件。使用时可以在内核 3.16.1 上直接打补丁 patch-3.16.3,不需要先打上补丁 patch-3.16.1、patch-3.16.2;相应地,如果已经打了补丁 patch-3.16.2,在打补丁 patch-3.16.3 前,要先去除 patch-3.16.2。

本书在 Linux 3.16.82 上进行移植、开发,直接下载 linux-3.16.82.tar.xz 后解压即可得到目录 linux-3.16.82,此目录下存放了内核源代码,如下所示:

```
$ tar xJf linux－3.16.82.tar.xz
```

也可以下载内核源码文件 linux-3.16.1.tar.xz 和补丁文件 patch-3.16.82.tar.xz,然后解压、打补丁(假设源文件、补丁文件放在同一个目录下),如下所示:

```
$ tar xJf linux－3.16.1.tar.xz
$ tar xJf patch－3.16.82.tar.xz
$ cd linux－3.16.1
$ patch －p1 < ../patch-3.16.82
```

11.1.3　内核源码结构及 Makefile 分析

1. 内核源码结构

到目前为止,Linux 内核文件数目已达到 5 万以上,代码量是以千万行级来计算的,除去其他架构 CPU 的相关文件,支持本书 S5PV210 平台的完整内核文件也有 1 万多个。这些文件的组织结构并不复杂,它们分别位于顶层目录下的 21 个子目录中,各个目录下的功能独立。表 11-2 描述了各目录的功能。

表 11-2　Linux 内核目录结构

目　录　名	描　　　述
arch	体系结构相关的代码,对于每个架构的 CPU,arch 目录下都有一个对应的子目录,如 arch/arm/、arch/x86 等
block	块设备相关的通用函数
crypto	常用加密和散列算法(如 AES、SHA 等),还有一些压缩和 CRC 校验算法

续表

目 录 名	描 述
drivers	所有的设备驱动程序，里面每个子目录对应一类驱动程序，比如 drivers/block/为块设备驱动程序，drivers/char/为字符设备驱动程序，drivers/mtd/为 NOR Flash、NAND Flash 等存储设备的驱动程序
firmware	设备相关的固件程序
fs	Linux 支持的文件系统的代码，每个子目录对应一种文件系统，比如 fs/jffs2/、fs/ext2/、fs/ext4/等
include	内核头文件，有基本头文件（存放在 include/linux/目录下）、各种驱动或功能部件的头文件（如 include/media/、include/video/、include/net/等）、各种体系相关的头文件（如 include/asm-generic/等）
init	内核的初始化代码（不是系统的引导代码），其中 main.c 文件中的 start_kernel 函数是内核引导后运行的第一个函数
ipc	进程间通信的代码
kernel	内核管理的核心代码
lib	内核用到的一些库函数代码，如 crc32.c、string.c、sha1.c 等
mm	内存管理代码
net	网络支持代码，每个子目录对应网络的一个方面
samples	一些示例程序，如断点调试、功能测试等
scripts	用于配置、编译内核的脚本文件
security	安全、密钥相关的代码
sound	音频设备驱动程序
tools	工具类代码，比如 USB 传输等。通常会将 U-Boot 下生成的 mkimage 工具放到此目录下，同时修改 Linux 的 Makefile 支持生成 uImage
usr	一般不会用到
virt	一般不会用到
Documentation	Linux 内核的使用帮助文档

2. 内核 Makefile 分析

无论是 U-Boot 还是 Linux，它们的编译都离不开 Makefile，通常内核中哪些文件将被编译？它们是怎样被编译的？它们链接时的顺序如何确定？哪个文件在最前面？哪些文件或函数先执行？这些都是通过 Makefile 来管理的。从最简单的角度总结 Makefile 的作用，有以下 3 点。

（1）决定编译哪些文件？

（2）怎样编译这些文件？

（3）怎样链接这些文件？最重要的是，它们的链接顺序是什么？

Linux 内核源代码中含有很多个 Makefile 文件，这些 Makefile 文件又要包含其他一些文件（如配置信息、通用的规则等）。这些文件构成了 Linux 的 Makefile 体系，可以分为表 11-3 中的 5 类。

表 11-3 Linux 内核 Makefile 文件分类

名　称	描　述
顶层 Makefile	它是所有 Makefile 文件的核心,从总体上控制着内核的编译、链接
.config	配置文件,在配置内核时生成(make menuconfig)。所有 Makefile 文件(包括顶层目录及各级子目录)都是根据.config 来决定使用哪些文件的
arch/ $ (ARCH)/Makefile	对应体系结构的 Makefile,比如 ARM,它用来决定哪些体系结构相关的文件参与内核的生成,并提供一些规则来生成特定格式的内核镜像
Scripts/Makefile. *	Makefile 共用的通用规则、脚本等
子目录下的 Makefile	各级子目录下的 Makefile,它们相对简单,被上一层 Makefile 调用来编译当前目录下的文件

内核帮助文档 Documentation/kbuild/makefiles. txt 对内核中 Makefile 的作用、用法讲解得非常透彻,以下根据前面总结的 Makefile 的 3 大作用分析这 5 类文件。

1) 决定编译哪些文件

Linux 内核的编译过程从顶层 Makefile 开始,然后递归地进入各级子目录调用它们的 Makefile,分为 3 个步骤。

(1) 顶层 Makefile 决定内核根目录下哪些子目录将被编译进内核。

(2) arch/ $ (ARCH)/Makefile 决定 arch/ $ (ARCH)目录下哪些文件、哪些目录将被编译进内核。

(3) 各级子目录下的 Makefile 决定所在目录下哪些文件将被编译进内核,哪些文件将被编译成模块(即驱动程序),进入哪些子目录继续调用它们的 Makefile。

下面先看步骤(1),在顶层 Makefile 中可以看到如下内容:

```
# Objects we will link into vmlinux / subdirs we need to visit
init - y      : = init/
drivers - y   : = drivers/ sound/ firmware/
net - y       : = net/
libs - y      : = lib/
core - y      : = usr/
…
core - y        + = kernel/ mm/ fs/ ipc/ security/ crypto/ block/
```

可见,顶层 Makefile 将各子目录分为 5 类:init-y、drivers-y、net-y、libs-y 和 core-y。

对于步骤(2),这里以 ARM 体系为例,在 arch/arm/Makefile 中可以看到如下内容:

```
head - y      : = arch/arm/kernel/head $ (MMUEXT) .o
textofs - y   : = 0x00008000
…
machine - $ (CONFIG_ARCH_S5PV210)      += s5pv210
machine - $ (CONFIG_ARCH_EXYNOS)       += exynos
…
plat - $ (CONFIG_PLAT_S3C24XX)         += samsung
plat - $ (CONFIG_PLAT_S5P)             += samsung
…
core - y                               += arch/arm/kernel/ arch/arm/mm/ arch/arm/common/
core - y                               += arch/arm/net/
core - y                               += arch/arm/crypto/
…
drivers - $ (CONFIG_OPROFILE)          += arch/arm/oprofile/
```

```
libs - y                                    : = arch/arm/lib/ $ (libs - y)
```

从上面 Makefile 的内容可以发现这里多了一个 head-y，不过它直接以文件名出现。MMUEXT 在/arch/arm/Makefile 前面定义，对于没有 MMU 的处理器，MMUEXT 的值为 -nommu，使用文件 head-nommu. S；对于有 MMU 的处理器，MMUEXT 的值为空，使用文件 head. S。

假设要编译本书采用的 S5PV210 平台，还需要事先配置一些宏来决定是否被包含，如宏 CONFIG_ARCH_S5PV210 和 CONFIG_PLAT_S5P。

编译内核时，将依次进入 init-y、core-y、libs-y、drivers-y 和 net-y 所列出的目录中执行它们的 Makefile，每个子目录都会生成一个 built-in. o(libs-y 目录下，有可能生成 lib. a 文件)，最后，head-y 所表示的文件将和这些 built-in. o、lib. a 一起被链接成内核映像文件 vmlinux。

最后，看一下步骤(3)是怎么进行的。在配置内核时，生成配置文件. config，内核顶层 Makefile 使用如下语句间接包含. config 文件，以后就根据. config 中定义的各个变量(宏)决定编译哪些文件。之所以说是"间接"包含，是因为包含的是 include/config/auto. conf 文件，而它只是将. config 文件中的注释去掉，并根据顶层 Makefile 中定义的变量增加了一些变量而已。

```
# Read in config
- include include/config/auto. conf
```

include/config/auto. conf 文件由. config 配置文件生成，这个过程是编译器自动完成的，它与. config 的格式相同，只是把一些注释内容去掉，摘选部分内容如下(下面以 # 开头的行是注释内容)：

```
 1 #
 2 # Automatically generated file; DO NOT EDIT.
 3 # Linux/arm 3. 16. 82 Kernel Configuration
 4 #
 5 CONFIG_HAVE_ARCH_SECCOMP_FILTER = y
 6 CONFIG_SCSI_DMA = y
 7 CONFIG_KERNEL_GZIP = y
 8 CONFIG_ATAGS = y
 9 CONFIG_CRC32 = y
10 CONFIG_VFP = y
11 CONFIG_AEABI = y
12 CONFIG_HIGH_RES_TIMERS = y
13 CONFIG_INOTIFY_USER = y
14 CONFIG_ARCH_SUSPEND_POSSIBLE = y
15 CONFIG_ARM_UNWIND = y
16 CONFIG_SSB_POSSIBLE = y
17 CONFIG_FSNOTIFY = y
18 CONFIG_BLK_DEV_LOOP_MIN_COUNT = 8
```

在 include/config/auto. conf 文件中，变量的值主要有两类：y 和 m。各级子目录的 Makefile 使用这些变量来决定哪些文件被编进内核中，哪些文件被编成模块(即驱动程序)，要进入哪些下一级子目录继续编译，这通过以下 4 种方法来确定(obj-y、obj-m、lib-y 是 Makefile 中的变量)。

方法 1：obj-y 用来定义哪些文件被编进(built-in)内核。

obj-y 中定义的. o 文件由当前目录下的. c 或. S 文件编译生成，它们连同下级子目录的

built-in.o 文件一起被组合成当前目录下的 built-in.o 文件。这个 built-in.o 文件将被它的上一层 Makefile 使用。

obj-y 中各个.o 文件的顺序是有意义的,因为内核中用 module_init()或 __initcall 定义的函数将按照它们的链接顺序被调用。下面以 drivers/isdn/Makefile 为例分析。

```
obj-$(CONFIG_MISDN)                    += mISDN/
obj-$(CONFIG_ISDN)                     += hardware/
obj-$(CONFIG_ISDN_DIVERSION)           += divert/
```

假设要编译 hardware 下的内容,需要在.config 中定义 CONFIG_ISDN 这个变量。下面是 hardware 目录下 Makefile 的内容:

```
obj-$(CONFIG_CAPI_AVM)                 += avm/
obj-$(CONFIG_CAPI_EICON)               += eicon/
obj-$(CONFIG_MISDN)                    += mISDN/
```

这里假设要把 avm 下的内容编译进内核,同样需要在.config 中定义变量 CONFIG_CAPI_AVM,接下来回到 avm 子目录看一下都有哪些.c 或.S 文件,直接看 avm 下的 Makefile 文件。

```
obj-$(CONFIG_ISDN_DRV_AVMB1_B1ISA)     += b1isa.o b1.o
obj-$(CONFIG_ISDN_DRV_AVMB1_B1PCI)     += b1pci.o b1.o b1dma.o
obj-$(CONFIG_ISDN_DRV_AVMB1_B1PCMCIA)  += b1pcmcia.o b1.o
obj-$(CONFIG_ISDN_DRV_AVMB1_AVM_CS)    += avm_cs.o
obj-$(CONFIG_ISDN_DRV_AVMB1_T1ISA)     += t1isa.o b1.o
obj-$(CONFIG_ISDN_DRV_AVMB1_T1PCI)     += t1pci.o b1.o b1dma.o
obj-$(CONFIG_ISDN_DRV_AVMB1_C4)        += c4.o b1.o
```

从它的 Makefile 中可以看到,首先需要定义这些变量,然后才能生成.o 模块。

方法 2:obj-m 用来定义哪些文件被编译成可以加载的模块。

obj-m 中定义的.o 文件由当前目录下的.c 或.S 文件编译生成,它们不会被编进 built-in.o 中,而是被编译成可以加载的模块。一个模块可以由一个或几个.o 文件组成。对于只有一个源文件的模块,在 obj-m 中直接增加它的.o 文件即可。对于有多个源文件的模块,除在 obj-m 中增加一个.o 文件外,还要定义一个< module_name >-objs 变量来告诉 Makefile 这个.o 文件由哪些文件组成。这里仍以 ISDN 为例,如果在.config 文件中被定义为 m 时,avm 目录下的.c 或.S 文件将被先编译成.o 文件,最后被制作成.ko 模块。

方法 3:lib-y 用来定义哪些文件被编译成库文件。

lib-y 中定义的.o 文件由当前目录下的.c 或.S 文件编译生成,它们被打包成当前目录下的一个库文件 lib.a。同时出现在 obj-y、lib-y 中的.o 文件,不会被包含到 lib.a 中。

要把这个 lib.a 编译进内核中,需要在顶层 Makefile 的 libs-y 变量中列出当前目录。要编译成库文件的内核代码一般都在这两个目录下:lib/和 arch/$(ARCH)/lib/。

方法 4:obj-y、obj-m 还可以用来指定要进入的下一层子目录。

Linux 中一个 Makefile 文件只负责生成当前目录下的目标文件,子目录下的目标文件由子目录的 Makefile 生成。Linux 的编译系统会自动进入这些子目录调用它们的 Makefile,需要在这之前指定这些子目录。

2)怎样编译这些文件

即编译选项、链接选项是什么。这些选项分为 3 类:全局的,适用于整个内核代码树;局部的,仅适用于某个 Makefile 中的所有文件;个体的,仅适用于某个文件。

全局选项在顶层 Makefile 和 arch/ $(ARCH)/Makefile 中定义,这些选项的名称中含有下列字符:CFLAGS、AFLAGS、LDFLAGS、ARFLAGS,它们分别表示编译 C 文件的选项、编译汇编文件的选项、链接文件的选项、制作库文件的选项。

需要使用局部选项时,它们在各个子目录中定义,选项名称与上述全局选项类似,用途也相同。

另外,针对某些特定文件的编译选项,可以使用 CFLAGS_ $@ 和 AFLAGS_ $@。前者用于编译 C 文件,后者用来编译某个汇编文件,$@ 表示某个目标文件名。

3）怎样链接这些文件及它们的链接顺序是什么

前面分析哪些文件编译进内核时,顶层 Makefile 和 arch/ $(ARCH)/Makefile 定义了 6 类目录（或文件）:head-y、init-y、drivers-y、net-y、libs-y 和 core-y。它们的内容在前面已经分析过,其中除 head-y 外,其余的 init-y、drivers-y 等都是目录名,在顶层 Makefile 中,这些目录名的后面直接加上 built-in.o 或 lib.a,表示要链接进内核的文件,如下所示（根目录 Makefile）:

```
init - y      := $ (patsubst %/, %/built - in.o, $ (init - y))
core - y      := $ (patsubst %/, %/built - in.o, $ (core - y))
drivers - y   := $ (patsubst %/, %/built - in.o, $ (drivers - y))
net - y       := $ (patsubst %/, %/built - in.o, $ (net - y))
libs - y1     := $ (patsubst %/, %/lib.a, $ (libs - y))
libs - y2     := $ (patsubst %/, %/built - in.o, $ (libs - y))
libs - y      := $ (libs - y1) $ (libs - y2)
```

上面的 patsubst 是个字符串处理函数,它的用法可以参考配套资源补充资料第 1 章的内容。

经过 patsubst 函数处理后,init-y 变为 init/built-in.o。

从顶层 Makefile 中可以看到以上这些模块最终是怎么链接起来的。

```
export KBUILD_VMLINUX_INIT := $ (head - y) $ (init - y)
export KBUILD_VMLINUX_MAIN := $ (core - y) $ (libs - y) $ (drivers - y) $ (net - y)
export KBUILD_LDS := arch/ $ (SRCARCH)/kernel/vmlinux.lds
export LDFLAGS_vmlinux
# used by scripts/pacmage/Makefile
export KBUILD_ALLDIRS := $ (sort $ (filter - out arch/%, $ (vmlinux - alldirs)) arch Documentation
include samples scripts tools virt)

vmlinux - deps := $ (KBUILD_LDS) $ (KBUILD_VMLINUX_INIT) $ (KBUILD_VMLINUX_MAIN)
```

可见最终是根据 arch/arm/kernel/vmlinux.lds（这里以 ARM 平台为例）这个链接脚本来组织链接的。这个脚本由 arch/arm/kernel/vmlinux.lds.S 文件生成,规则在 scripts/Makefile.build 中,如下所示:

```
$ (obj)/%.lds: $ (src)/%.lds.S FORCE
        $ (call if_changed_dep,cpp_lds_S)
```

下面是编译后生成的 lds 链接脚本的部分信息:

```
493   /DISCARD/ : {
494    * (.ARM.exidx.exit.text)
495    * (.ARM.extab.exit.text)
```

```
496       * (. ARM. exidx. cpuexit. text)
497       * (. ARM. extab. cpuexit. text)
…
500       * (. exitcall. exit)
501       * (. alt. smp. init)
502       * (. discard)
503       * (. discard. * )
504     }
505     . = 0x80000000 + 0x00008000;
506     . head. text:{
507       _text = .;
508       * (. head. text)
509     }
510     . text:{/ * Real text segment        * /
511       _stext = .;/ * Text and read - only data      * /
512       __exception_text_start = .;
513       * (. exception. text)
514       __exception_text_end = .;
…
```

第505行为代码段的起始地址,另外从第506行可知内核是从head. S开始执行的。

下面对本节分析的Makefile进行总结。

(1)配置文件. config中定义了一系列的变量,Makefile将结合它们来决定哪些文件被编译进内核,哪些文件被编成模块以及涉及哪些子目录。

(2)顶层Makefile和arch/ $ (ARCH)/Makefile决定根目录下哪些子目录,以及arch/ $ (ARCH)目录下哪些文件和目录将被编译进内核。

(3)最后,各级子目录下的Makefile决定所在目录下哪些文件将被编译进内核,哪些文件将被编译成模块(即驱动程序),进入哪些子目录继续调用它们的Makefile。

(4)顶层Makefile和arch/ $ (ARCH)/Makefile设置了可以影响所有文件的编译、链接选项:CFLAGS、AFLAGS、LDFLAGS、ARFLAGS。

(5)各级子目录下的Makefile中可以设置能够影响当前目录下所有文件的编译、链接选项;还可以设置可以影响某个文件的编译选项CFLAG_ $ @ 、AFLAGS_ $ @ 。

(6)顶层Makefile按照特定顺序组织文件,根据链接脚本arch/ % (ARCH)/kernel/vmlinux. lds生成内核镜像文件vmlinux。

11. 1. 4　Linux内核的Kconfig介绍

在内核目录下执行make menuconfig时,就会看到如图11-2所示的菜单配置界面,这就是内核的配置界面。通过配置界面,可以选择芯片类型、选择需要支持的文件系统、去除不需要的选项等,这就是所谓的内核配置。另外,也有其他形式的配置,比如make config命令启动字符配置界面,对于每个选项都会依次出现一行提示信息,逐个回答;make xconfig命令启动XWindows图形配置界面。不过习惯使用make menuconfig配置。

所有配置工具都是通过读取arch/ $ (ARCH)/Kconfig文件来生成配置界面,这个文件是所有配置文件的总入口,它会包含其他目录的Kconfig文件。

关于Kconfig文件的语法介绍可以参考帮助文件Documentation/kbuild/kconfig-language. txt,下面介绍几个常用的语法。

1. Kconfig文件的基本要素:config条目(entry)

config条目常被其他条目包含,用来生成菜单、进行多项选择等。

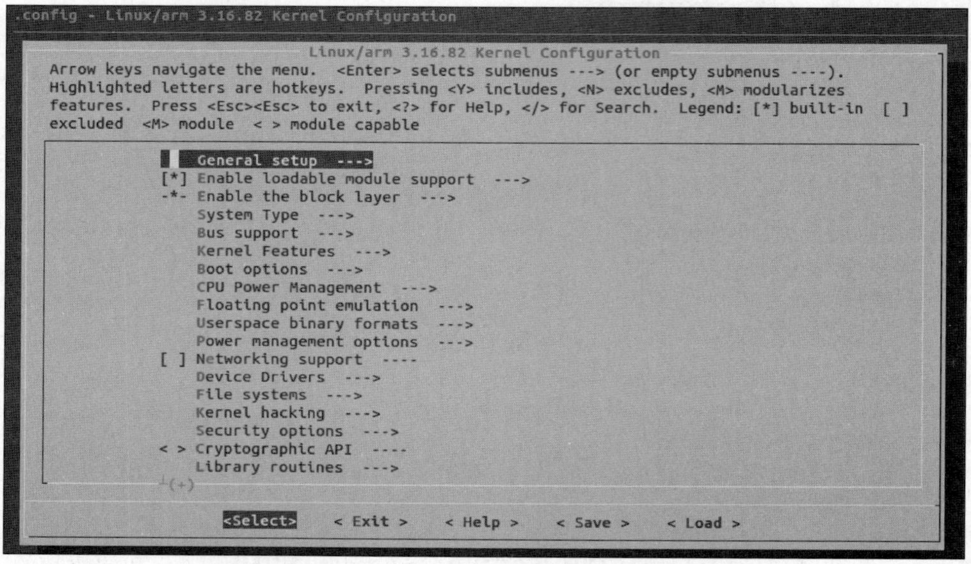

图 11-2　内核配置菜单界面

config 条目用来配置一个选项，或者说，它用于生成一个变量，这个变量会连同它的值一起被写入配置文件.config 中，比如有一个 config 条目用来配置 CONFIG_LEDS_S5PV210。根据用户的选择，.config 文件中可能出现下面 3 种配置结果中的一个。

```
CONFIG_LEDS_S5PV210 = y          ♯ 对应的文件被编译进内核
CONFIG_LEDS_S5PV210 = m          ♯ 对应的文件被编译成模块
♯ CONFIG_LEDS_S5PV210            ♯ 对应的文件没有被使用
```

以一个例子说明 config 条目格式，下面代码摘自 fs/jffs2/Kconfig 文件，它用于配置 CONFIG_JFFS2_ZLIB 选项。

```
116 config JFFS2_ZLIB
117   bool "JFFS2 ZLIB compression support" if JFFS2_COMPRESSION_OPTIONS
118   select ZLIB_INFLATE
119   select ZLIB_DEFLATE
120   depends on JFFS2_FS
121   default y
122   help
123     Zlib is designed to be a free, general - purpose, legally unencumbered,
124     lossless data - compression library for use on virtually any computer
125     hardware and operating system. See < http://www.gzip.org/zlib/> for
126     further information.
127     Say 'Y' if unsure.
```

上述代码中几乎包含了所有的元素，下面一一说明。

第 116 行中 config 是关键字，表示一个配置选项的开始；紧跟着的 JFFS2_ZLIB 是配置选项的名称，省略了前缀 CONFIG_。

第 117 行中 bool 表示变量类型，即 CONFIG_JFFS2_ZLIB 的类型。通常有 5 种类型：bool、tristate、string、hex 和 int，其中的 tristate 和 string 是基本的类型，其他类型是它们的变种。bool 变量取值有两种：y 和 n；tristate 变量取值有 3 种：y、n 和 m；string 变量取值为字符串；hex 变量取值为十六进制的数据；int 变量取值为十进制的数据。

bool 之后的字符串是提示信息,在配置界面中上、下移动光标选中它时,就可以通过按空格或 Enter 键来设置 CONFIG_JFFS2_ZLIB 的值。如果使用 if < expr >,则当 expr 为真时才显示提示信息。在实际使用时,prompt 关键字可以省略。提示信息的完整格式如下:

"prompt"< prompt >["if"< expr >]

第 118 行表示当前配置选项 JFFS2_FS 被选中时,配置选项 ZLIB_INFLATE 也会被自动选中,格式如下:

"select"< symbol > ["if" < expr >]

第 120 行表示依赖关系,只有 JFFS2_FS 配置选项被选中时,当前配置选项的提示信息才会出现,才能设置当前配置选项。注意,如果依赖条件不满足,则它取默认值。格式如下:

"depends on"/ "requires" < expr >

第 121 行表示默认值为 y,格式如下:

"default" < expr > ["if" < expr >]

第 122 行表示下面几行是帮助信息,帮助信息的关键字有如下两种,它们完全一样。当遇到一行的缩进距离比第一行帮助信息的缩进距离小时,表示帮助信息已经结束。

"help"或者" --- help --- "

2. menu 条目
menu 条目用于生成菜单,格式如下:

```
"menu" < prompt >
< menu options >
< menu block >
"endmenu"
```

它的实际使用并不如它的标准格式那样复杂,下面是一个例子。

```
Menu "Floating point emulation"
config FPE_NEFPE
…
config FPE_NEFPE_XP
…
endmenu
```

menu 之后的字符串是菜单名,menu 和 endmenu 之间有很多 config 条目。在配置界面上会出现如下字样的菜单,移动光标选中它后按 Enter 键进入,就会看到这些 config 条目定义的配置选项。

```
Floating point emulation --->
```

3. choice 条目
choice 条目将多个类似的配置选项组合在一起,供用户单选或多选,格式如下:

```
"choice"
< choice options >
< choice block >
"endchoice"
```

实际使用中,也是在 choice 和 endchoice 之间定义多个 config 条目,比如 arch/arm/

Kconfig 中有如下代码：

```
choice
    prompt "ARM system type"
    default ARCH_VERSATILE if !MMU
    default ARCH_MULTIPLATFORM if MMU

config ARCH_MULTIPLATFORM
    bool "Allow multiple platforms to be selected"
…
endchoice
```

prompt "ARM system type"给出提示信息"ARM system type"，光标选中它后按 Enter 键进入，就可以看到多个 config 条目定义的配置选项。

choice 条目中定义的变量类型只能有两种：bool 和 tristate，但不能同时有这两种类型的变量。对于 bool 类型的 choice 条目，只能在多个选项中选择一个；对于 tristate 类型的 choice 条目，要么就把多个（可以是一个）选项都设为 m；要么就像 bool 类型的 choice 条目一样，只能选择一个。这是可以理解的，比如对于同一个硬件，它有多个驱动程序，可以选择将其中之一编译进内核（配置选项设为 y），或者把它们都编译为模块（配置选项设为 m）。

4. comment 条目

comment 条目用于定义一些帮助信息，它在配置过程中出现在界面的第一行，并且这些帮助信息会出现在配置文件中（作为注释），格式如下：

```
"comment" < prompt >
< comment options >
```

实际使用中也很简单，比如 arch/arm/Kconfig 中有如下代码：

```
menu "Floating point emulation"
comment "At least one emulation must be selected"
```

进入菜单"Floating point emulation--->"之后，在第一行会看到如下内容：

```
---  At least one emulation must be selected
```

而在.config 文件中也会看到如下内容：

```
#
# At least one emulation must be selected
#
```

5. source 条目

source 条目用于读入另一个 Kconfig 文件，格式如下：

```
"source" < prompt >
```

下面是一个例子，摘自 arch/arm/Kconfig，它读入 drivers/Kconfig 文件。

```
source "drivers/Kconfig"
```

6. 菜单形式配置界面操作方法

配置界面的开始几行就是它的操作方法说明，如图 11-3 所示。

内核 scripts/kconfig/mconf.c 文件中的注释给出了更详细的操作方法，讲解如下。

一些特殊功能的文件可以直接编译进内核中，或者编译成一个可加载模块，或者根本不使

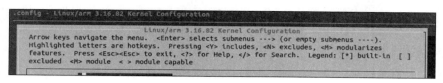

图 11-3　菜单配置界面操作说明

用它们。还有一些内核参数必须给它们赋一个值,可以是十进制数、十六进制数,或者一个字符串。

　　配置界面中,以[＊]、[M]或[]开头的选项表示相应功能的文件被编译进内核中、被编译成一个模块,或者没有使用。尖括号<>表示相应功能的文件可以被编译成模块。

　　要修改配置选项,先使用方向键选中它,按 Y 键选择将它编译进内核,按 M 键选择将它编译成模块,按 N 键将不使用它;也可以按空格键进行循环选择,例如:Y—N—M—Y。

　　上/下方向键用来高亮选中某个配置选项,如果要进入某个菜单,先选中它,然后按 Enter 键进入。配置选项的名字后有"-->"表示它是一个子菜单。配置选项的名称中有一个高亮的字母,被称为"热键"(hotkey),直接输入热键就可以选中该配置选项,或者循环选中有相同热键的配置选项。

　　可以使用翻页键 PAGE UP 和 PAGE DOWN 来移动配置界面中的内容。

　　要退出配置界面,使用左/右方向键选中 Exit 按钮,然后按 Enter 键。如果没有配置选项使用后面这些按键作为热键的话,也可以按两次 ESC 键或 E、X 键退出。

　　按 TAB 键可以在 Select、Exit 和 Help 这 3 个按钮中循环选中它们。

　　要想阅读某个配置选项的帮助信息,选中它之后,再选择 Help 按钮,按 Enter 键;也可以选中配置选项后,直接按 H 或? 键。

　　对于 choice 条目中的多个配置选项,使用方向键高亮选中某个配置选项,按 S 或空格键选中它;也可以通过输入配置选项的首字母,然后按 S 或空格键选中它。

　　对于 int、hex 或 string 类型的配置选项,要输入它们的值时,先高亮选中它,按 Enter 键,输入数据,再按 Enter 键。对于十六进制数据,前缀 0x 可以省略。

　　配置界面的最下面,有如下两行:

```
Load an Alternate Configuration File
Save an Alternate Configuration File
```

　　前者用于加载某个配置文件,后者用于将当前的配置保存到某个配置文件中。需要注意的是,如果不使用这两个选项,配置的加载文件的输出文件都默认为.config 文件;如果加载了其他的文件(假设文件名为 A),然后在它的基础上进行修改,则最后退出保存时,这些变动会保存到 A 中,而不是.config。

　　当然,可以先加载(Load an Alternate Configuration File)文件 A,然后修改,最后保存(Save an Alternate Configuration File)到.config 中。

11.1.5　Linux 内核配置选项

　　Linux 内核配置选项成千上万,一个一个地进行选择既耗费时间,对开发人员的要求也比较高(需要了解每个配置选项的作用)。一般的做法是在某个默认配置文件的基础上进行修改,比如可以先加载源码里提供的配置文件 arch/arm/configs/s5pv210_defconfig,然后再增加、去除某些配置选项。

下面分三部分介绍内核配置选项,先整体介绍主菜单的类别,然后根据系统移植比较密切的 System Type、Device Drivers 菜单进行详细介绍。

1. 配置界面主菜单的类别

下面简单说明主菜单的类别。读者配置内核时,可以根据自己所要设置的功能进入某个菜单,然后根据其中各个配置选项的帮助信息进行配置,具体如表 11-4 所示。

表 11-4　Linux 内核配置界面主菜单说明

主菜单名称	描　　述
General setup	常规设置。比如增加附加的内核版本号,支持内存页交换(swap)功能,System V 进程间通信等,除非很熟悉其中的内容,否则一般使用默认配置即可
Loadable module support	可以加载模块支持。一般都会打开可加载模块支持(enable loadable module support),允许卸载已经加载的模块(module unloading),让内核通过运行 modprobe 来自动加载所需要的模块(automatic kernel module loading)
Block layer	块设备层。用于设置块设备的一些总线参数,比如是否支持大于 2TB 的块设备,是否支持大于 2TB 的文件,设置 I/O 调度器等。一般使用默认配置
System Type	系统类型。选择 CPU 的架构、开发板类型等与开发板相关的配置选项
Kernel Features	用于设置内核的一些参数。比如是否支持内核抢占(这对实时性有帮助),是否支持动态修改系统时钟(timer tick)等
Bus support	对 PCMCIA/CardBus 总线的支持
Boot options	启动参数。比如设置默认的命令参数等,一般不用配置
Flaoting point emulation	浮点运算仿真功能。目前 Linux 还不支持硬件浮点运算,所以要选择一个浮点仿真器,一般选择 NWFPE math emulation
Userspace binary formats	可执行文件格式。一般都选择支持 ELF、a. out 格式
Power management options	电源管理选项
Networking	网络协议选项。一般都选择 Networking support 以支持网络功能,选择 Packet socket 以支持 socket 接口的功能,选择 TCP/IP networking 以支持 TCP/IP 网络协议。通常可以在选择 Networking support 后使用默认配置
Device Drivers	设备驱动程序。几乎包含了 Linux 的所有驱动程序
File systems	文件系统。可以在里面选择要支持的文件系统,比如 EXT4、JFFS2 等
Profiling support	对系统的活动进行分析,仅供内核开发者使用
Kernel hacking	调试内核时的各种选项
Security options	安全选项。一般使用默认配置
Cryptographic options	加密选项
Library routines	库子程序。比如 CRC32 校验函数、zlib 压缩函数等。不包含在内核源码中的第三方内核模块可能需要这些库,可以全不选,内核中若有其他部分依赖它,则会自动选上

2. System Type 菜单

ARM 平台执行 make menuconfig 后,在配置界面可以看到 System Type 字样,进去后得到另一个界面,如图 11-4 所示。

第一行 ARM system type 用来选择体系结构,进入之后选中 ARM system type (Samsung S5PV210/S5PC110),这里由于直接使用 Linux 内核自带的配置文件,所以默认已

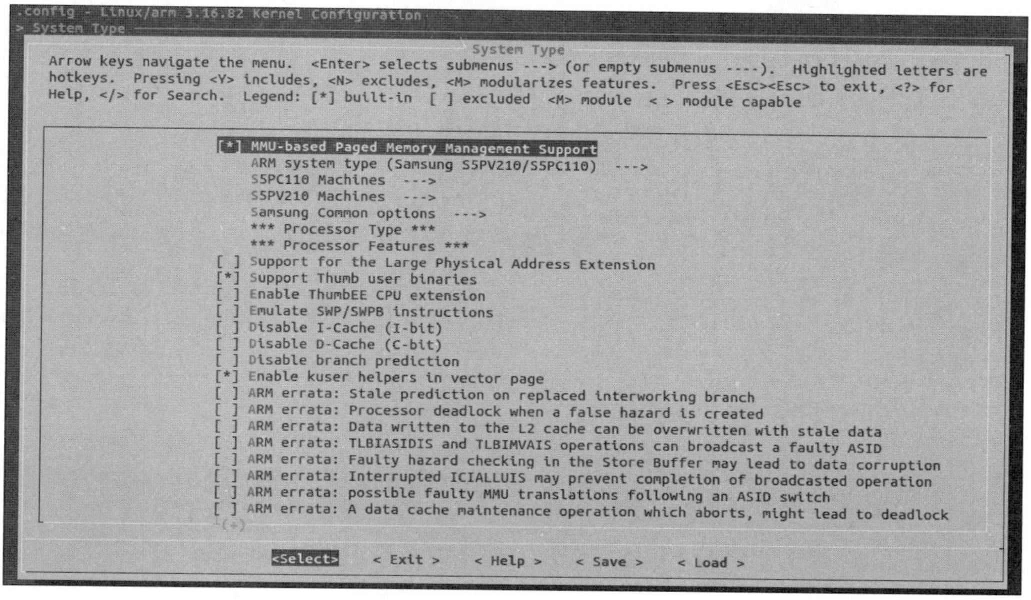

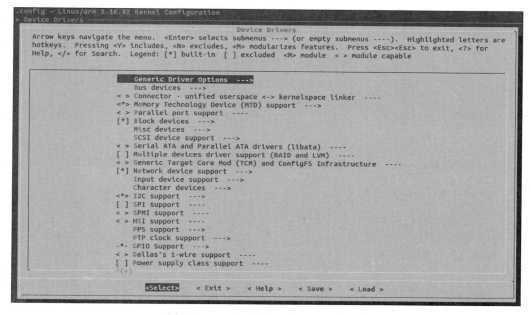

图 11-4　System Type 菜单配置界面

经选好 S5PV210，同样，在配置文件.config 中一定有下面这个变量与之对应。

```
264 CONFIG_ARCH_S5PV210 = y
```

从 Boot options 向下还有很多选项，开发人员可以根据实际情况选择相应的选项即可，这里使用默认配置。

3. Device Drivers 菜单

执行 make menuconfig 后在配置界面可以看到 Device Drivers 字样，选择它则进入如图 11-5 所示的界面。

图 11-5　Device Drivers 菜单配置界面

　　图 11-5 中各个子菜单与内核源码 drivers/目录下的各个子目录一一对应，如表 11-5 所示。在配置过程中可以参考此表找到对应的配置选项；在添加新驱动时，也可以参考它来决定代码放在哪个目录下。

表 11-5　设备驱动程序配置子菜单说明

配置子菜单	描　　述
Generic Driver Options	对应 Drivers/base 目录，这是设备驱动程序中一些基本和通用的配置选项
Memory Technology Device (MTD)support	对应 drivers/mtd 目录，用于支持各种新型的存储设备，比如 NOR、NAND 等
Connector-unified userspace <-> kernelspace linker	对应 drivers/connector 目录，一般不用设置
Parallel port support	对应 drivers/parport 目录，用于支持各种并口设备，在一般嵌入式开发板中用不到
Plug and Play support	对应 drivers/pnp 目录，支持各种"即插即用"的设备
Block devices	对应 drivers/block 目录，包括回环设备、RAMDISK 等的驱动
ATA/ATAPI/MFM/ RLL support	对应 drivers/ide 目录，用来支持 ATA/ATAPI/MFM/RLL 接口的硬盘、软盘、光盘等
SCSI device support	对应 drivers/scsi 目录，支持各种 SCSI 接口的设备
Serial ATA (prod) and Parallel ATA(experimental)	对应 drivers/ata 目录，支持 SATA 与 PATA 设备
Multi-device support (RAID and LVM)	对应 drivers/md 目录，表示多设备支持（RAID 和 LVM）。RAID 和 LVM 的功能是使多个物理设备建成一个单独的逻辑磁盘
Network device support	对应 drivers/net 目录，用来支持各种网络设备，比如 DM9000A 等
ISDN subsystem	对应 drivers/isdn 目录，用来提供综合业务数字网的驱动
Input device support	对应 drivers/input 目录，支持各类输入设备，比如键盘、鼠标等
Character devices	对应 drivers/char 目录，它包含各种字符设备的驱动程序。串口的配置选项也是从这个菜单调用的，但是串口的代码在 drivers/serial 目录下
I2C support	对应 drivers/i2c 目录，支持各类 I2C 设备
SPI support	对应 drivers/spi 目录，支持各类 SPI 设备
Dallas's 1-wire bus	对应 drivers/w1 目录，支持一线总线
Hardware Monitoring support	对应 drivers/hwmon 目录，当前主板大多都有一个监控硬件健康的设备用于监视温度/电压/风扇转速等，这些功能需要 I2C 的支持。在嵌入式开发板上一般用不到
Misc devices	对应 drivers/misc 目录，用来支持一些不好分类的设备，称为杂项设备
Multifunction device drivers	对应 drivers/mfd 目录，用来支持多功能的设备，比如 SM501，它既可用于显示图像，也可用作串口等
LED devices	对应 drivers/leds 目录，包含各种 LED 驱动程序
Multimedia devices	对应 drivers/media 目录，包含多媒体驱动，比如 V4L（Video for Linux)，它用于向上提供统一的图像、声音接口

续表

设备子菜单	描　述
Graphics support	对应 drivers/video 目录,提供图形设备/显卡的支持
Sound	对应 sound/目录(不在 drivers/目录下),用来支持各种声卡
HID Devices	对应 drivers/hid 目录,用来支持各种 USB-HID 设备,或者符合 USB-HID 规范的设备,比如蓝牙设备,HID 表示 human interface device,以及各种 USB 接口的鼠标、键盘、手写板等输入设备
USB support	对应 drivers/usb 目录,包括各种 USB Host 和 USB Device 设备
MMC/SD card support	对应 drivers/mmc 目录,用来支持各种 MMC/SD 卡
Real Time Clock	对应 drivers/rtc 目录,用来支持各种实时时钟设备

11.2　Linux 内核移植

本节将移植 linux-3.16.82 内核到 S5PV210 目标板上,并修改相关驱动使它支持网络功能、支持 JFFS2 文件系统,同时修改 MTD 设备分区,使得内核可以挂接 NAND Flash 上的文件系统。在移植前首先分析一下内核的启动过程,然后讲解移植步骤。

11.2.1　Linux 内核启动过程概述

在移植 Linux 之前先了解一下它的基本启动过程,Linux 的启动过程分为两部分:架构/目标板相关的引导过程和后续的通用启动过程。如图 11-6 所示为 ARM 架构处理器上 Linux 内核 vmlinux 的启动过程。之所以强调是 vmlinux,是因为其他格式的内核在进行与 vmlinux 相同的流程之前会有一些独特的操作。比如对于压缩格式的内核 zImage,首先进行自解压得到 vmlinux,然后执行 vmlinux 开始"正常的"启动过程。

视频讲解

第一阶段为引导阶段,通常使用汇编语言编写,首先检查内核是否支持当前架构的处理器,然后检查是否支持目标板。通过检查后,就为调用下一阶段的 start_kernel 函数做准备了。这主要分如下两个步骤:

(1) 链接内核时使用虚拟地址,所以要设置页表、使用 MMU。

(2) 调用 C 函数 start_kernel 之前的常规工作,包括复制数据段、清除 BSS 段、调用 start_kernel 函数。

第二阶段的关键代码主要使用 C 语言编写。它进行内核初始化的全部工作,最后调用 rest_init 函数启动 init 过程,创建系统第一个进程:init 进程。在第二阶段,仍有部分架构/目标板相关的代码,比如图 11-6 中的 setup_arch 函数用于进行架构/目标板相关的设置,以及重新设置页表、设置系统时钟、初始化串口等。

11.2.2　Linux 内核启动源码分析

通过前面对 Linux 内核链接文件(vmlinux.lds)的分析知道,内核源码是从 head.S(如果不支持 MMU,从 head-nommu.S)开始执行,下面就从 head.S 开始,详细了解一下内核源码的来龙去脉。

视频讲解

1. 引导阶段代码分析

U-Boot 调用内核时,r1 寄存器中存储"机器类型 ID",内核会用到它(以 TAG 方式加载内核)。移植 Linux 内核时,对于 arch/arm/kernel/head.S,只需关注开头几条指令,如下所示:

arch/arm/kernel/head.S
arch/arm/kernel/head-common.S
arch/arm/Mm/proc-v7.S

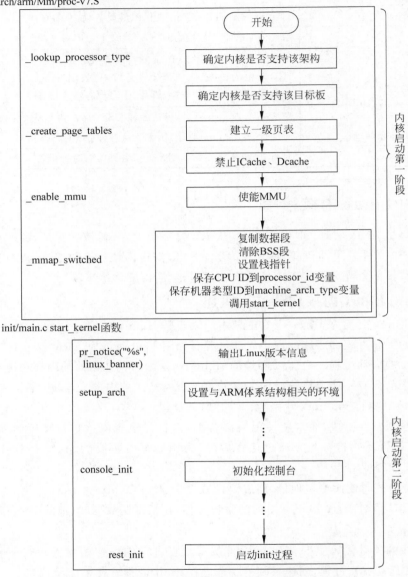

图 11-6　ARM 处理器下 Linux 启动过程

92	safe_svcmode_maskall r9	@确保进入管理模式(svc)、关中断
94	mrc　p15, 0, r9, c0, c0	@读取 CPU id 存入 r9 寄存器
95	bl　　__lookup_processor_type	@输入 r9 = cpuid, 返回 r5 = procinfo
96	movs　r10, r5	@如果不支持当前 CPU, 返回 r5 = 0
98	beq　　__error_p	@如果 r5 = 0, 则打印错误

第 92 行调用 safe_svcmode_maskall 函数设置 CPSR 寄存器来确保处理器进入管理模式（svc），并且禁止中断。

第 94 行读取协处理 CP15 的寄存器 C0 获得 CPU id。CPU id 格式如表 11-6 所示。

表 11-6　ARM7 之后 CPU id 中各字段含义

字　　段	位	描　　述
Implementor	[31:24]	厂商编号,例如: 0x41 = A,表示 ARM 公司 0x44 = D,表示 Digital Equipment 公司 0x69 = I,表示 Intel 公司
Variant	[23:20]	由厂商定义,当产品主编号相同时,使用子编号来区分不同的产品子类,如产品中不同的高速缓存大小等
Architecture	[19:16]	ARM 体系版本号,例如:0xF,表示 Cortex-A 体系版本
Primary part number	[15:4]	产品主编号,例如:0xC08,表示 Cortex-A8
Revision	[3:0]	处理器版本号

第 95 行调用__lookup_processor_type 函数,确定内核是否支持当前 CPU,如果支持,r5 寄存器返回一个用来描述处理器结构的地址,否则 r5 的值为 0。这个函数具体定义在 arch/arm/kernel/head-common.S 中。

```
151 __lookup_processor_type:
152     adr     r3, __lookup_processor_type_data    @标识对应的物理地址赋给 r3
153     ldmia   r3, {r4 - r6}                        @将第 173 行读出来值分别保存在 r4、r5、r6 寄存器
154     sub     r3, r3, r4                           @ r3 = r3 - r4,即物理地址和虚拟地址的差值
155     add     r5, r5, r3                           @r5 = __proc_info_begin 对应的物理地址
156     add     r6, r6, r3                           @ r6 = __proc_info_end 对应的物理地址
157 1:  ldmia   r5, {r3, r4}                         @ r3,r4 = proc_info_list 结构体中 cpu_val, cpu_mask
158     and     r4, r4, r9                           @ r4 = r4&r9 = cpu_mask& 传入的 CPU ID
159     teq     r3, r4                               @ r3、r4 比较
160     beq     2f                                   @ 如果相等,表示找到匹配的 proc_info_list 结构,跳转到第 165 行
161     add     r5, r5, #PROC_INFO_SZ                @ r5 指向下一个 proc_info_list 结构
162     cmp     r5, r6                               @ 是否已经比较完所有的 proc_info_list 结构体
163     blo     1b                                   @ 没有则继续查找,跳到第 157 行执行
164     mov     r5, #0                               @ 比较完毕,但没有找到匹配的 proc_info_list 结构体,r5 = 0
165 2:  mov     pc, lr                               @ 返回
166 ENDPROC(__lookup_processor_type)
…
173 __lookup_processor_type_data:
174     .long   .                                    @ "."表示当前这行代码编译链接后的虚拟地址
175     .long   __proc_info_begin                    @ proc_info_list 结构的开始地址,是链接地址,也是虚拟地址
176     .long   __proc_info_end                      @ proc_info_list 结构的结束地址,是链接地址,也是虚拟地址
177     .size   __lookup_processor_type_data, . - __lookup_processor_type_data
```

在调用__enable_mmu 前使用的都是物理地址,而内核却是以虚拟地址链接的,所以在访问 proc_info_list(arch/arm/include/asm/procinfo.h)结构体前,将它的虚拟地址转化为物理地址,上面第 152~156 行就是用来转换地址的。

第 152 行用来获得第 174 行的物理地址,adr 指令基于 PC 寄存器计算地址值,由于这时候还没有使能 MMU,PC 寄存器中使用的还是物理地址,所以执行第 152 行后,r3 寄存器存放的就是第 174 行的物理地址。

执行第 157~163 行后,可以获得一个 proc_info_list 结构体块,表示内核支持的 CPU,对于 ARM 架构的 CPU,这个结构体的内容是在编译内核时存放在 proc.info.init 段空间里的。

这些结构体的源码在 arch/arm/mm/目录下（此目录下包含了 ARM 各版本的处理器信息），比如 proc-v7.S 中就包含 Cortex-A 系列的处理器信息，在前面分析 head.S 里的代码时有这样一句"movs r10,r5"，这里的 r10 寄存器里存放的就是产品的主编号信息，它就是在 proc-v7.S 里被赋值的，如下所示：

```
302         ldr    r10, = 0x00000c08       @ Cortex - A8 primary part number
```

proc.info.init 段信息可以从内核链接脚本看出来（arch/arm/kernel/vmlinux.lds），开始地址是__proc_info_begin，结束地址为__proc_info_end。

```
587    .init.proc.info : {
588    . = ALIGN(4); __proc_info_begin = .; * (.proc.info.init) __proc_info_end = .;
589    }
```

下面接着分析 head.S 的代码，如下所示：

```
121         bl     __vet_atags
128         bl     __create_page_tables
```

第 121 行验证是 TAG 传参还是 DTB 设备树，以及它们的有效性。

第 128 行调用__create_page_tables 函数创建页表，为后面使能 MMU（Memory Management Unit，内存管理单元）做准备。MMU 主要负责虚拟地址到物理地址的映射，并提供硬件机制的内存访问权限检查。现代的多用户多进程操作系统通过 MMU 使得各个用户进程都拥有自己独立的地址空间：地址映射功能使得各进程拥有"看起来"一样的地址空间，而内存访问权限的检查可以保护每个进程所用的内存不会被其他进程破坏。针对本书采用的 ARMv7 架构，其 MMU 地址转换支持两种格式：一种是短描述符格式（32 位）；另一种是长描述符格式（64 位）。通常 Linux 内核针对不同架构的处理器都已经给出具体的 MMU 相关代码，所以这里不做详细介绍，有兴趣的读者可以查阅 ARM 使用手册，了解更多 MMU 的工作原理。

```
137         ldr    r13, = __mmap_switched     @ address to jump to after
138                                           @ mmu has been enabled
139         adr    lr, BSYM(1f)               @ return (PIC) address
140         mov    r8, r4                     @ set TTBR1 to swapper_pg_dir
141    ARM(  add   pc, r10, # PROCINFO_INITFUNC    )
142    THUMB( add  r12, r10, # PROCINFO_INITFUNC   )
143    THUMB( mov  pc, r12                          )
144 1:      b      __enable_mmu
```

第 137 行将__mmap_switched 标识所在的地址保存在 r13 寄存器中，这个标识处的代码主要用来将现有的地址空间（存储机器 ID、TAG 指针、data 段、bss 段、machine_start 板级初化函数接口地址等）映射到虚拟地址空间。

第 144 行配置 CP15 协处理器的 C2、C3 寄存器，开启地址空间权限检查功能，配置 C0、C1 寄存器，开启 MMU 功能，最后将 r13 中的__mmap_switched 标识地址赋值给 PC 寄存器跳转到__mmap_switched 处执行。__mmap_switched 标识在 arch/arm/kernel/head-common.S 中定义，部分代码如下所示：

```
80 __mmap_switched:
81         adr    r3, __mmap_switched_data
82
```

```
83              ldmia   r3!, {r4, r5, r6, r7}
84              cmp     r4, r5                          @ 比较 r4、r5
85 1:           cmpne   r5, r6
86              ldrne   fp, [r4], #4
87              strne   fp, [r5], #4
88              bne     1b
…
95     ARM(     ldmia   r3, {r4, r5, r6, r7, sp})
96     THUMB(   ldmia   r3, {r4, r5, r6, r7}  )
97     THUMB(   ldr     sp, [r3, #16]     )
98     str    r9, [r4]                             @ Save processor ID
99     str    r1, [r5]                             @ Save machine type
100     str    r2, [r6]                            @ Save atags pointer
101     cmp    r7, #0
102            strne   r0, [r7]                     @ Save control register values
103            b       start_kernel
104 ENDPROC(__mmap_switched)
105
106            .align  2
107            .type   __mmap_switched_data, % object
108 __mmap_switched_data:
109            .long   __data_loc              @ r4
110            .long   _sdata                  @ r5
111            .long   __bss_start             @ r6
112            .long   _end                    @ r7
113            .long   processor_id            @ r4
114            .long   __machine_arch_type     @ r5
115            .long   __atags_pointer         @ r6
116 #ifdef CONFIG_CPU_CP15
117            .long   cr_alignment            @ r7
118 #else
119            .long   0                       @ r7
120 #endif
121            .long   init_thread_union + THREAD_START_SP     @ sp
122            .size   __mmap_switched_data, . - __mmap_switched_data
```

第81～88行功能与前面__lookup_processor_type函数类似,下面重点分析一下__mmap_switched_data标识处的内容。

第103行是一个"一去不复返"的跳转语句,调用start_kernel函数进入内核启动的第二阶段。

第109～119行是链接时指定的段空间,这里面主要分析一下__machine_arch_type这个变量。它是内核与板级初始化之间的桥梁,第99行说明了__machine_arch_type中保存的是机器类型id,最终这个机器类型id会与目标板指定的机器类型id做比较。内核中对于每种支持的目标板都会使用宏 MACHINE_START(设备树会使用宏 DT_MACHINE_START)、MACHINE_END 来定义一个 machine_desc 结构体,它定义了目标板相关的一些属性及函数,比如机器类型 id、起始 I/O 物理地址、Bootloader 传入的参数的地址、中断初始化函数、I/O 映射函数等。比如对于 S5PV210 目标板,在 arch/arm/mach-s5pv210/mach-smdkv210.c 中定义如下:

```
588 MACHINE_START(SMDKV210, "SMDKV210")
589         /* Maintainer: Kukjin Kim < kgene. kim@ samsung. com > */
590         .atag_offset      = 0x100,
591         .init_irq         = s5pv210_init_irq,
592         .map_io           = smdkv210_map_io,
593         .init_machine     = smdkv210_machine_init,
594         .init_time        = samsung_timer_init,
595         .restart          = s5pv210_restart,
596         .reserve          = &smdkv210_reserve,
597 MACHINE_END
```

第 588 行、第 597 行的宏在 arch/arm/include/asm/mach/arch. h 中定义,如下所示:

```
84 #define MACHINE_START(_type,_name)                      \
85 static const struct machine_desc __mach_desc_##_type    \
86 __used                                                  \
87 __attribute__((__section__(".arch. info. init"))) = {   \
88         .nr               = MACH_TYPE_##_type,          \
89         .name             = _name,
90
91 #define MACHINE_END                                     \
92 };
```

所以上一段代码展开来就是:

```
Static const struct machine_desc __mach_desc_ SMDKV210
__used
__attribute__((__section__(".arch. info. init"))) = {
        .nr       =   MACH_TYPE_ SMDKV210,
        .name     =   "SMDKV210",
        .atag_offset      = 0x100,
        …
};
```

其中,MACH_TYPE_SMDKV210 在 arch/arm/tools/mach-types 中定义,它最后会被转换成一个头文件 arch/arm/include/asm/mach-types. h 供其他文件包含。这个头文件的内容只有一行,如下所示:

```
1 # include < generated/mach – types. h>
```

它又包含了另一个头文件。这个头文件是在编译内核时自动创建的一个头文件,它的路径是 include/generated/mach-types. h,最终的宏 MACH_TYPE_ SMDKV210 就是在这个头文件在中定义的,如下所示:

```
427 # define MACH_TYPE_SMDKV210             2456        //2456 = 0x998
```

下面接着分析 machine_desc 结构体。从上面第 87 行的宏定义中可以看到,这个结构体的内容在内核链接时都会链接到".arch. info. init"段中,在链接内核时,它们被组织在一起,开始地址为__arch_info_begin,结束地址为__arch_info_end。这可以从内核链接脚本文件中看出来(arch/arm/kernel/vmlinux. lds)。

```
590    .init.arch. info : {
591    __arch_info_begin = .;
592    * (.arch. info. init)
593    __arch_info_end = .;
594    }
```

不同的 machine_desc 结构用于不同的目标板,U-Boot 调用内核时,会在 r1 寄存器中给出目标板的标记(机器类型 id),然后将这个机器类型 id 保存在一个全局变量中,即前面看到的__machine_arch_type 变量,然后这个变量会与". arch. info. init"段中指定的每一个 machine_desc 结构做比较,如果找到匹配的 machine_desc 结构,内核继续往下执行,否则内核启动失败。具体的代码调用过程会在内核启动的第二阶段详细介绍。

2. 内核启动 start_kernel 阶段分析

跳到 start_kernel(init/main. c)函数中执行后,所有代码基本上都是用 C 语言编写的,借助 Source Insight 工具就不难理解内核源码结构。另外,内核执行到 start_kernel 之后,如果串口上没有看到内核的启动信息,一般而言有两个原因:Bootloader 传入的命令行参数不对,或者 setup_arch 函数(arch/arm/kernel/setup. c)针对目标板的设置不正确。

从图 11-6 可知,在调用 setup_arch 函数之前已经调用"pr_notice("%s", linux_banner)"了,但是 pr_notice 函数只是将打印信息放在缓冲区中,并没有打印到控制台上(比如串口、LCD 等),因为这个时候控制台还没有被初始化。所以,在 start_kernel 中看到的 pr_notice 之类的打印信息都要在 console_init 函数注册、初始化控制台之后才真正输出。

移植 U-Boot 时,U-Boot 传给内核的参数有两类:预先存在某个地址的 TAG 列表地址(或者设备树地址)和调用内核时在 r1 寄存器中指定的机器类型 id。在 Linux 3. x 版本之前,机器类型 id 在内核引导阶段的__lookup_machine_type 函数里用到,所以在 Linux 3.16.82 版本中这个函数已经不存在了,相关的内容都合并到__mmap_switched 中,这样在 setup_arch 函数中才可以检查机器类型 id 是否与内核一致。接下来将重点介绍 setup_arch 函数和 console_init 函数,以及 TAG 列表的处理(内存 TAG、命令行 TAG)、串口控制台的初始化。

1) setup_arch 函数分析

下面是 setup_arch 函数的部分代码。

```
872 void __init setup_arch(char ** cmdline_p)
873 {
874        const struct machine_desc * mdesc;
875
876        setup_processor();                    //处理器相关的配置
877        mdesc = setup_machine_fdt(__atags_pointer);   // 针对设备树启动
878        if (!mdesc)
879            mdesc = setup_machine_tags(__atags_pointer, __machine_arch_type);
                                    //针对 TAG 方式启动,获取目标板的 machine_desc 结构
880        machine_desc = mdesc;
...
895    parse_early_param();
...
902        paging_init(mdesc);                   //重新初始化页表
...
944 }
```

第 876 行的 setup_processor 函数被用来进行处理器相关的配置,它会调用引导阶段的 lookup_processor_type 函数(它的主体是前面分析过的__lookup_processor_type 函数)以获得该处理器的 proc_info_list 结构。

第 877 行是从设备树启动,这个在后面章节再做详细介绍。

第 879 行 setup_machine_tags 函数用来获得目标板的 machine_desc 结构,这个函数有两

个参数,其中第二个参数__machine_arch_type看起来并不陌生,正是前面引导阶段提到的保存机器类型id的变量,这个全局变量在arch/arm/kernel/setup.c中定义。下面通过一个简单的函数调用关系来梳理一下内核如何检查机器类型id是否匹配的。

```
start_kernel( … )
    setup_arch( … )
        setup_machine_tages( … )
            for_ each_machine_desc( … )
```

for_ each_machine_desc函数就是用来遍历“. arch. info. init”段中的每一个machine_desc结构,如果这里没有找到匹配的机器类型,内核就会启动失败,会报如下的错误提示信息:

```
Error: unrecognized/unsupported machine ID (r1 = 0x00000722)
```

setup_machine_tages函数的第一个参数__atags_pointer也是在arch/arm/kernel/setup.c中定义的全局变量,而且这个变量与__machine_arch_type都是在内核引导阶段被初始化的,__atags_pointer从名字就知道它保存的是TAG的地址(或设备树地址),具体的TAG解析代码如下所示(setup_machine_tages函数的部分代码)。

```
220         if (tags - > hdr. tag != ATAG_CORE) {
221                 early_print("Warning: Neither atags nor dtb found\n");
222                 tags = (struct tag * )&default_tags;
223         }
…
228         if (tags - > hdr. tag == ATAG_CORE) {
229                 if (memblock_phys_mem_size())   //内存管理块中已经配置了内存
230                         squash_mem_tags(tags); //则忽略内存TAG
231                 save_atags(tags);              //保存TAG
232                 parse_tags(tags);             //解释每个TAG
233         }
```

第220行确认TAG指针所指的内容的开头4字节是否是ATAG_CORE这个魔术数(0x54410001),如果不是就使用默认的TAG参数。

第231行只是将TAG内容保存到一个全局的数组中去。

第232行用来解释每个TAG,在文件arch/arm/kernel/atags_parse.c中对每种TAG都定义了相应的处理函数,比如对于内存TAG、命令行TAG,使用如下两行代码指定了它们的处理函数为parse_tag_mem32、parse_tag_cmdline。

```
__tagtable(ATAG_MEM, parse_tag_mem32);
__tagtable(ATAG_CMDLINE, parse_tag_cmdline);
```

parse_tag_mem32函数根据内存TAG定义的内存起始地址、长度,在内存管理块中增加内存的描述信息。以后内核就可以通过内存管理模块了解目标板的内存信息。

parse_tag_cmdline只是简单地将命令行TAG的内容复制到字符串default_command_line中保存下来,后面才进一步处理。

__tagtable是宏,它在内核链接时将所有TAG对应的函数都编译到“. taglist. init”段中,parse_tags函数对段中的每个TAG函数进行解析。

下面接着分析setup_arch函数,第895行parse_early_param对命令行参数进行一些先期的处理,这些参数使用宏early_param来定义,比如在arch/arm/kernel/setup.c中有如下一行：

```
early_param("mem", early_mem);
```

它表示如果命令中有"mem＝…"的字样，就调用 early_mem 函数对它进行处理，宏 early_param 在 include/linux/init.h 中定义。

"mem＝…"用来强制限制 Linux 系统所能使用的内存总量，比如"mem＝200M"使得系统只能使用 200MB 的内存，即使内存 tag 中指明了共有 256MB 内存。类似的参数还有"initrd＝…"(arch/arm/mm/init.c)等，这类参数在 U-Boot 中没有设置，具体可以阅读内核代码了解更多关于 early_param 宏的使用。

setup_arch 函数的第 902 行的 paging_init(arch/arm/mm/mmu.c)函数除了进行系统的虚拟内存管理相关的初始化，还有一个重要的功能就是调用目标板级的 I/O 初始化接口，这也是移植内核的目的，下面重点关注如下流程：

$$paging\_init \rightarrow devicemaps\_init \rightarrow mdesc \text{-} > map\_io()$$

对于 S5PV210 目标板，就是调用 smdkv210_map_io 函数，这个函数是目标板级的初始化函数，它是在 arch/arm/mach-s5pv210/mach-smdkv210.c 中定义，如下所示：

```
522    static void __init smdkv210_map_io(void)
523    {
524        s5pv210_init_io(NULL, 0);
525        s3c24xx_init_clocks(24000000);
526        s3c24xx_init_uarts(smdkv210_uartcfgs, ARRAY_SIZE(smdkv210_uartcfgs));
527        samsung_set_timer_source(SAMSUNG_PWM2, SAMSUNG_PWM4);
528    }
```

第 524～527 行的 4 个函数所实现的功能，从它们的名字即可看出，分别是对系统 I/O、时钟、串口、定时器的初始化，其中第 525 行指明了目标板的晶振频率是 24MHz。

2）console_init 函数分析

通常内核启动时会伴随启动信息的输出，如果无法正常输出，其中可能的一个原因就是 console 控制台设置的问题。在 Linux 2.4 内核中，命令行参数常用"console＝ttyS0"来指定控制台为串口 0，在 Linux 2.6 及以后的版本中改为"console＝ttySAC0"。下面就来具体分析 console_ini 函数的功能。

console_init 函数被 start_kernel 函数调用，它在 drivers/tty/tty_io.c 文件中定义如下：

```
3511    void __init console_init(void)
3512    {
3513    initcall_t * call;
3514    /* Setup the default TTY line discipline. */
3515    tty_ldisc_begin();
3516    /*
3517     * set up the console device so that later boot sequences can
3518     * inform about problems etc..
3519     */
3520    call = __con_initcall_start;
3521    while (call < __con_initcall_end) {
3522      (* call)();
3523      call++;
```

```
3524     }
3525   }
```

它调用地址范围__con_initcall_start至__con_initcall_end之间定义的每个函数，这些函数使用console_initcall宏来指定，比如在drivers/tty/serial/samsung.c中：

```
938    console_initcall(s3c24xx_serial_console_init);
```

第938行代码由宏开关CONFIG_SERIAL_SAMSUNG_CONSOLE来决定是否编译进内核，在.config的配置文件中可以看到此宏已经定义：

```
1142    # CONFIG_SERIAL_SAMSUNG_DEBUG is not set
1143    CONFIG_SERIAL_SAMSUNG_CONSOLE = y
1144    CONFIG_SERIAL_CORE = y
1145    CONFIG_SERIAL_CORE_CONSOLE = y
```

s3c24xx_serial_console_init函数也是在drivers/tty/serial/samsung.c中定义的，它初始化S3C24xx类SoC的串口控制台，代码如下：

```
933    static int __init s3c24xx_serial_console_init(void)
934    {
935      register_console(&s3c24xx_serial_console);
936      return 0;
937    }
```

第935行s3c24xx_serial_console结构也在drivers/tty/serial/samsung.c中定义：

```
1630   static struct console s3c24xx_serial_console = {
1631    .name     = S3C24XX_SERIAL_NAME,           // 即ttySAC
1632     .device   = uart_console_device,
1633     .flags    = CON_PRINTBUFFER,
1634     .index    = -1,                           // -1可以匹配任意序号，比如ttySAC0/1/2
1635     .write    = s3c24xx_serial_console_write,  // 打印函数
1636     .setup    = s3c24xx_serial_console_setup,  // 设置函数
1637     .data     = &s3c24xx_uart_drv,
1638   };
```

第1632行表示以后使用/dev/console时，用来构造设备节点，第1633行表示控制台可用之前，printk已经在缓冲区中打印了很多信息，CON_PRINTBUFFER表示注册控制台之后打印这些"过去的"的信息。

第935行在内核中注册控制台，就是把s3c24xx_serial_console结构链接到一个全局链表console_drivers中（它在kernel/printk/printk.c中定义），并且使用其中的名字（name）和序号（index）与前面"console＝…"指定的控制台相比较，如果相符，则以后的printk信息从这个控制台输出。

本书实验时U-Boot传进的参数中"console＝ttySAC0"，而s3c24xx_serial_console结构体中名字为"ttySAC"，序号为-1（表示可以任意取值），所以两者匹配，printk信息将从串口0输出。

到这里已经将第二阶段的启动代码中的start_arch函数和console_init函数分析完毕，这两个函数也是移植内核需要注意到的地方。除此之外，在start_kernel函数中还有很多其他初始化相关的函数，通常这些函数已经由各平台提供者定义好（比如三星系列的处理器），所以不需要做任何修改就可以直接使用，有兴趣读者可以仔细阅读这部分代码。

11.2.3 修改内核支持 S5PV210

首先配置、编译内核,确保内核可以正确编译。修改顶层 Makefile 如下所示:

```
257 ARCH                ? = arm
258 CROSS_COMPILE   ? = arm - linux -
```

第 257 行指定 ARCH 变量为 arm 体系结构,第 258 行指定编译工具链 CROSS_ COMPILE 为 arm-linux-,这里所用的交叉工具链仍然是本书开头介绍的工具链。

然后执行如下命令,使用 S5PV210 的默认配置文件(arch/arm/configs/s5pv210_ defconfig)来生成默认的.config 配置文件,后面就可以使用"make menuconfig"打开配置图形界面来配置了。

```
$ make s5pv210_defconfig
#
# configuration written to .config
#
```

配置文件.config 里定义了一些变量,这些变量指定了哪些模块编译进内核,哪些模块作为模块加载到内核,以及哪些模块不需要。通常建议在配置完成后,将.config 文件进行备份以防.config 文件丢失或破坏。下面内容摘自.config 文件:

```
264 CONFIG_ARCH_S5PV210 = y
265 # CONFIG_ARCH_EXYNOS is not set
266 # CONFIG_ARCH_SHARK is not set
267 # CONFIG_ARCH_U300 is not set
268 # CONFIG_ARCH_DAVINCI is not set
269 # CONFIG_ARCH_OMAP1 is not set
270 CONFIG_PLAT_SAMSUNG = y
271 CONFIG_PLAT_S5P = y
```

执行"make menuconfig"配置目标板的调试串口,在配置界面进入"Kernel hacking",如下所示:

```
[ * ] Kernel low - level debugging functions (read help!)
         Kernel low - level debugging port (Use S3C UART 0 for low - level debug)   ---> 
```

进入选择"S3C UART 0 for low-level debug"即可,如果这里的调试串口不做修改,当从 U-Boot 启动内核时,会停在"Starting Kernel…"处,因为内核中的启动信息不是从 UART0 输出。

去掉 S5PC110 相关的内容,将[*]改为[]即可,如下所示:

```
System Type   --->
    S5PC110 Machines - - ->
         [] Aquila
         [] GONI
         [] SMDKC110
```

以上配置完成后,记得将配置内容保存到.config 配置文件,如图 11-7 所示。

接下来可以输入"make uImage"来尝试编译内核,最终遇到如下编译错误:

```
UIMAGE   arch/arm/boot/uImage
"mkimage" command not found - U - Boot images will not be built
make[1]: *** [arch/arm/boot/uImage] 错误 1
```

```
Do you wish to save your new configuration ? <ESC><ESC>
to continue.
          < Yes >        < No >
```

图 11-7　保存修改内容到配置文件

```
make: *** [uImage] 错误 2
```

因为我们想编译生成 uImage，即在 vmlinux 前面加上一些引导信息，以方便 U-Boot 加载 vmlinux。错误中提示缺少 mkimage 工具，这个工具是在编译 U-Boot 时产生的，其源代码和编译后的可执行文件都在 u-boot-2014.04/tools/目录下。所以需要将此工具复制到交叉工具链的 bin 目录下，或者放到宿主机的 usr/bin/目录下。

再重新输入"make uImage"编译，最终看到如下编译成功信息：

```
Kernel: arch/arm/boot/zImage is ready
UIMAGE  arch/arm/boot/uImage
Image Name:   Linux - 3.16.82
Created:       Thu Apr 16 11:05:14 2020
Image Type:   ARM Linux Kernel Image (uncompressed)
Data Size:     1324960 Bytes = 1293.91 kB = 1.26 MB
Load Address: 20008000
Entry Point:   20008000
Image arch/arm/boot/uImage is ready
```

在上一章我们讲解 U-Boot 移植时，已经修改了 U-Boot 下传递给内核的机器 ID 为 0x998，所以接下来直接将编译好的 uImage 通过 U-Boot 下的 tftpboot 命令烧写到内存的 0x20000000 处，如下所示：

```
TQ210 # tftpboot 20000000 uImage
dm9000 i/o: 0x88000000, id: 0x90000a46
DM9000: running in 16 bit mode
MAC: 11:22:33:44:55:66
WARNING: Bad MAC address (uninitialized EEPROM?)
operating at 100M full duplex mode
Using dm9000 device
TFTP from server 192.168.1.123; our IP address is 192.168.1.200
Filename 'uImage'.
Load address: 0x20000000
Loading: #################################################################
         #################################################################
         338.9 KiB/s
done
Bytes transferred = 1824880 (1bd870 hex)
TQ210 #
```

如果 U-Boot 下面的机器 ID 与内核不匹配，运行内核代码会提示如下信息，并且内核停止继续往下执行。

```
TQ210 # bootm 20000000
## Booting kernel from Legacy Image at 20000000 ...
   Image Name:   Linux - 3.16.82
   Image Type:   ARM Linux Kernel Image (uncompressed)
   Data Size:     1824816 Bytes = 1.7 MiB
```

```
    Load Address: 20008000
    Entry Point:   20008000
    Verifying Checksum ... OK
    Loading Kernel Image ... OK
Starting kernel ...
Uncompressing Linux... done, booting the kernel.
Error: unrecognized/unsupported machine ID (r1 = 0x00000722).
Available machine support:

ID (hex)          NAME
00000998          SMDKV210
Please check your kernel config and/or bootloader.
```

从上面信息可以知道，内核支持的机器 ID 是 0x998，而 U-Boot 传递过来的机器 ID 是 0x722。

还记得在前面移植 U-Boot 时为加载 linux 内核准备了一个启动菜单，现在将这个启动菜单的内容补齐，这样就不用像上面那样一个一个地输入命令去加载和执行了。修改如下所示：

```
TQ210 # setenv bootmenu_0 start kernel = tftp 20000000 uImage\;bootm 20000000
```

下次再启动时，U-Boot 就会自动加载内核到内存 0x20000000 地址，然后通过 bootm 命令跳过去执行。

上面介绍的启动方式移不开网络的支持，下面介绍如何将内核也烧到 NAND Flash 上，直接从 Flash 启动内核。

首先按照第 10 章介绍的方式，在 U-Boot 下添加一个烧写内核到 NAND 的选项，然后修改内核启动菜单（默认为 bootmenu 中第一项），这样将目标板的启动开关拨到 NAND 启动，以后每次开机都会自动从 NAND 启动内核。

```
TQ210 # setenv bootmenu_3 update kernel = nand erase. part kernel\;tftpboot 20000000
uImage\;nand write 20000000 kernel
TQ210 # setenv bootmenu_0 start kernel = nand read 20000000 kernel\;bootm 20000000
```

从 U-Boot 加载内核，并跳转到内核中运行，整个配置过程并不是很复杂，但只是让内核被加载运行成功，这仅是一个内核而已，所以还做不了实际的工作，比如在上面运行应用程序、存储数据、网络通信等，这就涉及后面要介绍的如何在 Linux 上构建一个文件系统，以及如何在 Linux 系统上开发驱动程序、开发应用程序等。

第12章

构建Linux根文件系统

本章学习目标

- 了解 Linux 文件系统的工作原理和层次结构；
- 了解根文件系统下各目录的用途；
- 掌握制作 jffs2 文件系统镜像文件的方法；
- 掌握构建根文件系统的方法、移植 Busybox、构建各个目录和文件等的方法。

12.1　Linux 文件系统概述

视频讲解

12.1.1　文件系统概述

1. 文件系统简介

文件系统是操作系统最为重要的一部分，它定义了磁盘上存储文件的方法和数据结构。文件系统是操作系统组织和存取信息的重要手段。每种操作系统都有自己的文件系统，如 Windows 所用的文件系统主要有 FAT、FAT32 和 NTFS，Linux 所用的文件系统主要有 ext2、ext3、ext4、jffs2、yffas2、btrfs 和 ubifs 等。

一块磁盘要先分区，然后再格式化，否则就无法使用。而这个格式化的过程，就是文件系统创建的过程，也可以这样理解，磁盘上的一个分区，就是一个文件系统。这就像在使用 Windows 系统的时候，可以把磁盘分区格式化成 FAT32 或者 NTFS，但所格式化的文件系统必须是使用的系统所能识别出来的。这就是为什么 NTFS 的文件系统不能直接被 Linux 系统识别的原因。同样，Windows 也不能识别 ext3/ext4，这是一样的道理。

Linux 中并没有 C、D、E 等盘符的概念，它以树状结构管理所有的目录、文件，其他分区挂接在某个目录上，这个目录被称为挂接点或安装点（mount point），然后就可以通过这个目录来访问这个分区上的文件了。比如，根文件系统被挂接在根目录"/"上后，在根目录下就有根文件系统的各个目录、文件了，比如/bin、/lib、/mnt 等，再将其他分区挂接到/mnt 目录上，/mnt 目录下就有其他分区的各个目录、文件了。

文件系统有一些常用术语，读者可以了解一下。

（1）存储介质：硬盘、光盘、Flash 盘、磁带、网络存储设备等。

（2）磁盘的分区：这是针对大容量的存储设备来说的，主要是指硬盘；对于大硬盘，要合理地进行分区规划。

（3）文件系统的创建：这个过程是存储设备建立文件系统的过程，一般也被称为格式化或初始化。

（4）挂载（mount）：文件系统只有挂载才能使用，Linux 操作系统是通过 mount 进行挂载的,挂载文件系统时要有挂载点,比如在安装 Linux 的过程中,有时会提示用户分区,然后建立文件系统,接着是问挂载点是什么。在 Linux 系统的使用过程中,也会挂载其他的硬盘分区,同样也要选中挂载点,挂载点通常是一个空置的目录。

(5) 文件系统结构:文件系统是用来组织和排列文件存取方式的一种组织形式,所以它是可见的,在 Linux 中,可以通过 ls 等工具来查看其结构。在 Linux 系统中,见到的都是树形结构。

2. Linux 常见文件系统格式介绍

ext1:第一个被 Linux 支持的文件系统是 Minix 文件系统。这个文件系统有严重的性能问题,因此出现了另一个 Linux 文件系统,即扩展文件系统。第一个扩展文件系统(ext1)由 Remy Card 设计,并于 1992 年 4 月引入到 Linux 中。ext1 文件系统是第一个使用虚拟文件系统(VFS)交换的文件系统,支持的最大文件系统为 2GB。

ext2:第二个扩展文件系统(ext2)也是由 Remy Card 设计实现的,并于 1993 年 1 月引入到 Linux 中。它借鉴了当时文件系统(比如 Berkeley Fast File System(FFS))的先进思想。ext2 支持的最大文件系统为 2TB,但是 Linux 2.6 内核将该文件系统支持的最大容量提升到 32TB。

ext3:第三个扩展文件系统(ext3)是 Linux 文件系统的重大改进,尽管它在性能方面逊色于某些竞争对手。ext3 文件系统引入了日志概念,可以在系统突然停止时提高文件系统的可靠性。虽然某些文件系统的性能更好(比如 Silicon Graphics 的 XFS 和 IBM Journaled File System(JFS)),但 ext3 支持使用 ext2 的系统进行就地(in-place)升级。ext3 由 Stephen Tweedie 设计实现,并于 2001 年 11 月引入到 Linux 中。

ext4:Linux 2.6.28 内核是首个稳定的 ext4 文件系统,在性能、伸缩性和可靠性方面进行了大量改进。最值得一提的是,ext4 支持 1EB 的文件系统。ext4 是由 Theodore Tso(ext3 的维护者)领导的开发团队设计实现的,并引入到 Linux2.6.19 内核中。ext4 在 2.6.28 内核中已经很稳定,目前 3.x 版本的内核还在使用。ext4 从竞争对手那里借鉴了许多有用的概念。例如,在 JFS 中已经实现了使用区段(extent)来管理块,另一个与块管理相关的特性(延时分配)已经在 XFS 和 Sun Microsystems 的 ZFS 中实现。在 ext4 文件系统中,可以发现各种改进和创新。这些改进包括新特性(新功能)、伸缩性(打破当前文件系统的限制)和可靠性(应对故障),当然也包括性能的改善。

swap:它是 Linux 中一种专门用于交换分区的文件系统。Linux 使用这整个分区作为交换空间。一般这个 swap 格式的交换分区是主内存的 2 倍,在内存不够时,Linux 会将部分数据写到交换分区中。

jffs2/yaffs2/logfs/ubifs:这 4 个文件系统通常用于 Flash 存储介质,由于 Flash 特殊的硬件结构,普通的 ext1~ext4 都不适合在其上面使用。下面通过一张表格来比较这 4 个文件系统的性能特点,如表 12-1 所示。

表 12-1 jffs2/yaffs2/logfs/ubifs 性能对比

系统需求	JFFS2	YAFFS2	LOGFS	UBIFS
加载速度	弱	好	极好	好
输入/输出性能	好	好	一般	极好
资源利用率	一般	极好	好	一般

续表

系 统 需 求	JFFS2	YAFFS2	LOGFS	UBIFS
NAND 预期寿命	好	一般	N/A	极好
以外掉电容忍性	好	好	弱	好
主线集成	是	否	否	是

以上 4 类文件系统各有优缺点，根据实际使用场景选择合适的文件系统类型，下面主要以JFFS2 文件系统为例进行详细介绍，其他文件系统的制作原理也都类似。

12.1.2　Linux 根文件系统目录结构

为了在安装软件时能够预知文件、目录的存放位置，让用户方便地找到不同类型的文件，在构造文件系统时，建议遵循文件系统层次化标准（Filesystem Hierarchy Standard，FHS）。它定义了文件系统中目录、文件分类存放的原则，定义了系统运行所需的最小文件、目录的集合，并列举了不遵循这些原则的例外情况及其原因。FHS 并不是一个强制的标准，但是大多的 Linux、UNIX 发行版本都遵循 FHS。

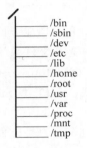

图 12-1　Linux 根文件
系统结构

本小节根据 FHS 标准描述 Linux 根文件系统的目录结构，并不深入介绍各个子目录的结构。子目录结构读者可以自行阅读 FHS标准。

Linux 根文件系统中一般有如图 12-1 所示的几个目录。下面依次介绍这几个目录的用途。

1．/bin 目录

该目录下存放所有用户（包括系统管理员和一般用户）都可以使用的、基本的命令，这些命令在挂接其他文件系统之前就可以使用，所以/bin 目录必须和根文件系统在同一个分区中。

/bin 目录下常用的命令有 cat、chgrp、chmod、cp、ls、sh、kill、mount、umount、mkdir、mknod、test 等。

2．/sbin 目录

该目录下存放系统命令，即只有管理员能够使用的命令，系统命令还可以存放在/usr/sbin、/usr/local/sbin 目录下。/sbin 目录中存放的是基本的系统命令，它们用于启动、修复系统等。与/bin 目录相似，在挂接其他文件系统之前就应该可以使用/sbin，所以/sbin 目录必须和根文件系统在同一个分区中。

/sbin 目录下常用的命令有 shutdown、reboot、fdisk、fsck 等。

不是特别需要使用的系统命令存放在/usr/sbin 目录下。需要安装的系统命令存放在/usr/local/sbin 目录下。

3．/dev 目录

该目录下存放的是设备文件。设备文件是 Linux 中特有的文件类型，Linux 系统以文件的方式访问各种外设，即通过读/写某个设备文件操作某个具体硬件。比如通过/dev/ttySAC0 文件可以操作串口 0，通过/dev/mtdblock1 可以访问 MTD 设备（NAND Flash、NOR Flash 等 Flash 设备）的第 2 个分区（分区编号从 0 开始）。

设备文件有两种：字符设备和块设备。在宿主机上执行命令 ls /dev/ttySAC0 -l 可以看到如下结果：

```
crwxrwxr-x 1 root root 4, 64 Mar 15 2015 /dev/ttySAC0
```

其中字母 c 表示这是一个字符设备文件；"4,64"表示设备文件的主、次设备号；主设备号用来
表示这是哪类设备，次设备号用来表示这是这类设备中的哪一个。对于块设备用字母 b 表示。

设备文件可以用 mknod 命令创建，比如：

```
mknod /dev/ttySAC0 c 4 64
```

可以在制作根文件系统的时候，就在/dev 目录下创建好要使用的设备文件，比如 ttySAC0 等，
不过手动方式并不是很方便的方法。

在实际文件系统构建中，使用 udev 的比较多。udev 是一个用户程序（u 是指 user space，
dev 是指 device），它能够根据系统中硬件设备的状态更新设备文件，包括设备文件的创建、删
除等。使用 udev 机制也不需要在/dev 目录下创建设备节点，它需要一些用户程序的支持，并
且内核要支持 sysfs 文件系统。它的操作相对复杂，但是灵活性很高。在 busybox 中有一个
mdev 命令，它是 udev 命令的简化版本。

4. /etc 目录

该目录下存放各种配置文件，对于计算机上的 Linux 系统，/etc 目录下的目录、文件非常
多。这些目录和文件都是可选的，很多都是配置文件，它们依赖于系统中所拥有的应用程序，
依赖于这些程序是否需要配置文件。在嵌入式系统中，这些内容可以大为精减，如表 12-2 和
表 12-3 所示。

表 12-2　/etc 目录下的子目录

目　　录	描　　述	目　　录	描　　述
opt	用来配置/opt 下的程序(可选)	network	网络相关的(可选)
x11	用来配置 X Window(可选)	init.d	系统启动阶段的配置(可选)

表 12-3　/etc 目录下的文件

文　　件	描　　述
export	用来配置 NFS 文件系统(可选)
fstab	用来指明当执行"mount -a"时,需要挂载的文件系统(可选)
mtab	用来显示已经加载的文件系统,通常是/proc/mounts 的链接文件(可选)
ftpusers	启动 FTP 服务时,用来配置用户的访问权限(可选)
group	用户的组文件(可选)
inittab	init 进程的配置文件(可选)
ld.so.conf	其他共享库的路径(可选)
passwd	密码文件(可选)

5. /lib 目录

该目录下存放共享库和可加载模块（即驱动程序），共享库用于启动系统、运行根文件系统
中的可执行程序，比如/bin、/sbin 目录下的程序。其他不是根文件系统所必需的库文件可以
放在其他目录，比如/usr/lib、/var/lib 等。表 12-4 所示是/lib 目录中的内容。

表 12-4　/lib 目录下的目录和文件

目录/文件	描　　　　述
libc.so.*	动态链接 C 库（可选）
ld*	链接器、加载器（可选）
modules	内核可加载模式存放的目录（可选）

6. /home 目录

用户目录，它是可选的。对于每个普通用户，在/home 目录下都有一个以用户名命名的子目录，里面存放用户相关的配置文件。

7. /root 目录

根用户（用户名为 root）的目录，与此对应，普通用户的目录是/home 下的某个子目录。

8. /usr 目录

/usr 目录的内容可以存在另一个分区中，在系统启动后再挂载到根文件系统中的/usr 目录下。该目录里面存放的是共享、只读的程序和数据，这表明/usr 目录下的内容可以在多个主机间共享，这些主机也是符合 FHS 标准的。/usr 中的文件应该是只读的，其他主机相关、可变的文件应该保存在其他目录下，比如/var。

/usr 目录通常包含如表 12-5 所示内容，在嵌入式系统中，这些内容可以进一步精减。

表 12-5　/usr 目录下的内容

目　　　录	描　　　　述
bin	很多用户命令存放在此目录下
include	C 程序的头文件，在计算机上进行开发时才用到，在嵌入式系统中不需要
lib	库文件
local	本地目录
sbin	非必需的系统命令（必需的系统命令存放在/sbin 目录下）
share	架构无关的数据
X11R6	X Windows 系统
games	游戏
src	源代码

9. /var 目录

与/usr 目录相反，/var 目录中存放可变的数据，比如 spool 目录（mail、news、打印机等用的）、log 文件、临时文件等。

10. /proc 目录

这是一个空目录，常作为 proc 文件系统的挂载点。proc 文件系统是个虚拟的文件系统，它没有实际的存储设备，里面的目录、文件都是由内核临时生成的，用来表示系统的运行状态，也可以操作其中的文件控制系统。

系统启动后，使用以下命令挂载 proc 文件系统（常在/etc/fstab 中设置以自动挂载）：

```
# mount -t proc none /proc
```

11. /mnt 目录

用于临时挂载某个文件系统的挂载点，通常是空目录；也可以在里面创建一些空的子目录，比如/mnt/cdrom、/mnt/hda1 等，用来临时挂载光盘、硬盘。

12. /tmp 目录

该目录用于存放临时文件,通常是空目录。一些需要生成临时文件的程序会用到/tmp 目录,所以/tmp 目录必须存在并可以访问。为减少对 Flash 的操作,当在/tmp 目录上挂载内存文件系统时,可使用命令如下:

```
# mount -t tmpfs none /tmp
```

12.1.3 Linux 文件属性

Linux 系统有如下几种文件类型,如表 12-6 所示。

表 12-6 Linux 文件类型

文 件 类 型	描　述
普通文件	这是最常见的文件类型
目录文件	在 Linux 中目录也是一种文件
字符设备文件	用来访问字符设备,用"c"表示
块设备文件	用来访问块设备,用"b"表示
FIFO	用于进程间的通信,也称为命名管道
套接字	用于进程间的网络通信
连接文件	它指向另一个文件,有软连接、硬连接

在某个目录下,使用"ls-lih"命令可以看到各个文件的具体信息,下面选取几种文件,列出它们的信息:

```
1864990 crw - r - - r - -     1    root root  5, 1  4月   12   2020 console
1112592 - rw - r - - r - -    2    root root  18   3月   20 13:01 README
1768398 drwxr - xr - x        19   root root  4.0K  5月   26 17:22 tools
683974 brw - r - - r - -      1    root root  31,0  3月   20 13:02 mtdblock0
1112592 - rw - r - - r - -    2    root root  18   3月   20 13:01 ln_hard
1112593 lrwxrwxrwx           1    root root  10   3月   20   13:15  ln_soft -> README
1381370 prw - r - - r - -    1    root root  0    3月 20 13:21 my_fifo
1689529 srwxr - xr - x       1    root root  0    3月 20 13:40 slave - soket
```

除字符设备文件 console、块设备文件 mtdblock0 外,这些信息都分为 8 个字段,比如:

```
1112592    - rw - r - - r - -    1   root   root   19K   5月 26 17: 21   README
字段 1    2                      3    4      5      6     7               8
```

(1)字段 1:文件的索引节点 inode。

索引节点里存放一个文件的上述信息,比如文件大小、属主、用户组、读/写权限等,并指明文件的实际数据存放的位置。

(2)字段 2:文件种类和权限。这字段共分 10 位,格式如图 12-2 所示。

图 12-2 文件类型和权限

文件类型有 7 种，"-"表示普通文件，"d"表示目录，"c"表示字符设备，"b"表示块设备，"p"表示 FIFO(即管道)，"l"表示软连接(也称符号连接)，"s"表示套接字(socket)。

没有专门的符号来表示"硬连接"类型文件，硬连接也是普通文件，只不过文件的实际内容只有一个副本，连接文件、被连接文件都指向它。比如上面的 ln_hard 文件是使用命令"ln README ln_hard"创建到 README 文件的硬连接，README 和 ln_hard 的地位完全一致，它们都指向文件系统中的同一个位置，它们的"硬连接个数"都是 2，表示这个文件的实际内容被引用 2 次，可以看到这两个文件的 inode 都是 1112592。

硬连接文件的引入的另一个作用是可以用别名来引用一个文件，避免文件被误删除。只有当硬连接个数为 1 时，对一个文件执行删除操作才会真正删除文件的副本。它的缺点是不能创建到目录的连接，被连接文件和连接文件必须在同一个文件系统中。对此，引入软连接，也称符号连接，软连接只是简单地指向一个文件(可以是目录)，并不增加它的硬连接个数。比如上面的 ln_soft 文件就是使用命令"ln -s README ln_soft"创建到 README 文件的软连接，它使用另一个 inode。

剩下的 9 位分为 3 组，分别用来表示文件拥有者、同一个群组的用户、其他用户对这个文件的访问权限。每组权限由 rwx 三位组成，表示可读、可写、可执行。如果某一位被设为"-"则表示没有相应的权限，比如"rw-"表示只有读写权限，没有执行权限。

(3) 字段 3：硬连接个数。

(4) 字段 4：文件拥有者。

(5) 字段 5：所属群组。

(6) 字段 6：文件或目录的大小。

(7) 字段 7：最后访问或修改时间。

(8) 字段 8：文件名或目录名。

对于设备文件，字段 6 表示主设备号，字段 7 表示次设备号。

12.1.4　文件系统工作原理

文件系统的工作与操作系统的文件数据有关，现在操作系统的文件数据除了文件实际内容外，通常含有非常多的属性，例如文件权限(rwx：读/写/执行)与文件属性(文件类型、所有者、用户级、时间参数等)。文件系统通常会将这两部分的数据分别存放在不同的区块，权限与属性放到 inode 中，数据则放到 block 区块中。另外，还有一个超级区块(super block)会记录整个文件系统的整体信息，包括 inode 与 block 的总量、使用量、剩余量等。

每个 inode 与 block 都有编号，这三种区块的意义可以简略说明如下。

(1) super block：记录文件系统的整体信息，包括 inode/block 的总量、使用量、剩余量以及文件系统的格式与相关信息等。

(2) inode：记录文件的属性，一个文件占用一个 inode，同时记录此文件的数据所在的 block 号。

(3) block：实际记录文件的内容，若文件太大时，会占用多个 block。

由于每个 inode 与 block 都有编号，而每个文件都会占用一个 inode，inode 内则有文件数据放置的 block 号码，因此，如果能够找到文件的 inode 的话，自然就会知道这个文件所放置数据的 block 号码了，当然也就能够读出实际的数据了。这是比较有效率的方法，如此一来就能够在短时间内读取出磁盘全部的数据，读/写的效能比较高。

以上这种数据存取的方式就是通常所说的索引式文件系统，Linux 中的 ext2/3/4 都是索引式文件系统。通常索引式文件系统与 Windows 下的 FAT 文件系统最大的区别就是后者在使用过程中会产生大量的磁盘碎片,FAT 文件系统没有办法将一个文件的所有 block 在一开始就读取出来,因为每一个 block 号码都记录在前一个 block 当中,所以如果写一个文件数据占用了多个 block,这些 block 可能分散在磁盘的多个地方,这样磁盘转一圈不一定就能写完数据,需要转好几圈才能把完整的文件数据写到磁盘上,这样就会产生碎片,这也就是为什么 FAT 格式的文件系统经常需要进行磁盘碎片整理的原因。

目前在计算机 Linux 系统中使用 ext4 格式的文件系统比较多,但也有新的文件系统出现,比如 btrfs,这是一个更高效的文件系统。对于 btrfs 文件系统,这里不进行介绍,有兴趣的读者可以到 Linux 相关社区了解,而且在嵌入式系统中暂时也没有用到这些系统。

12.2　移植 Busybox

12.2.1　Busybox 介绍

视频讲解

Busybox 最初是由 Bruce Perens 在 1996 年为 Debian GNU/Linux 安装盘编写的,其目的是在一张软盘上创建一个可引导的 GNU/Linux 系统,以用作安装盘和急救盘。Busybox 是一个遵循 GPL v2 协议的开源项目,它将众多的 UNIX 命令集合到一个很小的可执行程序中,可以用来替换 GNU fileutils、shellutils 等工具集。Busybox 中的各种命令与相应的 GNU 工具相比,所能提供的选项较少,但是也能够满足一般应用了。Busybox 主要用于嵌入式系统。

Busybox 在编写过程中对文件大小进行了优化,并考虑了系统资源(比如内存等)有限的情况。与一般的 GNU 工具集动辄几兆字节的体积相比,动态链接的 Busybox 只有几十兆字节,即使是采用静态链接也只有 1MB 左右。Busybox 按模块设计,可以很容易地加入、去除某些命令或增减命令的某些选项。

在创建根文件系统的时候,如果使用 Busybox,只需要在/dev 目录下创建必要的设备节点,在/etc 目录下增加一些配置文件即可。当然,如果 Busybox 使用动态链接,则还需要在/lib 目录下包含库文件。

而所谓制作根文件系统,就是创建各种目录,并且在目录里创建相应的文件。例如,在/bin 目录下放置可执行程序,在/lib 下放置各种库等。

12.2.2　Busybox 的目录结构

Busybox 发展到现在,其功能也越来越强大,而且配置与编译的方式也与 Linux 越来越接近,所以很容易移植。下面介绍 Busybox 下一些主要的目录,如表 12-7 所示。

表 12-7　Busybox 目录结构

目　　录	描　　述
applets	主要是实现 applets 框架的文件
applets_sh	一些有用的脚本,如 dos2unix、unix2dos 等
archival	与压缩有关的命令源文件,例如 bzip2、gzip 等
configs	自带的一些默认配置文件
console-tools	与控制台相关的一些命令,例如 setconsole
coreutils	常用的核心命令,例如 ls、cp、cat、rm 等
editors	常用的编辑命令,例如 vi、diff 等
findutils	常用的查找命令,例如 find、grep 等
init	init 进程的实现源文件

续表

目　　录	描　　述
networking	与网络相关的命令，例如 telnet、arp 等
shell	与 shell 相关的实现，例如 ash、msh 等
util-linux	Linux 下常用的命令，主要是与文件系统相关的，例如 mkfs_ext2 等

12.2.3　内核 init 进程及用户程序启动过程

Busybox 中最重要的程序自然是 init，大家都知道 init 进程是由内核启动的第一个（也是唯一一个）用户进程（进程 ID 为 1），init 进程根据配置文件决定启动哪些程序，例如执行某些脚本、启动 shell 或运行用户程序等。init 是后续所有进程的发起者，例如，init 进程启动/bin/sh 程序后，用户才能够在控制台上输入各种命令。

init 进程的执行程序通常都是/sbin/init，上述讲到的 init 进程的作用只不过是/sbin/init 这个程序的功能。如果想让 init 执行自己想要的功能，那么有两种途径：第一，使用自己的 init 程序，这包括使用自己的 init 替换/sbin/下的 init 程序，或者修改传递给内核的参数，指定"init=xxx"这个参数，让 init 环境变量指向自己的 init 程序；第二，就是修改 init 的配置文件，因为 init 程序很大一部分的功能都是按照其配置文件执行的。

一般而言，在 Linux 系统中有两种 init 程序：BSD init 和 System V init。BSD 和 System V 是两种版本的 UNIX 系统。这两种 init 程序各有优缺点，现在大多数 Linux 发行版本使用的都是 System V init。但在嵌入式系统中经常使用的则是 Busybox 集成的 init 程序，下面基于它进行介绍。

1. 内核如何启动 init 进程

前面分析内核时，其中有这样的函数调用关系：start_kernel→rest_init→kernel_init。内核启动的最后一步就是启动 init 进程，相关代码在 init/main.c 文件中，如下所示：

```
934 static int __ref kernel_init(void * unused)
935 {
936         int ret;
937
938         kernel_init_freeable();
939         /* need to finish all async __init code before freeing the memory */
940         async_synchronize_full();
941         free_initmem();
942         mark_rodata_ro();
943         system_state = SYSTEM_RUNNING;
944         numa_default_policy();
    ⋮
962         if (execute_command) {
963                 ret = run_init_process(execute_command);
964                 if (!ret)
965                         return 0;
966                 pr_err("Failed to execute %s (error %d).  Attempting defaults...\n",
967                         execute_command, ret);
968         }
969         if (!try_to_run_init_process("/sbin/init") ||
970             !try_to_run_init_process("/etc/init") ||
971             !try_to_run_init_process("/bin/init") ||
972             !try_to_run_init_process("/bin/sh"))
```

```
973                 return 0;
974
975         panic("No working init found.  Try passing init = option to kernel. "
976             "See Linux Documentation/init.txt for guidance.");
977 }
```

代码并不复杂，与 init 启动最为相关的就是 run_init_process 这个函数了，它运行指定的 init 程序。注意：一旦 run_init_process 运行创建进程成功，它将不会返回，而是通过操作内核栈进入用户空间。所以上面并不是运行了 4 个 init 进程，而是根据优先级，一旦某一个运行成功，就不往下继续执行了。

下面详细描述一下该函数的执行过程。

（1）打开标准输入、标准输出和标准错误设备。

Linux 中最先打开的 3 个文件分别称作标准输入（stdin）、标准输出（stdout）和标准错误（stderr），它们对应的文件描述符分别是 0、1、2。所谓标准输入就是程序中使用 scanf()、fscanf(stdin,…)获取数据时，从哪个文件（设备）读取数据；标准输出、标准错误都是输出设备，前者对应 printf()、fprintf(stdout,…)，后者对应 fprintf(stderr,…)。

第 938 行 kernel_init_freeable 函数中会尝试打开/dev/console 设备文件，如果成功，它就是 init 进程标准输入/输出设备。

这个函数也是在 main.c 文件中定义，其中有如下一段代码：

```
1010        /* Open the /dev/console on the rootfs, this should never fail */
1011        if (sys_open((const char __user *) "/dev/console", O_RDWR, 0) < 0)
1012                pr_err("Warning: unable to open an initial console.\n");
```

（2）在 kernel_init_freeable 函数中有如下代码片段，如果变量 ramdisk_execute_command 为空，则将其指向/init 程序。如果该程序存在，则运行该程序，并且进程不会返回；如果该程序不存在，则置 ramdisk_execute_command 变量为 NULL。

```
1021        if (!ramdisk_execute_command)
1022                ramdisk_execute_command = "/init";
1023
1024        if (sys_access((const char __user *) ramdisk_execute_command, 0) != 0) {
1025                ramdisk_execute_command = NULL;
1026                prepare_namespace();
1027        }
```

第 1021 行由于前面 rdinit_setup 函数没有执行（该函数也在 init/main.c 中定义），所以 ramdisk_execute_command 为空，则将/init 赋给它。第 1024 行检查/init 程序是否存在，这里也不存在，所以最终 ramdisk_execute_command 为空。

（3）如果变量 execute_command 指定了要运行的程序，则运行它，并且不会返回。

在 kernel_init 函数的第 962~967 行判定 execute_command 是否指向可执行程序，在 init/main.c 中，可以看到 execute_command 是在 init_setup 函数中被初始化，通过跟踪代码发现 init_setup 函数并没有执行，所以这里 execute_command 也为空。

（4）依次尝试几个常见的 init，一旦某一个成功，则不返回。

这里从第 969 行开始依次尝试执行，只要尝试成功，就不会返回。一般内核正常启动的情况下，永远不会执行到第 975 行。

2. Busybox init 进程的启动过程

Busybox ini 程序对应的代码在 init/init.c 文件中，下面以 Busybox-1.31.1 为例进行

讲解。

1）Busybox init 程序流程

Busybox init 程序流程图如图 12-3 所示，其中与构建根文件系统关系密切的是控制台的初始化、对 inittab 文件的解释及执行。init 程序的入口函数是 init_main 函数，主要包含 init 基本初始化以及执行 inittab 命令相关内容，具体代码定义在 init/init. c 文件中。

图 12-3　Busybox init 程序流程图

内核启动 init 进程的时候已经打开了/dev/console 设备作为控制台，一般情况下 Busybox init 程序就使用/dev/console。但是如果内核启动 init 进程的时候同时指定了环境变量 CONSOLE 或者 console，则 init 使用环境变量所指定的设备。在 Busybox 中还会检查这个指定的设备是否可以打开，如果不能打开，则使用/dev/null。

Busybox init 进程只是作为其他进程的发起者和控制者，并不需要控制台与用户交互，所以 init 进程会把控制台进程关掉，系统启动后运行命令"ls /proc/1/fd/"可以看到该目录为空。init 进程创建其他子进程的时候，如果没有指明该进程的控制台，则该进程也使用前面确定的控制台，至于怎么为进程指定控制台，则是通过 init 的配置文件实现的。

2）init 的配置文件

init 可以创建子进程，然而究竟应该创建哪些进程呢？这是可以通过其配置文件定制的，init 的配置文件为/etc/inittab 文件。

inittab 文件的相关文档和示例代码都在 Busybox 的 examples/inittab 文件中，内容如下：

```
10  #  Format for each entry: < id >:< runlevels >:< action >:< process >
11  #
12  #  < id >: WARNING: This field has a non - traditional meaning for BusyBox init!
13  #
14  #    The id field is used by BusyBox init to specify the controlling tty for
15  #    the specified process to run on. The contents of this field are
16  #    appended to "/dev/" and used as - is. There is no need for this field to
17  #    be unique, although if it isn't you may have strange results. If this
18  #    field is left blank, then the init's stdin/out will be used.
19  #
20  #  < runlevels >: The runlevels field is completely ignored.
21  #
22  #  < action >: Valid actions include: sysinit, respawn, askfirst, wait, once,
23  #                                     restart, ctrlaltdel, and shutdown.
24  #
25  #      Note: askfirst acts just like respawn, but before running the specified
26  #      process it displays the line "Please press Enter to activate this
27  #      console." and then waits for the user to press enter before starting
28  #      the specified process.
29  #
30  #      Note: unrecognized actions (like initdefault) will cause init to emit
31  #      an error message, and then go along with its business.
32  #
33  #  < process >: Specifies the process to be executed and it's command line.
```

第 10 行,是 inittab 文件中每一行内容的格式。inittab 文件中的每个条目用来定义一个子进程,并确定它的启动方法。每一行都分为 4 个字段,分别用":"隔开,每个字段的意义如下。

① < id >:表示该子进程要使用的控制台(即标准输入、标准输出、标准错误设备),如果该字段省略,则使用与 init 进程一样的控制台。

② < runlevel >:该进程的运行级别,Busybox 的 init 程序不支持运行级别这个概念,因此该字段无意义。如果要支持 runlevel,则建议使用 System V Init 程序。

③ < action >:表示 init 如何控制该进程,这是一个枚举量,可能的取值及相应的意义如表 12-8 所示。

表 12-8 action 取值及意义

action 取值	执 行 条 件	说　　明
sysinit	系统启动后最先执行	只执行一次,init 等它执行完后再执行其他动作
wait	系统执行完 sysinit 进程后	只执行一次,init 等它执行完后再执行其他动作
once	系统执行完 wait 进程后	只执行一次,init 进程不等待它结束
respawn	启动完 once 进程后	init 进程监视发现子进程退出时,重新启动它
askfirst	启动完 respawn 进程后	与 respawn 类似,不过 init 进程先输出"please press Enter to active this console.",等用户输入回车键之后启动子进程
shutdown	当系统关机时	即重启、关闭系统命令时
restart	Busybox 中配置了 CONFIG_FEATURE_USE_INITTAB,并且 init 进程接收到 SIGHUP 信号时	先重新读取、解析/etc/inittab 文件,再执行 restart 程序
ctrlaltdel	按下 Ctrl＋Alt＋Del 组合键时	—

④ < process >:要执行的程序,可以为可执行程序也可以是脚本,如果< process >字段前

面有"-"字符，则代表这个程序是可交互的，例如/bin/sh 程序。

```
ttySAC0::askfirst: - /bin/sh
```

在/etc/inittab 文件的控制下，init 进程的行为总结如下：

- 在系统启动前期，init 进程首先启动< action >为 sysinit、wait、once 的三类子进程。
- 在系统正常运行期间，init 进程首先启动< action >为 respawn、askfirst 的两类子进程，并监视它们，发现某个子进程退出时重新启动它。
- 在系统退出时，执行< action >为 shutdown、restart、ctrlaltdel 的三类子进程之一或全部。

如果根文件系统中没有/etc/inittab 文件，Busybox init 程序将使用自带的默认 inittab 条目。

3）/etc/inittab 默认文件内容实例

```
47 # Boot - time system configuration/initialization script.
48 # This is run first except when booting in single - user mode.
49 #
50 ::sysinit:/etc/init.d/rcS
51
52 # /bin/sh invocations on selected ttys
53 #
54 # Note below that we prefix the shell commands with a " - " to indicate to the
55 # shell that it is supposed to be a login shell. Normally this is handled by
56 # login, but since we are bypassing login in this case, BusyBox lets you do
57 # this yourself...
58 #
59 # Start an "askfirst" shell on the console (whatever that may be)
60 ::askfirst: - /bin/sh
61 # Start an "askfirst" shell on /dev/tty2 - 4
62 tty2::askfirst: - /bin/sh
63 tty3::askfirst: - /bin/sh
64 tty4::askfirst: - /bin/sh
65
66 # /sbin/getty invocations for selected ttys
67 tty4::respawn:/sbin/getty 38400 tty5
68 tty5::respawn:/sbin/getty 38400 tty6
69
70 # Example of how to put a getty on a serial line (for a terminal)
71 #::respawn:/sbin/getty - L ttyS0 9600 vt100
72 #::respawn:/sbin/getty - L ttyS1 9600 vt100
73 #
74 # Example how to put a getty on a modem line.
75 #::respawn:/sbin/getty 57600 ttyS2
76
77 # Stuff to do when restarting the init process
78 ::restart:/sbin/init
79
80 # Stuff to do before rebooting
81 ::ctrlaltdel:/sbin/reboot
82 ::shutdown:/bin/umount - a - r
83 ::shutdown:/sbin/swapoff - a
```

第 50 行是 init 进程启动的第一个子进程，它是一个脚本，可以在里面指定用户想执行的操作，比如挂接其他文件系统、配置网络等。第 60 行启动 shell，这里可以指定控制台，比如/

dev/ttySAC0。第 81 行按下 Ctrl＋Alt＋Del 之后执行的程序,不过在串口控制台中无法输入 Ctrl＋Alt＋Del 组合键。第 82 行为重启、关机前的执行程序。

12.2.4 配置/编译/安装 Busybox

从这里开始讲解如何构建根文件系统,主要工作就是编译、安装 Busybox。首先到官网下载相应版本的源代码,本书下载的版本是 busybox-1.31.1.tar.bz2。

使用如下命令解压得到 busybox-1.31.1 目录,里面就是所有的源码。

```
$ tar xjf busybox-1.31.1.tar.bz2
```

Busybox 集合了几百个命令,在一般系统中并不需要全部使用。可以通过配置 Busybox 来选择这些命令,定制某些命令的功能(选项),指定 Busybox 的连接方法(动态链接还是静态链接),指定 Busybox 的安装路径。

1. 配置 Busybox

在 busybox-1.31.1 目录下执行 make menuconfig 命令即可进入配置界面,如图 12-4 所示。

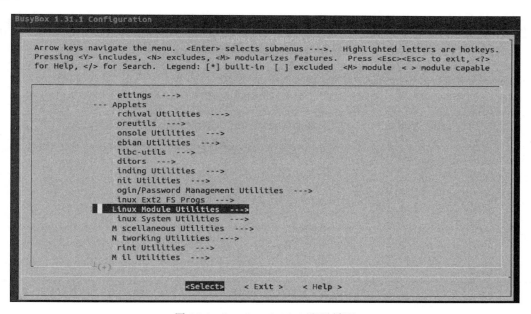

图 12-4 busybox-1.31.1 配置界面

Busybox 将所有配置分类存放,下面针对嵌入式系统介绍一些常用的配置选项,如表 12-9 所示,其他选项大家可以参照图 12-4 了解。

表 12-9 Busybox 配置选项分类

配置项类型	说　　明
Busybox Settings-> General Configuration	一些通用的设置,一般不需要理会
Busybox Settings-> Build Options	连接方式、编译选项等

配置项类型	说　　明
Busybox Settings-> Debugging Options	调试选项，使用 Busybox 时将打印一些调试信息，一般不选
Busybox Settings-> Installation Options	Busybox 的安装路径，不需设置，可以在命令行中指定
Busybox Settings-> Busybox Library Tuning	Busybox 的性能微调，比如设置在控制台上可以输入的最大字符个数，一般使用默认值即可
Archival Utilities	各种压缩、解压缩工具，根据需要选择相关命令
Coreutils	核心的命令，比如 ls、cp 等
Console Utilities	控制台相关的命令，比如清屏命令 clear 等。仅是提供一些方便而已，可以不理会
Debian Utilities	Debian 命令（Debian 是 Linux 的一种发行版本），比如 which 命令可以用来显示一个命令的完整路径
Editors	编辑命令，一般都选中 vi
Finding Utilities	查找命令，一般不用
Init Utilities	init 程序的配置选项，比如是否读取 inittab 文件，使用默认配置即可
Login/Password Management Utilities	登录、用户账号/密码等相关的命令
Linux Module Utilities	加载/卸载模块的命令，一般都选中
Linux System Utilities	一些系统命令，比如显示内核打印信息的 dmesg 命令、分区命令 fdisk 等
Linux Ext4 FS Progs	Ext4 文件系统的一些工具
Miscellaneous Utilities	一些不好分类的命令
Networking Utilities	网络方面的命令，可以选择一些可以方便调试的命令，比如 telnetd、ping、tftp 等
Process Utilities	进程相关的命令，比如查看进程状态的命令 ps、查看内存使用情况的命令 free、发送信号的命令 kill、查看最消耗 CPU 资源的前几个进程的命令 top 等。为方便调试，可以都选中
Shells	有多种 shell，比如 msh、ash 等，一般选择 ash
System Logging Utilities	系统日志(log)方面的命令
Ipsvd Utilities	监听 TCP、DPB 端口，发现有新的连接时启动某个程序

本书使用默认配置，执行"make menuconfig"后退出，保存配置即可。

下面介绍一些常用的选项，方便读者参考。配置 Busybox 基本上都是选择某个选项，或者去除某个选项，比较简单。

1) 指定交叉编译器和安装路径

```
Build Options - - ->
    (arm - linux - ) Cross Compiler prefix
```

这里要指定的是 arm-linux-前缀的编译工具链，这个工具链就是前面制作好的工具链，所以在弹出的对话框中输入 arm-linux-即可。

```
Installation Options("make install" behavior) - - ->
    (./_install)Busybox installation prefix(NEW)
```

这里使用的是默认路径，如果要指定安装路径，则将"./_install"路径修改为指定的路径，比如/opt/mybusybox。

2）Linux Module Utilities 选项

如果在内核中需要动态加载模块，比如加载驱动模块，则下面这些配置选项要选上（主要是加载、卸载、显示模块相关命令等）。

```
[ * ] insmod
[ * ] rmmod
[ * ] lsmod
[ * ] modprobe
[ * ] depmod
```

3）Linux System Utilities 选项

```
[ * ] mdev
[ * ] Support /etc/mdev.conf
[ * ] Support command execute at device addition/removal
[ * ] mount
[ * ] Support mounting NFS file systems
[ * ] umount
[ * ] umount - a option
```

支持 mdev 可以方便构造/dev 目录，并且可以支持热插拔设备。另外，为方便调试，选中 mount、umount 命令，并让 mount 命令支持 NFS（网络文件系统）。

4）其他配置选项

```
Busybox Settings - - ->
    General Configuration - - ->
        [ ] Enable options for full-blown desktop systems
```

这个选项要去除，否则执行 ps 命令不会显示进程状态。

```
Init Utilities - - ->
    [ ] Be_extra_quiet on boot
```

取消选中可以在系统启动时显示 Busybox 版本号加载。

2. 编译和安装

编译 Busybox，只需要在 busybox-1.31.1 目录下执行如下命令：

```
$ make
```

安装 Busybox，在 busybox-1.31.1 目录下执行下如下命令：

```
$ make install
```

安装成功后会看到如下信息：

```
./_install//usr/sbin/setlogcons -> ../../bin/busybox
./_install//usr/sbin/svlogd -> ../../bin/busybox
./_install//usr/sbin/telnetd -> ../../bin/busybox
./_install//usr/sbin/tftpd -> ../../bin/busybox
./_install//usr/sbin/ubiattach -> ../../bin/busybox
./_install//usr/sbin/ubidetach -> ../../bin/busybox
./_install//usr/sbin/ubimkvol -> ../../bin/busybox
./_install//usr/sbin/ubirmvol -> ../../bin/busybox
./_install//usr/sbin/ubirsvol -> ../../bin/busybox
./_install//usr/sbin/ubiupdatevol -> ../../bin/busybox
```

```
./_install//usr/sbin/udhcpd -> ../../bin/busybox
```

```
--------------------------------------------------
You will probably need to make your busybox binary
setuid root to ensure all configured applets will
work properly.
```

以上使用的是默认安装目录，即 busybox-1.31.1 目录下的_install 子目录，现在将此目录下的内容复制到一个新目录，即文件系统目录 rootfs 下，所以首先需要建立 rootfs 目录。整个操作过程如下所示：

```
book@JXES:/opt/fs/busybox - 1.31.1 $ cd ..
book@JXES:/opt/fs $ cd ..
book@JXES:/opt $ mkdir rootfs
book@JXES:/opt $ cp fs/busybox - 1.31.1/_install/ * rootfs/ - a
book@JXES:/opt $ ls rootfs/
bin linuxrc sbin usr
```

将 busybox-1.31.1/examples/bootfloppy/etc/目录及其下面的内容复制到 rootfs 目录下：

```
book@JXES:/opt $ cp fs/busybox - 1.31.1/examples/bootfloppy/etc/ rootfs/ - r
```

接下来制作系统的用户账号、密码相关的内容，直接将宿主机 ubuntu 系统下面相应的配置文件复制到这里来，具体操作如下：

```
book@JXES:/opt $ cd rootfs/
book@JXES:/opt/rootfs $ sudo cp /etc/passwd etc/
book@JXES:/opt/rootfs $ sudo cp /etc/group etc/
book@JXES:/opt/rootfs $ sudo cp /etc/shadow etc/
```

注意：上面在 cp 命令前用了 sudo 命令，因为这里复制的内容是与宿主机操作系统相关的文件，需要有管理员 root 的权限，这里 sudo 命令就是赋予 root 权限的。

修改上面复制过来的配置文件如下：

```
book@JXES:/opt/rootfs $ sudo vi etc/passwd
  1 root:x:0:0:root:/root:/bin/ash
```

这里需要把 ubuntu 的 shell 程序/bin/bash 改成 busybox 的 shell 程序/bin/ash，否则，当用户登录或用 telnet 命令时，会出现"cannot run/bin/bash：No such file or directory"的错误。

12.2.5　构建根文件系统

前面介绍了如何编译、安装 Busybox，建立了相关的目录，且已经构建了一个最小的根文件系统，下面介绍剩下的部分。

在构建根文件系统前，通常需要在根目录下为文件系统创建下面这些子目录：

```
$ mkdir dev mnt proc var tmp sys root lib
```

1. 构建/etc 目录

init 进程是根据/etc/inittab 文件来创建其他子进程的，比如调用脚本文件配置 IP 地址，挂接其他文件系统，最后启动 shell 等。/etc 目录下的内容取决于要运行的程序，本小节只需要创建 etc/inittab、etc/init.d/rcS、etc/fstab、etc/profile 文件。

视频讲解

1）创建 etc/inittab 文件

在 Busybox 的 examples/inittab 文件下有范例，可以直接基于范例进行如下修改：

```
book@JXES:/opt/rootfs $ sudo vi etc/inittab
 1 # /etc/inittab
 2 # This is run first except when booting in single－user mode.
 3 ::sysinit:/etc/init.d/rcS
 4
 5 # Note below that we prefix the shell commands with a "－" to indicate to the
 6 # shell that it is supposed to be a login shell
 7
 8 # Start an "askfirst" shell on the console(whatever that may be)
 9 ::askfirst:－/bin/sh
10
11 # Start an "askfirst" shell on /dev/tty2
12 #tty2::askfirst:－/bin/sh
13
14 # Stuff to do before rebooting
15 ::ctrlaltdel:/sbin/reboot
16 ::shutdown:/bin/umount －a －r
```

2）创建 etc/init.d/rcS 文件

这是一个脚本文件，可以在里面添加自动执行的命令。以下命令配置 IP 地址、挂载/etc/fstab 指定的文件系统。

```
book@JXES:/opt/rootfs $ sudo vi etc/init.d/rcS
 1 #! /bin/sh
 2
 3 # This is the first script called by init process
 4 ifconfig eth0 192.168.1.200
 5 mount -a
```

第 1 行表示这是一个脚本文件，用/bin/sh 解析。第 5 行的"mount -a"用来挂接/etc/fstab 文件指定的所有文件系统。如果想在系统启动时自动配置好指定的 IP 地址，添加第 4 个配置即可。最后要修改 res 文件属性，使它能够执行。

```
$ chmod ＋x etc/init.d/res
```

3）创建 etc/fstab 文件

前面执行"mount -a"命令后要挂载 proc、tmpfs 文件系统。

```
book@JXES:/opt/rootfs $ sudo vi etc/fstab
 1 # device   mount－point   type    options   dump   fsck order
 2 proc        /proc         proc    defaults  0      0
 3 tmpfs       /tmp          tmpfs   defaults  0      0
```

/etc/fstab 文件被用来定义文件系统的静态信息，这些信息被用来控制 mount 命令的行为。文件各字段意义如下。

① device：要挂载的设备，比如/dev/mtdblock1 等设备文件，也可以是其他格式。对于 proc 文件系统，这个字段没有意义，可以是任意值，对于 NFS 文件系统，这个字段为< host <:< dir >。

② mount-point：挂载点。

③ type：文件系统类型，比如 proc、jffs2、yaffs2、ext4、nfs 等，也可以是 auto，表示自动检

测文件系统类型。

　　④ options：挂载参数，以逗号隔开。

/etc/fstab 的作用不仅仅是用来控制"mount -a"的行为，即使是一般的 mount 命令也受它控制，这可以从表 12-10 的参数看到。除与文件系统类型相关的参数外，常用的还有表 12-10 中给出的几种取值。

表 12-10　Busybox 配置选项分类

参　数　名	说　　明	默　认　值
auto/noauto	决定执行 mount -a 时是否自动挂载。 auto：自动挂接；noauto：不自动挂载	auto
user/nouser	user：允许普通用户挂载设备 nouser：只允许 root 用户挂载设备	nouser
exec/noexec	exec：允许运行所挂载设备上的程序 noexec：不允许运行所挂载设备上的程序	exec
ro	以只读方式挂载文件系统	—
rw	以读/写方式挂载文件系统	—
sync/async	sync：修改文件时，它会同步写入设备中 async：不会同步写入	sync
default	rw、suid、dev、exec、auto、nouser、async 等的组合	—

　　⑤ dump 和 fsck order：用来决定控制 dump、fsck 程序的行为。

　　dump 是一个用来备份文件的程序，fsck 是一个用来检查磁盘的程序。要想了解更多信息，请阅读它们的帮助文档。

　　dump 程序根据 dump 字段的值决定这个文件系统是否需要备份，如果没有这个字段，或其值为 0，则 dump 程序忽略这个文件系统。

　　fsck 程序根据 fsck order 字段来决定磁盘的检查顺序，一般来说，对于根文件系统这个字段设为 1，其他文件系统设为 2。如果设为 0，则 fsck 程序忽略这个文件系统。

　　4）创建 etc/profile 文件

　　这个文件主要用来设置用户登录时需要运行的环境变量和用 EXPORT 导出环境变量、设置别名等，比如这里指定主机名 hostname 为 book。

```
book@jxes:/opt/rootfs $ sudo vi etc/profile
1 #!/bin/sh
2 # /etc/profile: system-wide .profile file for the Bourne shells
3
4 'hostname jxes'                  #执行此命令指定 host name 为 jxes
5 HOSTNAME = 'hostname'            #初始化环境变量 HOSTNAME,执行此命令打印主机名
6 USER = 'id-un'                   #初始化环境变量 USER,"id-un"命令打印用户名
7 LOGNAME = $ USER                 #初始化环境变量 LOGNAME
8 HOME = $ USER
9 PS1 = "[\u@ $ \h:\W]\            #" #PS1 是 Linux 终端用户环境变量,定义命令行提示参数
10 PATH = /bin:/sbin:/usr/bin:/usr/sbin          #初始化环境变量 PATH
11 LD_LIBRARY_PATH = /lib:/usr/lib: $ LD_LIBRARY_PATH #初始化全局库环境变量
12 export PATH LD_LIBRARY_PATH HOSTNAME USER PS1 LOGNAME HOME
13 alias ll = "ls -la"             #创建别名
14
15 echo
```

```
16 echo − n "Processing /etc/profile... "
17 # no − op
18 echo "Done"
19 echo
```

上面/etc/profile 的设置不是太复杂,对照注释不难理解。下面主要介绍 PS1 环境变量。通常打开 Linux 系统控制台,都会看到类似下面的提示:

```
book@jxes:~ $
```

这个提示信息就是由 PS1 变量输出的,如果想要修改显示格式、字符颜色等,可以通过设置 PS1 变量实现,它提供了一系列的参数供配置时使用。

\d:表示日期,格式为"星期 月份 日期",比如:"Mon Aug 1"。

\H:完整的主机名称。

\h:仅取主机名中的第一个名字。

\t:显示时间为 24 小时格式,比如:HH:MM:SS。

\T:显示时间为 12 小时格式。

\A:显示时间为 24 小时格式,比如:HH:MM。

\u:当前用户的账号名称。

\v:bash 的版本信息。

\w:完整的工作目录名称。

\W:利用 basename 取得工作目录名称,只显示最后一个目录名。

\#:下达的第几个命令。

\$:提示字符,如果是 root 用户,提示符为#,普通用户则为 $。

2. 构建/dev 目录

在用 Busybox 制作根文件系统时,/dev 目录是必须构建的一个目录,这个目录对所有的用户都十分重要,因为在这个目录中包含了所有 Linux 系统中使用到的外部设备,即所有的设备节点。通常构建/dev 目录有两种方法:静态构建和 mdev 设备管理工具构建。

1)静态构建

此种方法就是根据预先知道的要挂载的驱动,用 mknod 命令创建它们的设备节点。该方法现在用得不是很多,并且不支持热插拔设备,所以逐渐被 mdev 设备工具所取代。根据系统启动过程通常需要的最少设备知道,至少需要创建下面这些设备节点,才可以满足基本系统启动的需求。

```
cd rootfs/dev
sudo mknod console c 5 1
sudo mknod null c 1 3
sudo mknod ttySAC0 c 204 64
sudo mknod mtdblock0 b 31 0
sudo mknod mtdblock1 b 31 1
sudo mknod mtdblock2 b 31 2
```

其他设备文件可以当系统启动后,使用 cat/proc/devices 命令查看内核中注册了哪些设备,然后一一创建相应的设备文件。

2)mdev 动态创建

mdev 是 udev 的简化版本,通过读取内核相应信息来动态创建设备文件或设备节点,其用途主要有初始化 dev 目录、动态更新、支持热插拔（即接入、卸载设备时执行某些动作）。要使用 mdev 设备管理系统，需要内核支持 sysfs 文件系统，为了减少对 Flash 的读/写频率，还要支持 tmpfs 文件系统。通常默认的内核配置都是支持这些需求的，或者检查内核有没有 CONFIG_SYSFS、CONFIG_TMPFS 配置项（查看内核的 .config 配置文件）。

关于 mdev 命令的详细用法这里不进行介绍，读者可以参考 man 帮助文档，或者查阅 busybox-1.31.1/docs/mdev.txt 文件。下面使用 mdev 构建 dev 目录。

（1）在 etc/init.d/rcS 文件中添加如下内容：

```
6 mkdir /dev/pts
7 mount - t devpts  devpts  /dev/pts
8 echo /sbin/mdev > /proc/sys/kernel/hotplug
9 mdev - s
```

第 7 行的 devpts 是用来支持外部网络连接（telnet）的虚拟终端；第 8 行设置内核当有设备插拔时调用/sbin/mdev 程序；第 9 行在/dev 目录下生成内核支持的所有设备的节点。

（2）在 etc/fstab 文件里添加如下内容：

```
4 sysfs        /sys        sysfs  defaults      0        0
5 tmpfs        /dev        tmpfs  defaults      0        0
```

第 4 行是为使用 mdev 而准备的文件系统；第 5 行的 tmpfs 是为了减少对 Flash 的读/写而挂载的文件系统。配置完这些信息后，在系统启动时通过"mount -a"自动挂载这些文件系统。

最后，mdev 是通过 init 进程来启动的。在使用 mdev 构造/dev 目录之前，init 进程至少要用到设备文件/dev/console、/dev/null，所以要手动创建这两个设备文件，创建方式前面已经介绍过，使用 mknod 命令即可。

3. 准备 glib 库

大家知道嵌入式系统最终是为应用程序所服务的，而应用程序一定需要一些库的支持，所以这里将前面制作交叉工具链时生成的库直接拿过来用即可。

```
$ cd /opt/rootfs
$ cp ../tools/ crosstool/arm - cortex_a8 - linux - gnueabi/arm - cortex_a8 - linux - gnueabi/
sysroot/lib
/ * lib/ - a
```

复制完成后，可以使用交叉工具链下的 arm-linux-strip 对 lib 目录下的文件进行"瘦身"处理，这个步骤不是必须的，主要经过"瘦身"后，文件大小会变小一些。

```
book@jxes:/opt/fs/rootfs $ arm - linux - strip lib/ *
```

到这里，我们制作的/opt/rootfs 目录就是一个文件系统，只是这个文件还没有办法烧写到 Flash 上，不过它目前可以用作网络文件系统，可以在 U-Boot 下设置传递给内核的命令行参数，这样在内核启动时就会加载这个网络文件系统。U-Boot 下命令参数设置如下：

```
set bootargs root = /dev/nfs nfsroot = 192.168.1.123:/opt/rootfs ip = 192.168.1.200 console =
ttySAC0,115200
```

其中，nfsroot 指定了服务器的 IP 地址和根文件系统在服务器的路径，而 ip 指定了开发板上网卡对应的 IP 地址。

4. 制作 jffs2 文件系统

为了能使用前面制作好的文件系统,可以直接烧写到 Flash 对应的文件系统分区,需要制作这个根文件系统镜像。而所谓的文件系统镜像文件,就是将一个目录下的所有内容按照一定的格式存放到一个文件中,这个文件可以直接烧写到存储设备上去。当系统启动后挂载这个设备,就可以看到与原来目录一样的内容。而制作文件系统需要相应的制作工具,对于jffs2 文件系统的制作需要使用 mtd-utils 工具,在宿主机 ubuntu 下用如下命令来安装 mtd-utils 工具。

```
$ sudo apt - get install mtd - utils
```

安装完成后,就可以用如下命令将前面 rootfs 目录下所有内容制作成一个文件系统镜像:

```
book@jxes:/opt $ cd /opt/fs
book@jxes:/opt/fs $ ls
busybox - 1.31.1   rootfs
book@jxes:/opt/fs $ mkfs.jffs2 - d rootfs - o rootfs.jffs2 - s 2048 - e 0x20000 - n
```

上面命令中"-d"表示根文件系统目录,即前面制作的 rootfs 目录;"-o"表示输出的镜像文件名;"-s"指定 Flash 的一页大小为 2048 字节(注：根据实际使用的 NAND Flash 指定,本书所用 NAND 的一页大小是 2048 字节);"-e"指定一个擦除块的大小为 0x20000,即 128KB(注：同理,由实际使用的 NAND Flash 决定);"-n"表示不要在每个擦除块上都加上清除标志。

将制作好的 rootfs.jffs2 放到 tftp 服务器目录,然后在 U-Boot 控制台界面将其烧写到NAND 的文件系统分区。

```
TQ210 # tftpboot 20000000 rootfs.jffs2
TQ210 # nand erase.part rootfs
TQ210 # nand write 20000000 rootfs $ filesize
```

上面使用到 U-Boot 下 NAND 的擦除、烧写命令,这些在 NAND 驱动移植时再详细介绍。

第13章

Linux驱动程序移植

本章学习目标

- 了解 Linux 下驱动工作原理、MTD 框架等;
- 了解 NAND、网卡等驱动的一般移植方法;
- 掌握 S5PV210 平台下的驱动的移植。

13.1 Linux 驱动程序概述

13.1.1 驱动程序、内核和应用程序之间的关系

视频讲解

嵌入式系统在日常生活中使用很多,比如手机、平板电脑、智能电视等,打开它们后看到的系统其实是系统上运行的一个应用程序,但应用程序离不开下面的操作系统(内核),这就好比鱼与水的关系,而操作系统怎么与应用程序打交道,应用程序怎么去控制硬件,这就需要操作系统中的驱动程序来帮忙。当应用程序需要访问某个硬件,比如网卡,应用程序会发出请求,操作系统收到请求后触发对应的驱动程序,驱动程序就会初始化对应的硬件设备,并且提供已经封装好的接口函数给上层应用使用。这里还需要注意的是,上层应用并不是直接访问驱动程序提供的接口,而是调用相应的库,比如 C 库。在这些库中定义了一系列的通用接口函数,比如 fopen、fread、fclose、open、write、close 等,当应用程序调用某个库函数,就会发出一个SWI 命令通知内核"我"要工作了。SWI 是操作系统的一个软件异常处理指令,当操作系统收到这个指令后,操作系统就会去调用对应的驱动程序提供的接口函数,最终访问到最下层的硬件设备。

通常驱动程序工作是被动的,也就是说有需要了才被唤醒,比如上面介绍的有应用程序请求访问的时候。驱动程序加载进内核时,只是告诉内核"我"在这里,"我"能做这些工作,至于这些工作何时开始,取决于应用程序。当然这不是绝对的,比如用户完全可以写一个由系统时钟触发的驱动程序,让它自己根据时钟自动唤醒工作。

在 Linux 系统中,应用程序运行于用户空间,拥有 MMU 的系统能够限制应用程序的权限,比如将它限制于某个内存块中,这可以避免应用程序的错误导致整个系统崩溃。而驱动程序运行于内核空间,它是系统信任的一部,驱动程序的错误有可能导致整个系统崩溃。

13.1.2 驱动程序分类

Linux 的外设可以分为 3 类:字符设备(character device)、块设备(block device)和网络接口(network interface)。

(1) 字符设备是能够像字节流一样被访问的设备,比如文件,就是说对它读/写是以字节为单位的。比如串口在进行收发数据时就是一字节一字节进行的。我们可以在驱动程序内部

使用缓冲区来存放数据以提高效率,但是串口本身对这并没有要求。字符设备的驱动程序中实现了 open、close、read、write 等系统调用,应用程序可以通过设备文件,比如/dev/ttySAC0 等来访问字符设备。

(2) 块设备上的数据以块的形式存放,比如 NAND Flash 上的数据就是以页为单位存放的。块设备驱动程序向用户层提供的接口与字符设备一样,应用程序也可以通过相应的设备文件,比如/dev/mtdblock0 等,来调用 open、close、read、write 等,与块设备传送任意的数据。对用户而言,字符设备和块设备的访问方式没有差别。

块设备驱动程序的特别之处如下:

- 操作硬件的接口实现方式不一样。块设备驱动程序先将用户发来的数据组织成块,再写入设备;或从设备中读出若干块数据,再从中挑出用户需要的。
- 数据块上的数据可以有一定的格式。通常在块设备中按照一定的格式存放数据,不同的文件系统类型就是用来定义这些格式的。内核中,文件系统的层次位于块设备的块驱动程序上面,这意味着块设备驱动程序除了向用户提供与字符设备一样的接口外,还要向内核其他部件提供一些接口,这些接口用户是看不到的。这些接口使得可以在块设备上存放文件系统,挂载(mount)块设备。

(3) 网络接口同时具有字符设备、块设备的部分特点,无法将它归入这两类中。如果说它是字符设备,它的输入/输出却是有结构的、成块的(报文、包、帧);如果说它是块设备,它的块又不是固定大小的,大到数百字节甚至数千字节,小到几字节。Linux 操作系统访问网络接口的方法是给它们分配一个唯一的名字,比如 eth0,这是个符号名称,保存在文件中,所以在/dev 目录下不存在对应的节点项。应用程序、内核和网络驱动程序间的通信完全不同于字符设备、块设备,系统库和内核提供了一套和数据包传输相关的函数,而不是 open、read、write 等。

13.1.3　Linux 设备模型介绍

Linux 内核由于支持各种各样的设备,不同的功能设备导致 Linux 内核中大部分的代码都是设备驱动,而且随着硬件快速的迭代,设备驱动的代码量也在不断地增长。这就导致了 Linux 内核看起来是非常臃肿、杂乱、不易维护,但这并不是说 Linux 内核不好,只能说它太强大了,几乎支持世界上所有的外围设备,所以 Linux 是一个宏内核,支持设备的多样性需要。下面就简单地介绍一下 Linux 内核是如何来管理这些不同的设备的。

1. 认识 Bus、Class、Device 和 Device Driver

Bus(总线):总线是 CPU 和设备之间信息交互的通道,为了方便设备模型的抽象(定义的一套数据结构),所有的设备都应连接到总线上,这里的总线可以是 CPU 内部总线、也可以是虚拟总线(Platform Bus)。

Class(分类):在 Linux 设备模型中,Class 的概念非常类似面向对象程序设计中的 Class (类),它主要是把具有相似功能或属性的设备集合在一起,这样就可以抽象出一套可以在多个设备之间共用的数据结构和接口函数。所以,从属于相同 Class 的设备驱动程序,就不再需要重复定义这些公共资源,直接从 Class 中继承即可。

Device(设备):为所有硬件设备抽象的数据结构,它可以描述设备的名字、属性、从属的 Bus、从属的 Class 等信息。

Device Driver(驱动):Driver 也是一套数据结构,使用它抽象硬件设备的驱动程序,它包含设备初始化、电源管理相关的接口实现。而 Linux 内核中驱动的开发,基本上都是围绕该数据结构进行(实现所规定的接口函数)。

2. 设备模型的核心思想

Linux 设备模型的核心思想可以从以下几个方面来理解。

（1）Device(Struct device)和 Device Driver(Struct device_driver)数据结构。

这两个数据结构分别从"有什么用"和"怎么用"两个角度描述硬件设备，统一了编写设备驱动的格式，即框架不变，变的只是具体设备的操作，从而简化了设备驱动的开发。

这两个数据结构还实现了硬件设备的即插即用（热拔插），在 Linux 内核中，只要任何 Device 和 Device Driver 具有相同的名字，内核就会执行 Device Driver 结构中的初始化函数（probe），该函数会初始化设备，使其为可用状态。而对于大多数热拔插设备而言，它们的 Device Driver 一直存在内核中，当设备没有插入时，其 Device 结构不存在，因而其 Driver 也就不执行初始化操作；当设备插入时，内核会创建一个 Device 结构（与 Driver 有相同名字），此时就会触发 Driver 的执行。这就是即插即用的概念。

（2）Bus 与 Device 构成的树状结构（见图 13-1）。

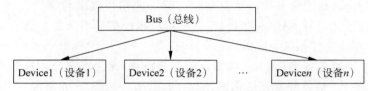

图 13-1　总线与设备之间的树状结构

内核设备模型通过这个树状关系解决设备之间的依赖，而这种依赖在开关机、电源管理等过程中尤为重要。假设一个设备挂载在一条总线上，要启动这个设备，必须先启动它所挂载的总线，很显然，如果系统中设备非常多、依赖关系非常复杂时，无论是内核还是驱动的开发人员，都无力维护这种关系。但是如果使用设备模型中的这种树状结构，可以自动处理这种依赖关系，启动一个设备前，内核会检查设备是否依赖其他设备或总线，如果依赖，则检查所依赖的对象是否已经启动，如果没有，则会先启动它们，直到启动该设备的条件具备为止。而驱动开发人员需要做的，就是在编写设备驱动时，告知内核该设备的依赖关系即可。

（3）面向对象思想的运用。

使用 Class 数据结构，就可以在设备模型中引入面向对象的概念，这样可以最大限度地抽象出设备的共性，减少驱动开发过程中的重复劳动，降低工作量。

3. 内核中的 Kobject

上面简单介绍了四个 Linux 设备模型的核心数据结构（Bus、Class、Device 和 Drvier），这四个数据结构定义在 include/linux/device.h 中，由于篇幅关系，具体结构体中成员的定义和相互之间的关系，有兴趣的读者可尝试用 Source Insight 工具阅读内核源码。

四个数据结构将大量、不同功能的硬件设备以及驱动该硬件的方法，以树状结构形式进行归纳、抽象，从而方便内核的统一管理。而硬件设备数量、种类的繁多，这就决定了内核中将会有大量的与设备模型相关的数据结构，这些数据结构一定有一些共同的功能，需要抽象出来统一实现，否则就会不可避免地产生冗余代码，而解决这个问题，就需要借助 Kobject（也是一种数据结构，具体可以参考 include/linux/kobject.h 和 lib/kobject.c）。Kobject 提供如下功能：

（1）通过 parent 指针，将所有 Kobject 以层次结构的形式组织起来。

（2）使用一个引用计数（reference count）来记录 Kobject 被引用的次数，并在引用次数变为 0 时把它释放（可见 Kobject 很重要）。

（3）和 sysfs 虚拟文件系统配合，将每一个 Kobject 及其特性，以文件的形式开放到用户空间。sysfs 是一个基于 RAM 的文件系统，与 Kobject 关系密切。

当 Kobject 状态发生改变时，比如支持热拔插的设备插入或拔出时，如何通知用户空间的程序，这就需要 Uevent 来协助。Uevent 是 Kobject 的一部分，它的工作原理比较简单，设备模型中任何设备有事件需要上报时，都会触发 Uevent 提供的接口。Uevent 模块准备好上报事件的格式后，就可以通过两个途径把事件上报到用户空间：一种是通过 kmod 模块（kmod 是 Linux 内核模块工具），直接调用用户空间的可执行文件；另一种是通过 netlink 通信机制（netlink 有点类似早期内核中的 IOCTL，但比 IOCTL 功能要强得多，支持发送异步消息；同样相对 profs 和 sysfs，它也有一些优势），将事件从内核空间传递给用户空间。

4. 平台设备（Platform Device）

Platform 设备是 Linux 设备模型抽象出来的，一般包括：基于端口的设备（现在不推荐使用，主要是兼容旧设备）；连接物理总线的桥设备；集成在 SoC 平台上面的控制器；连接在其他总线上的设备（很少见）。这些设备有一个基本特征，可以通过 CPU Bus 直接寻址，由于这个共性，内核在设备模型的基础上，对这些设备进行了更进一步的封装，抽象出 platform bus、platform device 和 platform driver，便于驱动开发人员开发这类设备的驱动。在实际驱动开发中，platform 设备非常重要，因为通常开发的驱动程序大多都是这类设备的驱动。相关的代码在 include/linux/platform_device. h 和 driver/base/platform. c 中。

Linux 设备模型为开发驱动程序提供了框架，在实际的驱动开发过程中，只是调用框架中封装好的接口和数据类型，框架相关的代码需要改动的几乎少之又少，所以本书没有详细地去分析代码的具体实现以及其中的逻辑关系，有兴趣的读者可以阅读 Linux 内核代码分析相关的书籍，了解更多 Linux 内核的东西。

13.1.4　驱动程序开发步骤

Linux 内核是由各种驱动组成的，内核源代码中有大约 85% 是各种驱动程序的代码。内核中驱动程序种类齐全，可以在同类型驱动的基础上进行修改以符合具体目标板的需要。

编写驱动程序的难点并不是硬件的具体操作，而是弄清楚现有驱动程序的框架，在这个框架中加入这个硬件。比如，x86 架构的内核对 IDE 硬盘的支持非常完善。首先通过 BIOS 得到硬盘的信息，或者使用默认 I/O 地址去枚举硬盘，然后识别分区、挂载文件系统。对于其他架构的内核，只要指定了硬盘的访问地址和中断号，后面的枚举、识别和挂载的过程完全是一样的。也许修改的代码不超过 10 行，花费精力的地方在于了解硬盘驱动架构，找到修改的位置。

编写驱动程序还有很多需要注意的地方，比如驱动程序可能同时被多个进程使用，这需要考虑并发的问题；尽可能发挥硬件的作用以提高性能。比如在硬盘驱动程序中，既可以使用 DMA，也可以不用，使用 DMA 时程序比较复杂，但是可以提高效率；处理硬件的各种异常情况，否则出错时可能导致整个系统崩溃。

一般来说，编写一个 Linux 设备驱动程序的大致流程如下：

（1）查看原理图、数据手册，了解设备的操作方法。

（2）在内核中找到相近的驱动程序，以它为模板进行开发，有时候需要从零开始。

（3）实现驱动程序的初始化，比如向内核注册这个驱动程序，这样应用程序传入文件名时，内核才能找到相应的驱动程序。

（4）设计所要实现的操作，比如 open、close、read、write 等函数。

（5）实现中断服务（中断并不是每个设备驱动所必需的）。

（6）编译该驱动程序到内核中，或者用 insmod 命令加载。

（7）测试驱动程序。

13.1.5 驱动程序的加载和卸载

可以将驱动程序静态编译进内核中，也可以将它作为模块在使用时再加载。在配置内核时，如果把某个驱动配置项设为 m，就表示它将会被编译成一个模块。从 Linux 2.6 版本内核开始，模块的扩展名为.ko，可以使用 insmod 命令加载，使用 rmmod 命令卸载，使用 lsmod 命令查看内核中已经加载了哪些模块，相关命令的使用方法可以参考 man 帮助。

当使用 insmod 加载模块时，模块的初始化函数被调用，它用来向内核注册驱动程序；当使用 rmmod 卸载模块时，模块的清除函数被调用。在驱动代码中，这两个函数可以取固定的名字：init_module 和 cleanup_module，也可以使用以下两行来标记它们，假设初始化函数和清除函数分别为 my_init 和 my_clean。

```
module_init(my_init)
module_exit(my_clean)
```

以上加载与卸载是内核最基本的模式，在 Linux 3.x 及以后的版本中，将这两个动作合为一个宏去完成，但展开具体的宏后，原理还是一样的，还是上面介绍的基本加载与卸载方式。比如平台设备驱动使用宏 module_platform_driver，下面是 drivers/tty/serial/samsung.c 中的定义：

```
1867    module_platform_driver(samsung_serial_driver);
```

而宏 module_platform_driver 具体在 include/linux/platform_device.h 中的定义如下：

```
218    #define module_platform_driver(__platform_driver) \
219      module_driver(__platform_driver, platform_driver_register, \
220          platform_driver_unregister)
```

宏 module_driver 定义在 include/linux/device.h 中：

```
1219   #define module_driver(__driver, __register, __unregister, ...) \
1220   static int __init __driver##_init(void) \
1221   { \
1222     return __register(&(__driver), ##__VA_ARGS__); \
1223   } \
1224   module_init(__driver##_init); \
1225   static void __exit __driver##_exit(void) \
1226   { \
1227     __unregister(&(__driver), ##__VA_ARGS__); \
1228   } \
1229   module_exit(__driver##_exit);
```

从上面代码可以看出，宏 module_platform_driver 最终展开的还是前面介绍的基本模式 module_init 和 module_exit。类似平台驱动的宏，还有很多其他设备驱动也是通过宏实现的，原理与平台驱动的宏类似，这样减少代码重定义。

13.2 网卡驱动移植

13.2.1 DM9000 网卡特性

1. 概述

DM9000 是一款高度集成的、低成本的单片快速以太网 MAC 控制器，带有通用处理器接口,10/100Mb/s 自适应的物理层和 4KB 的 SRAM。

DM9000 还提供了介质无关的接口,来连接所有提供支持介质无关接口功能的家用电话线网络设备或收发器。DM9000 支持 8 位、16 位和 32 位接口访问内核存储器,以支持不同的处理器,DM9000 物理层协议层接口完全支持使用 10Mb/s 下 3 类、4 类、5 类非屏蔽双绞线和 100Mb/s 下 5 类非屏蔽双绞线。这是完全符合 IEEE 802.3u 规格。它的自动协调功能将自动完成配置以最大限度地适合其线路带宽。还支持 IEEE 802.3x 全双工流量控制。

2. 特点

DM9000 网卡有如下特点:

(1) 支持处理器读/写内部存储器的数据操作命令,以 字节/ 字/ 双字的长度进行。

(2) 集成 10/100Mb/s 自适应收发器。

(3) 支持介质无关接口。

(4) 支持半双工背压流量控制模式。

(5) 支持唤醒帧,链路状态改变和远程的唤醒。

(6) 4KB 双字 SRAM。

(7) 支持自动加载 EEPROM 里面生产商 ID 和产品 ID。

(8) 支持 4 个通用输入输出接口。

(9) 超低功耗模式。

(10) 功率降低模式。

(11) 电源故障模式。

(12) 兼容 3.3V 和 5.0V 输入输出电压。

(13) 100 脚 CMOS LQFP 封装工艺。

13.2.2　DM9000 驱动移植

Linux 内核中已经自带 DM9000 网卡驱动程序,它既可以编译进内核,也可以编译为一个模块,代码在/drivers/net/ethernet/davicom/dm9000.c,对应入口函数如下:

```
1761  module_platform_driver(dm9000_driver);
```

这里又遇到这个宏 module_platform_driver,前面已经介绍过,它是向内核注册平台驱动 dm9000_dirver。dm9000_dirver 结构的名称为 dm9000,如果内核中有相同名称的平台设备,则调用 dm9000_probe 函数(第 1752 行),dm9000_driver 结构定义如下:

```
1750  static struct platform_driver dm9000_driver = {
1751    .driver  = {
1752     .name    = "dm9000",
1753     .owner   = THIS_MODULE,
1754     .pm   = &dm9000_drv_pm_ops,
1755     .of_match_table = of_match_ptr(dm9000_of_matches),
1756    },
1757    .probe  = dm9000_probe,
1758    .remove  = dm9000_drv_remove,
1759  };
```

所以,首先要为 DM9000 定义一个平台设备的数据结构,然后修改 DM9000 驱动增加一些开发板相关的代码(本书内核中的 DM9000 驱动与开发板是兼容的,可以直接使用)。

在前面移植 U-Boot 时,已经知道本书开发板上的网卡是接在 BNAK1 上,且中断引脚为外部中断 10,总线位宽为 16 等,所以按照在 U-Boot 中移植 DM9000 的方法进行移植即可。Linux 3.16.82 默认支持 S5PV210 的 DM9000 网卡驱动,所以可以直接修改相关的平台设备数据结构即可,这里需要在 arch/arm/mach-s5pv210/mach-smdkv210.c 中修改。

1. 修改 DM9000 平台设备结构

首先在 arch/arm/mach-s5pv210/include/mach/map.h 中定义 S5PV210_PA_SROM_BANK1 的基地址。具体定义如下:

```
22 #define S5PV210_PA_SROM_BANK1        0x88000000 // BANK1 对应的地址
```

其他平台设备相关的结构都不需要修改,修改后的代码如下:

```
122 static struct resource smdkv210_dm9000_resources[] = {
123    [0] = DEFINE_RES_MEM(S5PV210_PA_SROM_BANK1, 4),
124    [1] = DEFINE_RES_MEM(S5PV210_PA_SROM_BANK1 + 4, 4),
125    [2] = DEFINE_RES_NAMED(IRQ_EINT(10), 1, NULL, IORESOURCE_IRQ \
126            | IORESOURCE_IRQ_HIGHLEVEL),
127 };
128
129 static struct dm9000_plat_data smdkv210_dm9000_platdata = {
130    .flags      = DM9000_PLATF_16BITONLY | DM9000_PLATF_NO_EEPROM,
131    .dev_addr   = { 0x00, 0x09, 0xc0, 0xff, 0xec, 0x48 },
132 };
133
134 static struct platform_device smdkv210_dm9000 = {
135    .name       = "dm9000",
136    .id         = -1,
137    .num_resources  = ARRAY_SIZE(smdkv210_dm9000_resources),
138    .resource   = smdkv210_dm9000_resources,
139    .dev        = {
140        .platform_data  = &smdkv210_dm9000_platdata,
141    },
142 };
```

第 134 行定义了一个 platform_device 结构用来指定硬件资源,在 platform driver 驱动中会获取这些硬件资源,并对它们进行初始化相关的配置,这也是总线设备驱动模型的典型操作方法。

2. 加入内核设备列表中

把平台设备 smdkv210_dm9000 加入 smdkv210_devices 数组中即可,系统启动时会把这个数组中的设备注册进内核中,如下所示:

```
395    static struct platform_device * smdkv210_devices[] __initdata = {
…
429    &smdkv210_dm9000,
…
438    }
```

platform_add_devices 函数负责注册设备到内核,而它是由 smdkv210_machine_init 函数调用,smdkv210_machine_init 函数即为平台初始化函数的总入口,最终会由 machine_desc 结构负责添加到 arch.info.init 段空间中。

在 smdkv210_machine_init 函数中会调用 smdkv210_dm9000_init 函数来初始化 DM9000 设备,修改方法与 U-Boot 中类似,如下所示(arch/arm/mach-s5pv210/machsmdkv210.c)：

```
440    static void __init smdkv210_dm9000_init(void)
441    {
442      unsigned int tmp;
443      gpio_request(S5PV210_MP01(1), "nCS1");
444      s3c_gpio_cfgpin(S5PV210_MP01(1), S3C_GPIO_SFN(2));
445      gpio_free(S5PV210_MP01(1));
446
447      tmp = ((0 << 28)|(0 << 24)|(5 << 16)|(0 << 12)|(0 << 8)|(0 << 4)|(0 << 0));
448      __raw_writel(tmp, S5P_SROM_BC1);
449
450      tmp = __raw_readl(S5P_SROM_BW);
451    tmp &= (S5P_SROM_BW__CS_MASK << S5P_SROM_BW__NCS1__SHIFT);
452      tmp |= (1 << S5P_SROM_BW__NCS1__SHIFT);
453      __raw_writel(tmp, S5P_SROM_BW);
454    }
```

由于在 U-Boot 中已经对 DM9000 网卡做过初始化，所以在 Linux 内核中也可以不用初始化，只需要在 smdkv210_machine_ini 中将 smdkv210_dm9000_init 注释掉即可。

3. 使用 DM9000 网卡

关于 DM9000 网卡驱动相关的代码修改完成，由于默认 .config 文件中没有配置 DM9000 网卡，所以下面设置一下配置文件，输入"make menuconfig"命令修改配置如下：

```
[ * ] Networking support  - - ->
    Networking options  - - ->
        < * > Packet socket
        < * > Packet:sockets monitoring interface
        < * > Unix domain sockets
        < * > UNIX: socket monitoring interface
        [ * ] TCP/IP networking
        [ * ] IP: multicasting
        [ * ] IP: advanced router
        [ * ] IP:kernel level autoconfiguration
        [ * ] IP:DHCP support
        [ * ] IP: BOOTP support
        [ * ] IP: RARP support
Device Drivers  - - ->
    [ * ] Networking device support  - - ->
        [ * ] Ethernet driver support(NEW) - - ->
            < * > DM9000 support
```

注：在"Ethernet driver support(NEW)"下只保留 DM9000 一个网卡的驱动，其他类型的网卡驱动都去除。

输入"make uImage"编译内核，然后烧写到开发板，由于现在还没有文件系统，还没有办法在 kernel 下面执行 ping 命令测试网络。所以下面试着挂载上一章制作的网络文件系统，如果挂载成功，说明网卡驱动移植是成功的。

在制作文件系统时，已经介绍过如何在 U-Boot 下设置传递给内核的命令行参数，所以下面还需要配置 Linux 来支持 NFS 网络文件系统，执行"make menuconfig"命令修改配置如下：

```
File systems - - ->
    [ * ] Network File Systems(NEW) - - ->
        < * > NFS client support
```

[*] Root file system on NFS

执行“make uImage”重新编译 Linux 内核生成 uImage 映像。然后将 uImage 复制到 tftp 服务器目录下。

最后还需要在宿主机上开启 NFS 服务，执行 ubuntu 的“apt-get install”命令安装 NFS 服务：

```
$ sudo apt – get install nfs – kernel – server
```

配置 NFS 服务：

```
$ sudo vi /etc/exports
/opt/rootfs * (rw, sync, no_root_squash)
```

其中，/opt/rootfs 为根文件系统的路径，如果不指定 no_root_squash 选项，客户端（开发板）没法修改网络文件系统的内容，需要 root 权限。

最后一定要重启 NFS 服务，否则 NFS 网络不可使用：

```
$ sudo /etc/init.d/nfs – kernel – server restart
```

现在可以查看宿主机系统对外共享目录：

```
$ showmount – e
Export list for JXES:
/opt/rootfs *
```

下面简单概括一下制作网络文件系统的步骤：

（1）在 U-Boot 下设置 linux 的命令行参数 bootarg。

```
set bootargs root = /dev/nfs nfsroot = 192.168.1.123:/opt/rootfs ip = 192.168.1.200 console =
ttySAC0,115200
```

（2）修改 Linux 下的网卡驱动。

（3）修改 Linux 的配置选项，添加网卡支持和网络文件系统支持。

（4）在宿主机上安装 NFS 服务。

现在按照启动 Linux 内核的方式重新启动内核，当内核被加载后就会自动挂接网络文件系统，下面是部分内核启动信息：

```
…
eth0: dm9000b at c085a000,c085c004 IRQ 42 MAC: 00:09:c0:ff:ec:48 (platform data)
mousedev: PS/2 mouse device common for all mice
TCP: cubic registered
NET: Registered protocol family 17
VFP support v0.3: implementor 41 architecture 3 part 30 variant c rev 2
dm9000 dm9000 eth0: link down
dm9000 dm9000 eth0: link down
IP – Config: Guessing netmask 255.255.255.0
IP – Config: Complete:
    device = eth0, hwaddr = 00:09:c0:ff:ec:48, ipaddr = 192.168.1.200, mask = 255.255.255.0, gw
= 255.255.255.255
    host = 192.168.1.200, domain = , nis – domain = (none)
    bootserver = 255.255.255.255, rootserver = 192.168.1.123, rootpath =
dm9000 dm9000 eth0: link up, 100Mbps, full – duplex, lpa 0x4DE1
VFS: Mounted root (nfs filesystem) on device 0:9.
Freeing unused kernel memory: 136K (80361000 – 80383000)
```

init started: BusyBox v1.31.1 (2020 - 09 - 16 14:38:09 CST)

Please press Enter to activate this console.
Processing /etc/profile...
Done
[root@ $ jxes:]♯

看到以上这些信息,说明网络驱动移植是成功的。从内核启动信息,可以清楚看到前面设置的命令行参数内容,加载的文件系统是基于 BusyBox v1.31.1 制作的,最后是根文件系统下的命令行提示符[root@ $ jxes:]♯,提示符内容可以参考第 12 章的配置文件/etc/profile。

到这里,内核下面的网卡驱动就移植完毕,由于 Linux 3.16.82 自带了 DM9000 的网卡驱动程序,而且可以直接在 TQ210 的开发板上面使用,所以相关的驱动程序源码没有特别去做分析,有兴趣的读者可以阅读一下这部分代码(drivers/net/ethernet/davicom/dm9000.c)。

关于 NAND 驱动、LCD 和电容屏相关驱动、USB 和 SD/MMC 驱动,以及设备树相关内容,见配套资源补充资料第 6 章和第 7 章。

第四篇

万事俱备，只欠东风

现代智能嵌入式系统少不了友好的用户交互界面，它打破了传统的机械式操作，使得嵌入式系统能够更好完成操控、采集、展示、统计、分析，甚至结合人工智能实现更智慧的功能。而要实现用户交互系统的开发，首先得熟悉一些开发语言、开发工具的使用，然后才能设计出各式各样的交互系统，有了这样的"东风"，嵌入式系统才能更加"聪明"。

第14章

嵌入式Linux GUI应用开发

本章学习目标

- 了解基本 Linux C 编程相关知识点;
- 了解基本 Shell 脚本相关知识点;
- 掌握 tslib 和 Qt 5.12 的移植方法;
- 掌握嵌入式 Qt GUI 开发流程。

14.1　嵌入式 Linux 应用开发概述

14.1.1　Linux 应用开发介绍

现代 Linux 已经"成年",关于 Linux 的应用开发无论是开发工具、编程语言还是软件模式各种各样,所以要想介绍详细,十本书也介绍不完,所以本书重点是带领读者了解 Linux 应用程序开发、基本编程原理,以及当下流行的人机交互系统开发工具。欲深入学习这方面的开发技术,还需要有针对性地参阅相关书籍,所以本章内容只是抛砖引玉。

1. Linux C 编程概述

C 语言是比较经典的编程语言,尤其在嵌入式系统开发中,大到操作系统,小到应用软件都可以采用 C 语言开发。它的开发工具也很多,像 Visual Studio、Keil、ADS、Eclipse、Qt 等都是非常好的可视化 IDE 平台,但 Linux 编程世界里的经典组合是"vi+gcc+make+gdb",这就是 Linux"简单就是美"的哲学。vi(vim)是 Linux 系统下的一个文本编辑工具,功能强大;gcc 和 gdb 分别是编译工具和调试工具;make 工具的使用依赖于 Makefile 文件,这个文件中指定了编译、链接的过程。下面概括列举一些 Linux 下基本的编程和应用开发。

(1) Linux C 编程环境,主要是针对 Linux 系统下 C 语言编程。

(2) Linux 文件 I/O 介绍,Linux 系统的文件操作非常灵活、提供了很多操作函数。

(3) Linux 下进程间通信。

(4) Linux 多线程。

(5) Linux 串口通信。

(6) Linux 网络通信。

以上只是列出了一些 Linux 基础性编程知识,但作为一名嵌入式应用程序开发者,这些 Linux 基本编程知识必须要掌握,建议阅读相关编程书籍。

2. Linux Shell 编程

在前面章节的学习中,多少也见过一些 Shell 脚本,主要是一些命令的堆砌,或是比较简单的脚本,远比不上完整的 Shell 程序,所以学好 Shell 编程还需要认真阅读一本完整的 Shell

编程相关书籍,此处仅简单介绍。Shell 的基本知识点可概括如下。

(1) 基本概念、Linux 常用命令。

(2) 内部命令与外部命令。

(3) I/O 重定位与管道。

(4) 常量、变量与环境变量的使用。

(5) 操作符与表达式。

(6) 常用 Shell 函数。

(7) 使用脚本编程等。

14.1.2　嵌入式 Linux GUI 应用开发流程

所谓的 GUI 应用开发,就是带操控界面(图形界面)的应用程序,常见的嵌入式 Linux 图形界面有 Qt、MicroWindows、OpenGUI、μC/GUI 和 MiniGUI 等。每个 GUI 都有各自不同特点和应用场合,在应用编程上也各不相同。μC/GUI 是 μC/OS 上常用的嵌入式 GUI,MiniGUI 是国产比较好的嵌入式 GUI 软件。下面将要介绍的是基于 Qt 的嵌入式 GUI 软件开发,Qt 在当下已经成为嵌入式 GUI 应用程序甚至桌面 GUI 应用程序炙手可热的 IDE 可视化编程平台。

在第 3 章已经介绍了嵌入式开发环境搭建相关知识,嵌入式 Qt 开发环境仍然基于前面章节的交叉开发环境,所有的开发过程都是在宿主机上完成,如图 14-1 所示。

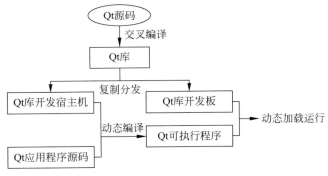

图 14-1　Qt 交叉开发流程框图

14.2　移植 Qt 5.12 到目标板

14.2.1　Qt 5.12 介绍

视频讲解

现在很多嵌入式 Qt 应用程序都是基于 Qt 4.8 版本,这个版本是 Qt 4 时代一个比较稳定的版本,深受嵌入式 GUI 开发者们的喜爱,在很多工业控制领域还在使用。但随着技术的更新,很多功能已经无法实现,于是很多人将 Qt 4.8 的程序移植到 Qt 5。在 Qt 5 时代,对图形界面,尤其对 2D/3D 技术的支持、QML 支持等做了很大提升。本书下面将基于 Qt 5.12(官方长期支持版本)做介绍,它是 Qt 5 时代的一个稳定版本。

在 Qt 5.12 版本中主要有如下一些新功能。

1) 新的模块和平台

首次对 Python 支持,将大多数 Qt C++ 的 API 接口提供给 Python 开发者使用,即使用 Python 也可以创建 Qt 图形界面程序。

此外，提供了 Qt for WebAssembly 的第二个预览版，即 Qt 应用程序可以在任何现代 Web 浏览器中运行。WebAssembly 是"二进制"版的网页技术，有效提高网页访问速度。

2）Qt QML 和 Qt Quick 升级

对 JavaScript 引擎进行了重大改进，支持 ECMAScript 7。Qt Quick 中添加了 item view，即 TableView。

3）Qt Core 和 Qt Network

Qt Core 获得对 CBOR（Concise Binary Object Representation，简明二进制对象表示），这是一种类似于 JSON 的二进制格式，但它允许更多的数据类型和灵活性。弃用了 QregExp 类，改进了 QRegularExpression 类以支持通配符匹配，在 Qt Network 中添加了 DTLS over UDP 的支持，对 macOS 和 iOS，支持 ALPN 和 HTTP/2。

4）Qt GUI 和 Widgets

使用统一的 Windows Pointer Input Messages（Window 8 以上版本支持）替换了平板电脑、触摸屏、触摸板或鼠标中的输入实现。QGradient 渐变功能增强，Qimage 支持 RGBA64 图像格式，每个颜色通道 16 位。

5）其他

Qt Location、Virtual keyboard、Qt for Automation、Qt 3D Studio 2.2 等技术的提升和支持。

Qt 6.0 版本在 2020 年 12 月 08 日正式发布，主要还是功能更加完善与增强，基本框架还是基于 Qt 5 发展而来的。另外，Qt 将会更好地适应新市场需求，比如物联网、人工智能等新领域。

14.2.2 移植 Qt 5.12

1. 宿主机开发环境准备

这里主机开发环境仍然基于前面搭建好的 Ubuntu 环境，编译器版本仍然是 gcc4.9.3。本书目标板是基于 S5PV210、Cortex-A8 32 位处理器，故在 64 位的 Ubuntu 上需要安装 32 位库（sudo apt-get install lib32z1）。

2. 移植 tslib 库

在采用触摸屏的移动终端中，触摸屏性能的调试是一个重要问题，因为电磁噪声的缘故，触摸屏容易存在单击偏位、抖动等问题。

tslib 是一个开源程序，能够为触摸屏驱动获得的采样提供诸如滤波、去抖动、校准等功能，常作为触摸屏驱动的适配层使用，为上层的应用提供了一个统一的接口。关于 tslib 相关的移植可参考配套资源补充资料第 6 章。

3. 移植 Qt 5.12 步骤

1）环境准备

更新 32 位的 ncurses 库 book@jxes：/opt/app/ $ sudo apt install lib32ncurses5。

2）配置

（1）在 Qt 5.12 根目录下创建一个配置脚本文件 build-qt.sh，如下所示：

```
book@jxes:/opt/app/qt-everywhere-src-5.12.4 $ touch build-qt.sh
book@jxes:/opt/app/qt-everywhere-src-5.12.4 $ chmod +x build-qt.sh
```

添加运行权限脚本内容如下：

```
book@jxes:/opt/app/qt-everywhere-src-5.12.4$ vim build-qt.sh
1 #!/bin/sh       执行 shell 的方式,常用的有 bash、sh 工具
2
3 ./configure \   Qt 5.12 的配置程序,在源码根目录下
4   -prefix /opt/tools/Qt5_arm \   指定安装目录
5   -confirm-license \
6   -silent \
7   -opensource \
8   -release \
9   -xplatform linux-arm-gnueabi-g++\ 指定平台
10  -qpa linuxfb \   指定 Qt5.12 的平台抽象层
11  -make libs \
12  -optimized-qmake \
13  -sql-sqlite \ 支持 sqlite 数据库
14  -qt-libjpeg \
15  -qt-libpng \
16  -qt-zlib \
17  -qt-freetype \
18  -no-opengl \ 不支持 opengl
19  -no-sse2 \
20  -no-openssl \
21  -no-dbus \
22  -no-cups \
23  -no-iconv \
24  -no-glib \
25  -no-xcb \
26  -no-separate-debug-info \
27  -nomake examples -nomake tools -nomake tests \
28  -skip qt3d \ 忽略 3D 模块(不支持)
29  -skip qtcanvas3d \
30  -skip qtvirtualkeyboard \
31  -skip qtpurchasing \
32  -skip qtlocation \
33  -skip qtmultimedia \
34  -tslib \ 使用 tslib 库
35  -I /opt/tools/tslib/include \
36  -L /opt/tools/tslib//lib   链接 tslib 相关库
```

其中,主要配置支持的模块通常以库形式包含在 Qt 中。其中"-no"和"-skip"表示不支持的功能模块。

（2）配置 qmake.conf。

Qt 针对不同平台都提供了这个配置文件,关于 ARM 平台的配置文件如下：

```
book@jxes:/opt/app/qt-everywhere-src-5.12.4/qtbase/mkspecs/linux-arm-gnueabi-g++
$ ls
qmake.conf   qplatformdefs.h
```

相关的配置内容如下：

```
5 MAKEFILE_GENERATOR      = UNIX
6 CONFIG                 += incremental
7 QMAKE_INCREMENTAL_STYLE = sublib
8 QT_QPA_DEFAULT_PLATFORM = linuxfb 指定平台类型
9 下面配置处理器架构类型,以及 gcc 编译优化方式 O2
10 QMAKE_CFLAGS_RELEASE   += -O2 -march=armv7-a -mtune=cortex-a8
```

```
11 QMAKE_CXXFLAGS_RELEASE += -O2 -march=armv7-a -mtune=cortex-a8
12
13 include(../common/linux.conf)
14 include(../common/gcc-base-unix.conf)
15 include(../common/g++-unix.conf)
16
17 # modifications to g++.conf
18 QMAKE_CC                = arm-linux-gcc-lts 指定交叉编译工具
19 QMAKE_CXX               = arm-linux-g++-lts
20 QMAKE_LINK              = arm-linux-g++-lts
21 QMAKE_LINK_SHLIB        = arm-linux-g++-lts
22
23 # modifications to linux.conf
24 QMAKE_AR                = arm-linux-ar cqs
25 QMAKE_OBJCOPY           = arm-linux-objcopy
26 QMAKE_NM                = arm-linux-nm -P
27 QMAKE_STRIP             = arm-linux-strip
28 load(qt_config)
29
30 QMAKE_INCDIR += /opt/tools/tslib/include
31 QMAKE_LIBDIR += /opt/tools/tslib/lib 指定 tslib 库
```

执行 build-qt.sh 脚本完成对 Qt 5.12 的配置：

```
book@jxes:/opt/app/qt-everywhere-src-5.12.4$ ./build-qt.sh
```

3）编译、安装

执行如下命令编译 Qt 5.12：

```
book@jxes:/opt/app/qt-everywhere-src-5.12.4$ make-j4
```

-j4 指定宿主机 CPU 有多少个核，根据实际开发的计算机指定，目的是提高编译速度，整个编译过程至少需要 30 分钟，视计算机的配置而定。本书实验编译了约 60 分钟。

执行如下命令安装 Qt 5.12：

```
book@jxes:/opt/app/qt-everywhere-src-5.12.4$ make install
```

安装成功后的内容如下所示：

```
book@jxes:/opt/tools/Qt5_arm$ ls
bin  doc  include  lib  mkspecs  plugins  qml  translations
```

与 tslib 的安装类似，最终也是生成目标平台的一些可执行工具、相关的库和头文件等。

4. 移植 tslib 和 Qt 5.12 到目标板

（1）将上面编译、安装好的 tslib 和 Qt 5.12 复制到目标板系统的/usr/local 目录下。

```
book@jxes:/opt/nfs_root/rootfs/usr/local $ mkdir qt-5.12
book@jxes:/opt/nfs_root/rootfs/usr $ cp /opt/tools/Qt5_arm/lib ./local/ qt-5.12 -rf
book@jxes:/opt/nfs_root/rootfs/usr $ cp /opt/tools/Qt5_arm/plugins ./local/ qt-5.12 -rf
book@jxes:/opt/nfs_root/rootfs/usr $ cp /opt/tools/tslib ./local/ -rf
book@jxes:/opt/nfs_root/rootfs/usr/local $ ls
qt-5.12  tslib
```

（2）配置 tslib 的 etc/ts.conf。

本书使用的 tslib 版本比较新，所以默认 ts.conf 已经配置好，不需要再配置，在旧版本需要将 ts.conf 中宏打开，如下：

```
4 # Uncomment if you wish to use the linux input layer event interface
5 module_raw input #使用 linux 系统的输入子系统提供的事件接口
```

（3）配置 tslib 与 Qt 5.12。

在 rootfs 的 etc/profile 中添加相关环境变量的设置,具体如下:

```
15 #tslib
16 export TSLIB_ROOT = /usr/local/tslib
17 export TSLIB_TSDEVICE = /dev/input/event0          #开发板上触摸屏设备节点
18 export TSLIB_CALIBFILE = /etc/pointercal           #校准参数保存文件
19 export TSLIB_CONFFILE = $ TSLIB_ROOT/etc/ts.conf   #tslib 配置文件
20 export TSLIB_PLUGINDIR = $ TSLIB_ROOT/lib/ts
21 export TSLIB_CONSOLEDEVICE = none
22 export TSLIB_FBDEVICE = /dev/fb0                    #显示节点
23 #QT5.12
24 export QT_ROOT = /usr/local/qt - 5.12               #指定根目录
25 export QT_QPA_GENERIC_PLUGINS = tslib:/dev/input/event0
26 export QT_QPA_FONTDIR = $ QT_ROOT/lib/fonts          #字库相关内容,比如中文字库
27 export QT_QPA_PLATFORM_PLUGIN_PATH = $ QT_ROOT/plugins  #插件
28 export QT_QPA_PLATFORM = linuxfb:tty = /dev/fb0      #显示节点
29 export QT_PLUGIN_PATH = $ QT_ROOT/plugins
30 export LD_PRELOAD = $ TSLIB_ROOT/lib/libts.so       #tslib 相关库
31 export LD_LIBRARY_PATH = $ LD_LIBRARY_PATH: $ TSLIB_ROOT/lib: $ QT_ROOT/lib
32 export PATH = $ PATH: $ TSLIB_ROOT/bin              #导出环境变量
```

（4）验证配置是否生效。

将目标板复位重新启动,进入目标板控制台终端,执行如下命令启动校屏程序:

```
TQ210 #cd /usr/local/tslib/bin
TQ210@root: /usr/local/tslib/bin          # ./ts_calibration
```

如果成功启动校屏程序就表示上面 tslib 移植配置成功。关于 Qt 环境的验证,采用类似方法,编写一个简单的"Hello Word"程序,然后使用交叉工具链编译,将生成的可执行程序复制到目标板上运行即可。下面将重点介绍 Qt 编程方面的知识。

14.3 嵌入式 Qt 编程基础

视频讲解

14.3.1 Qt 桌面开发环境

Qt 是一个跨平台的图形框架,用户可以先在宿主机上进行 Qt 应用程序开发调试,待应用程序开发完成后,再将其移植到目标板上,移植时只需要使用交叉编译工具重新编译生成目标板上可以运行的程序即可。桌面版本的 Qt SDK(Software Development Kit)主要包括以下内容:

- 用于桌面版本的 Qt 库(Qt 各功能模块都是以库的形式提供);
- 集成开发环境 IDE(Qt Creator)。

下面就基于 Qt 5.12 介绍 Qt 桌面版本的安装。无特别说明,下面介绍的 Qt 都是指 Qt 5.12。

1. Qt 5.12 SDK 安装

桌面版本 Qt 主要支持 Linux、Mac、Windows 三个平台,本书实验环境是 Linux,所以直接下载安装 Linux 平台的安装包即可,对应的安装包文件如下:

```
book@jxes:/opt/app $ ls
qt - opensource - linux - x64 - 5.12.4.run
```

此文件是一个可执行文件，安装过程与 Windows 下无异，也都是单击"下一步"安装，所以具体安装过程不做过多介绍，直接运行安装包如下：

```
book@jxes:/opt/app$ ./ qt-opensource-linux-x64-5.12.4.run
```

安装过程中需要指定安装路径，本书安装在/opt/tools/ Qt5.12.4目录，安装成功后单击Ubuntu 左下角的"显示应用程序"图标，可以看到如下 Qt 5.12 对应的 IDE 工具图标，如图 14-2 所示。

图 14-2　Qt Creator 应用程序图标

注：Ubuntu 系统经典的 apt-get 工具安装方式同样支持 Qt 的安装。

2. Qt Creator IDE 介绍

下面先简单介绍 Qt Creator 的界面组成，然后演示一个示例程序，简单体验一下应用程序开发。

1) Qt Creator 界面

Qt Creator 界面主要由主窗口区、菜单栏、模式选择栏、构建套件栏、定位器和输出窗口等部分组成，如图 14-3 所示。

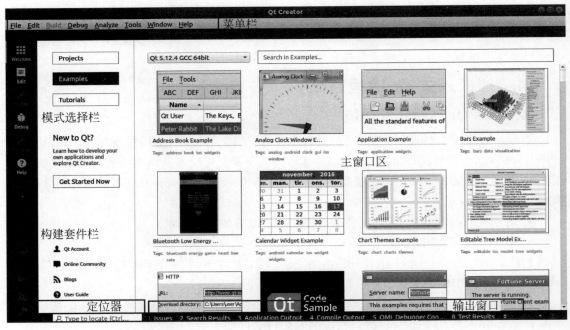

图 14-3　Qt Creator 界面组成

2）第一个程序 helloword

（1）创建 Qt Widgets 应用程序。

第一步，选择 File→New File or Project 后弹出如图 14-4 所示页面，选择 Application 中的 Qt Widgets Application 项，然后单击 Choose 按钮。

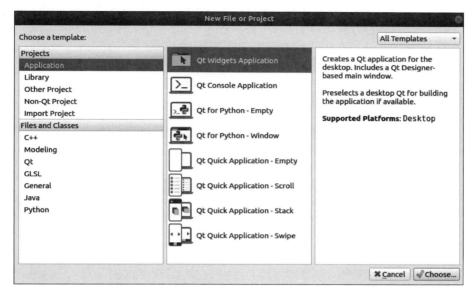

图 14-4 模板选择界面

第二步，输入项目信息，在项目名称栏输入 helloworld，在项目保存路径栏输入/opt/app/example，也可单击后面的 Browse 按钮选择路径，然后单击 Next 按钮，如图 14-5 所示。

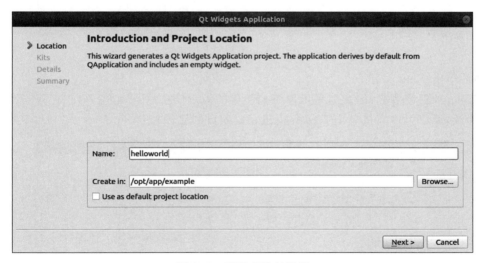

图 14-5 项目名称与路径

第三步，选择构建套件，这里显示的 Desktop Qt 5.12.4 GCC 64bit 表示编译工具为桌面版 gcc 工具，下面目录框分别显示了编译保存路径，如图 14-6 所示。

第四步，输入类信息，设定类名为 HelloDialog，基类选择 QDialog，使用这个类可以生成一个对话框界面。这时下面的头文件、源文件和界面文件都会自动生成，保持默认即可，如图 14-7

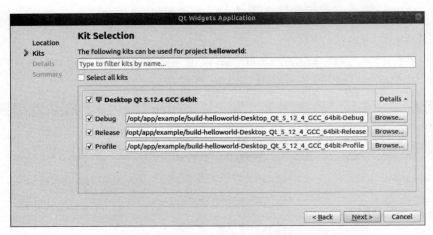

图 14-6　构建套件选择界面

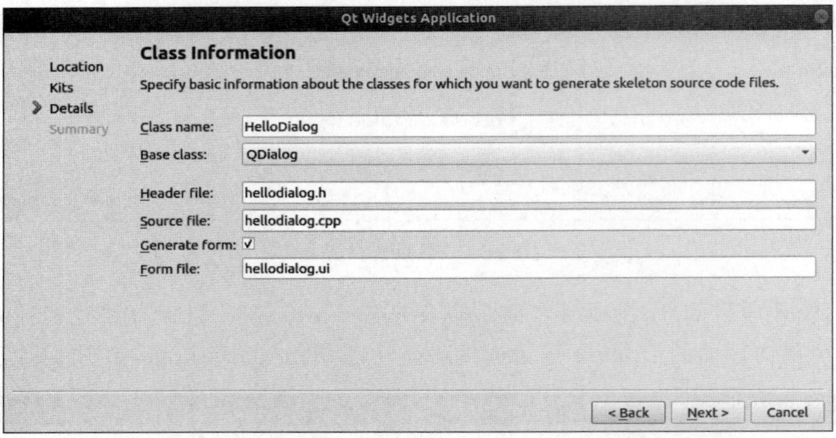

图 14-7　类信息界面

所示，然后单击 Next 按钮。

　　第五步，项目管理界面，在这里可以看到项目的汇总信息，还可以使用软件版本控制系统，这里不涉及，所以可以直接单击 Finish 按钮完成项目创建，如图 14-8 所示。

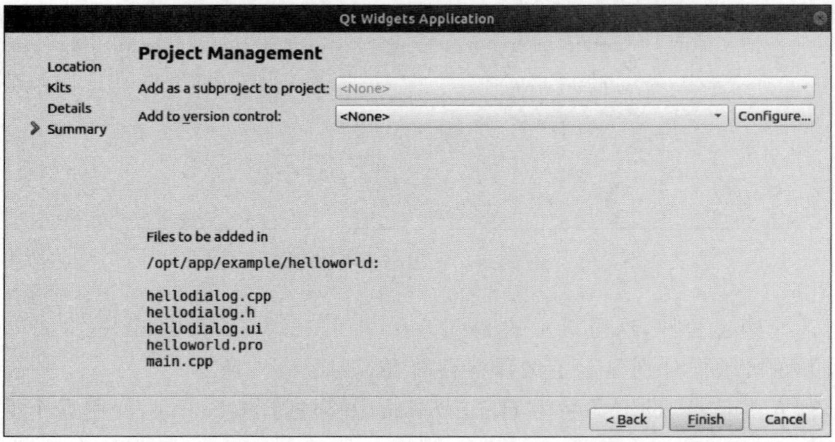

图 14-8　项目汇总管理

3）项目文件与界面说明

Helloworld 项目文件如表 14-1 所示。

表 14-1　Helloword 项目对应文件说明

文　件	说　　明
helloworld. pro	该文件是项目文件，其中包含了项目相关信息
helloworld. pro. user	该文件中包含了与用户相关的项目信息
helloworld. h	该文件是新建的 HelloDialog 类的头文件
helloworld. cpp	该文件是新建的 HelloDialog 类的源文件
helloworld. ui	该文件是设计师设计的界面对应的界面文件
main. cpp	该文件中包含了 main()主函数

项目创建完成后会直接进入编辑模式，界面的右边是编辑器，可以阅读和编写代码。左边侧边栏中罗列了表 14-1 中的所有文件，如图 14-9 所示。

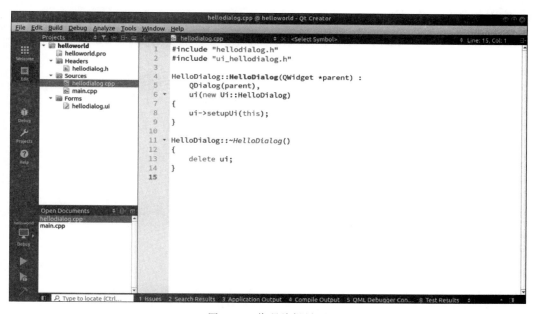

图 14-9　代码编辑界面

在编辑模式下双击项目文件列表中的 hellodialog. ui 文件进入设计模式，此模式包括主设计区、部件区、对象查看器、属性编辑器、动作（Action）与信号槽编辑器和功能图标区，如图 14-10 所示。

4）编译运行 helloword 程序

可以在图 14-10 的设计界面给对话框添加一个 QLabel 标签控件，在上面显示 Hello World 字样，然后直接单击左侧的三角箭头编译运行 helloworld 程序，运行结果如图 14-11 所示。

14.3.2　移植 Qt 5.12 应用程序

按前面图 14-1 介绍，移植 Qt 应用程序到目标板前，先要对应用程序做"交叉编译"，基于目标平台（Cortex-A8）的 Qt 库和工具生成可执行程序。在介绍交叉编译前，先介绍下 Qt 的

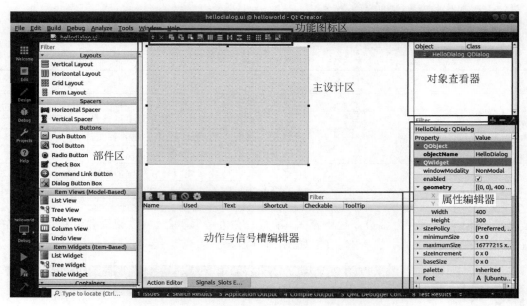

图 14-10　设计界面

图 14-11　运行后示例图

qmake 工具。

1. qmake 工具介绍

安装好的 Qt 提供了很多工具，下面重点介绍 qmake 工具，它主要用来为不同平台和编译器生成项目文件".pro"和 makefile，在交叉开发中尤为重要。下面以 helloworld 程序为例介绍 qmake。

1）Helloworld 项目的 pro 文件说明

```
QT       += core gui
＃指定工程所要使用的 Qt 模板(默认是 core、gui 对应于 Qt 5Core 和 Qt 5Gui 库)
greaterThan(QT_MAJOR_VERSION,4): QT += widgets
＃当 Qt 版本高于 4 时,需要包含 Qt 5Widgets 库
TARGET = helloworld                        ＃指定可执行文件的基本文件名
TEMPLATE = app                             ＃指定模块为应用程序 application
DEFINES += QT_DEPRECATED_WARNINGS          ＃指定预定义的 C++预处理器符号
CONFIG += c++11                            ＃指定编译参数,Qt 5 是需要 C++11 支持的
SOURCES += main.cpp  hellodialog.cpp       ＃指定项目的 C++文件(.cpp)
HEADERS += hellodialog.h                   ＃指定项目的头文件(.h)
FORMS += hellodialog.ui                    ＃需要 uic(Qt 的工具)处理的由 Qt Designer
                                           ＃生成的.ui 文件
```

以上为 Helloword 项目对应的 pro 文件内容,除此之外,还有如下一些常见配置:

- RESOURCES 指定需要 rcc(Qt 的工具)处理的.qrc 文件,比如图标文件等。
- INCLUDEPATH 指定 C++编译器搜索全局头文件的路径。
- LIBS 指定项目工程需要链接的库。
- DESTDIR 指定可执行文件放置的目录。

2) qmake 参数

使用 qmake 生成 pro 和 makefile 文件需要使用如下两个参数,如果不带参数默认表示生成 Makefile 文件。

- qmake-project,生成项目的.pro 文件;
- qmake-makefile,生成编译时需要的 Makefile。

2. 生成目标平台的 helloworld 应用程序

基于目标平台的 Qt 库和工具在 14.2 节有介绍,为了方便使用 qmake 工具,在 Ubuntu 下创建它的别名如下:

```
book@jxes:/opt $ vim ~/.bashrc
119 alias qmake-arm = /opt/tools/Qt5_arm/bin/qmake
```

下面就可以直接使用 qmake-arm 工具和 make 生成目标平台的 helloworld 应用程序。

```
book@jxes:/opt/app/example/arm/helloworld $ ls 这 4 个文件来自桌面版 helloworld 程序
hellodialog.cpp  hellodialog.h  hellodialog.ui  main.cpp
book@jxes:/opt/app/example/arm/helloworld $ qmake-arm -project & qmake-arm
book@jxes:/opt/app/example/arm/helloworld $ ls 分别生成 helloworld.pro 和 Makefile 文件
hellodialog.cpp  hellodialog.h  hellodialog.ui  helloworld.pro  main.cpp  Makefile
```

这里生成的.pro 文件与桌面版程序类似,只是少了下面这个库,所以需要手动添加。

```
9 greaterThan(QT_MAJOR_VERSION, 4): QT += widgets
```

所以可以直接使用桌面版本 helloworld.pro 文件,省去 qmake-arm-project 这步。另外,Makefile 文件中的编译工具不再是桌面版的 gcc,而是目标平台的 arm-linux-gcc。

执行 make 命令生成目标平台的 helloworld 应用程序:

```
book@jxes:/opt/app/example/arm/helloworld $ make
hellodialog.cpp  hellodialog.h  hellodialog.o  hellodialog.ui  helloworld  helloworld.pro
```

上面的 helloworld 文件即为目标平台的可执行文件,将它复制到目标板的/usr/local/bin 目录下,运行它如果看到与桌面版本类似的"Hello World"对话框即表示移植成功。

```
TQ210@root: /usr/local/ bin # ./helloword
```

第15章

Qt 5.12快速入门

本章学习目标
- 了解 Qt 5.12 帮助助手的使用；
- 了解 Qt 5.12 常用部件的使用和信号与槽机制；
- 了解数据处理、进程与线和 Network 相关知识；
- 了解基于 QML、Qt Quick 技术的应用程序开发。

15.1 Qt Creator 快速入门

视频讲解

在第 14 章已经熟悉 Qt Creator 的使用及其功能模块，并能创建基于 QDialog 的对话框程序，下面将继续介绍桌面版本 Qt Creator 的编程技术，并且所有例子都可以按照前面介绍的方法移植到目标平台上运行。关于 Qt 应用开发系统性地介绍可以参考 Qt 编程相关的书籍，本章内容主要对 Qt 整体开发框架做一个概括性说明。

15.1.1 窗口部件

QWidget 类是所有用户界面对象的基类（Qt 5 之前版本是将 Widget 部件合并在 Qt GUI），被称为基础窗口部件，它继承自 QObject 类和 QPaintDevice 类，其中 QObject 类是所有支持 Qt 对象的基类，QPaintDevice 类是所有可以绘制的对象的基类。下面主要介绍 QWidget 类的子类 QPushButton、QToolButton、QRadioButton、QCheckBox、QComboBox、QLineEdit、QTabWidget 和 QDialog 的使用，其他还有很多部件类，读者可以自行参考 Qt 自带的帮助助手，它也是最好的 Qt 编程学习文档，如图 15-1 所示。

创建一个基于 QDialog 新项目 DAQSystem，后续都基于这个项目介绍 Qt Creator，下面就从按钮部件开始介绍 Qt Creator 的使用。

1. 按钮部件

QAbstractButton 类是按钮部件的抽象类，提供了按钮的通用功能，标准按钮 QPushButton、工具按钮 QToolButton、单选框按钮 QRadioButton 和复选框 QCheckBox 都是它的子类。在 Qt 设计模式下，可以在可视化模式下直接将选中的按钮拖放到窗口上，同时在属性编辑器里配置按钮部件的属性，以 QPushButton 为例，如图 15-2 所示。

鼠标选中对应的按钮，右击在弹出菜单中选择 go to slot 可以选择按钮相应的方法（行为函数），比如 QPushButton 的单击事件 clicked() 等，选中对应方法后，会在代码模式下自动生成相应事件处理函数，比如单击事件如下所示：

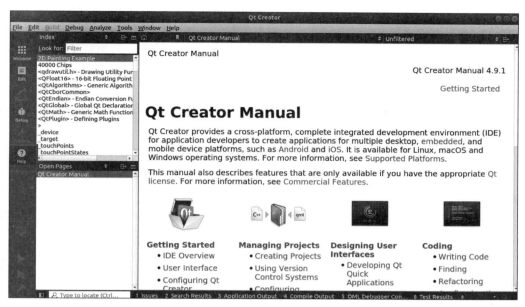

图 15-1　Qt 帮助文档

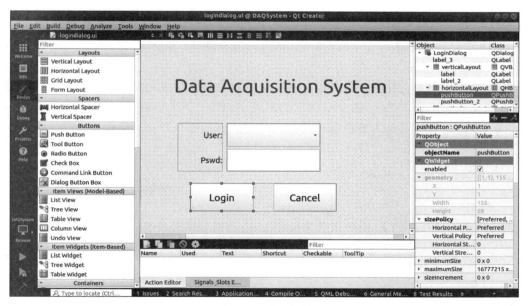

图 15-2　窗口部件

```
69 void LoginDialog::on_pushButton_clicked()
70 {//用户登录验证相关的代码就可以放在 clicked 事件中处理
71 }
```

除了上述的方法接口，Qt 还提供了很多修饰函数供开发使用，比如修改按钮的名称可以用 setText 函数，相关属性和方法在 Qt 帮助文档中都可以找到，所以本书不打算讲这些内容。但查找帮助文档时需要注意一点，如果在对应部件下没有找到函数或属性，可以向上找此部件对应的父类，在父类中找对应的函数或属性，如果还没有找到，再找父类的父类，以此类推。

QPushButton 的 setText 方法就是它的父类 QAbstractButton 提供的接口。因为 Qt 是基于 C++语言实现的，类继承思想在 Qt 中也得到实现，另外 C++还是高效编程语言，类似 C 语言，所以用 Qt 开发的程序执行效率要比其他非 C 语言开发的程序高，这也是目前 Qt 应用日趋广泛的原因之一。

2. 文本编辑部件

QLineEdit 部件是一个单行的文本编辑器，它允许用户输入和编辑单行的纯文本内容，Qt 提供了一系列很好用的功能函数，可以查看帮助文档了解详细，如图 14-2 所示。密码输入框即为 QLineEdit 单行文本框，它提供了 4 种显示模式（echoMode），可以直接在属性编辑器中修改 echoMode 属性更改它们，分别是：Normal 正常显示输入的信息；NoEcho 不显示任何输入，这样可以保证信息不泄漏；Password 显示为密码样式，就是输入的信息以小黑点之类的字符代替显示；PasswordEchoOnEdit 在编辑时显示正常字符，其他情况下显示为密码样式。本书实验设置的是 Password 模式。

除此之外，QLineEdit 还提供了输入掩码（inputMask）功能来限制输入的内容，比如设置输入框中只能输入数字或字母，可以使用 setInputMask 函数来设置掩码功能。另外还有输入验证功能，需要配合验证器类，比如 QIntValidateor 用来验证整数范围的有效性，而文本框提供了对应的 setValidator 函数来设置文本框的此功能。

```
QValidator * validator = new QIntValidator(100, 999, this); //创建验证器,指定范围 100～999
Ui -> lineEdit1 -> setValidator(validator);                  //文本框中使用此验证器
```

自动补全功能也是单行文本框的特色，结合 QCompleter 类使用。

3. 对话框 QDialog

在 Qt 中对话框分为两种：模态和非模态。假如主对话框显示前需要先调用一个登录对话框，如果用非模态方式显示，两个对话框会都显示出来；如果以模态方式显示，会先显示登录对话框，登录对话框退出才显示主对话框。

1）模态显示

```
LoginDialog * dlg = new LoginDialog;
dlg -> exec();                                          //exec()函数为模态显示
    delete dlg;
```

如果使用 QDialog 的 show()函数来做模态显示，需要先设置显示模式为模态才行：

```
LoginDialog * dlg = new LoginDialog;
    dlg -> setMode(true);
dlg -> show();
```

不过这种方式的模态与 exec()函数还是有点区别的，它是非阻塞方式显示，所以主窗口跟着登录对话框显示出来了，所以在本书实验中不推荐使用 show()函数方式显示登录界面，如图 15-3 所示。

2）非模态显示

在上面介绍模态显示时已经说明，使用 show()函数实现，并且默认的显示模式就是非模态。

Qt 还提供了一些标准的对话框，比如颜色对话框 QColorDialog、文件对话框 QFileDialog、字体对话框 QFontDialog、输入对话框 QInputDialog、消息对话框 QMessageBox、进度对话框 QProgressDialog 等。

图 15-3　模态方式显示的用户登录界面

Qt 还可以自定义对话框,比如前面介绍的 helloworld 以及 DAQSystem 都是自定义对话框的例子,自定义对话框在实际开发中使用得非常频繁。

Qt 窗口部件除上面这些,还有 QFrame 类相关部件,QFrame 是带有边框的部件的基类,它的子类包括常用的 QLabel、QSplitter 和 QToolBox 等。另外,还有基于 QAbstractSpinBox 类的 QDateTimeEdit、QSpinBox 和 QDoubleSpinBox,它们分别用来配置日期时间、整数和浮点数的。基于 QAbstractSlider 类的 QScrollBar、QSlider 和 QDial 分别用于滚动条、进度滑块和仪表盘部件。

关于 Qt 窗口部件就简单介绍到这里,详细的部件属性、方法还是多参考 Qt 帮助文档。

15.1.2　布局管理

上一节介绍的窗口部件,它们在界面上看起来都排列整齐,其实是使用了布局管理工具,各种布局管理器都是由 QLayout 派生出来的,本节就介绍几种常用的布局方法。

1. 基本布局管理器(QBoxLayout)

QBoxLayout 可以使子部件在水平或垂直方向排成一列,它有两个子类 QHBoxLayout 和 QVBoxLayout,图 15-2 中的两个按钮部件用的是 QHBoxLayout 水平布局管理器,其他用的是 QVBoxLayout。布局管理器窗口提供了各种布局工具,当选定一组部件后,单击相应的布局工具即完成布局。另外,选中对应布局框,可以在 Qt Creator 设计界面上配置其属性,如表 15-1 所示。

表 15-1　布局管理器常用属性说明

属　　　性	说　　　明
layoutName	布局管理器的名称
layoutLeftMargin	设置布局管理器到界面左边界的距离
layoutTopMargin	设置布局管理器到界面上边界的距离
layoutRightMargin	设置布局管理器到界面右边界的距离
layoutBottomMargin	设置布局管理器到界面下边界的距离
layoutSpacing	布局管理器中各个子部件间的距离
layoutStretch	伸缩因子
layoutSizeConstraint	设置大小约束条件

这些属性的设置也可以使用相应布局提供的方法函数进行设置。

2. 栅格布局管理器(QGridLayout)

QGridLayout 类使部件在网格中进行布局,它将所有的空间分隔成一些行和列,行和列的交叉处形成了单元格,然后将部件放入一个确定的单元格中。这里需要说明一下,无论是哪种布局管理器,将部件放入其中,然后将这个布局管理器再放到一个窗口部件上时,这个布局管理以及它包含的所有部件都会自动重新定义自己的父对象(parent)为这个窗口部件,所以在创建布局管理器和其中的部件时并不用指定父部件。

3. 窗体布局管理器(QFormLayout)

QFormLayout用来管理表单的输入部件以及与它们相关的标签,窗体布局管理器将它的子部件分为两列:左边是一些标签,右边是一些输入部件,比如行编辑器或数字选择框等。通常这样的布局功能使用QGridLayout也完全可以做到,只是QFromLayout有其独特的功能,比如给标签命名时添加快捷键,比如"姓名(&N)",这样就可以通过Alt＋N快捷键将光标定位到姓名上面。

4. 布局管理器的综合使用

所谓综合使用就是将上面介绍的布局管理器搭配使用,在实际的项目开发中,综合使用是常有的事,另外在部件栏中还提供了Spacer分隔符,它们可以实现布局在水平或垂直方向上的隔离,使界面布局更加合理、美观。

15.1.3　信号与槽

信号与槽的机制是Qt开发的一个重要部分,这个机制可以在对象之间彼此并不了解的情况下,将它们的行为联系起来。它跟Linux/Unix里讲的信号不是同一个概念,不可混淆。

槽和普通的C++成员函数很像,它们可以是虚函数(virtual),也可被重载(overload),可以是公有的(public)、保护的(protected),它们可以像任何C++成员函数一样被调用,可以传递任何类型的参数。不同的是一个槽函数能和一个信号相连接,只要信号发出了,这个槽函数就会自动被调用。signals关键字用来声明一个信号,注意前面不需要public、private和protected等限定符,因为信号默认是public函数,可以在任何地方进行发射,但是建议只在定义该信号的类及其子类中发射该信号。另外,使用信号和槽还必须在类声明的最开始处添加Q_OBJECT宏。信号和槽函数间的连接通过connect函数实现。

```
connect(sender,SIGNAL(signal),receiver,SLOT(slot));
```

sender和receive是QObject对象(QObject是所有Qt对象的基类)指针,signal和slot是不带参数的函数原型,SIGNAL宏和SLOT宏的作用是把它们转换成字符串。前面的按钮被单击其实就是按钮部件的clicked信号被发射从而触发对应的单击处理函数。关于信号与槽的实际使用需要注意的一些规则,如下所述。

1) 一个信号可以连接到多个槽

```
connect(slider, SIGNAL(valueChanged(int)),spinBox,SLOT(setValue(int)));
connect(slider, SIGNAL(valueChanged(int)),spinBox,SLOT(updateStatusBar(int)));
```

将滑块的值改变信号连接微调框的设置值大小的槽和当前对象的更新状态栏的槽。

2) 多个信号可以连到一个槽

```
connect(lcd, SIGNAL(over()),this,SLOT(handleError()));
connect(calculator, SIGNAL(divisionError(int)),this,SLOT(handleError ()));
```

将lcd的over()信号和计算器的divisionError()信号与当前对象的handleError()槽连接。任何一个信号发出,槽函数都会被执行。

3）一个信号可以和另一个信号相连

```
connect(lineEdit,SIGNAL(textChanged(QString &)),this,SIGNAL(update(QString &)));
```

将文本框的文本改变信号与当前对象的更新信号相连。第一个信号发出后，第二个信号也同时发送，除此之外，信号与信号连接和信号与槽连接相同。

4）连接可以被删除

```
disconnect(lcd,SIGNAL(over()),this,SLOT(handleError()));
```

通常信号与槽连接很少需要人为地断开连接，因为一个对象删除后，Qt自动删除与这个对象相关的所有连接。

注意：

（1）信号和槽函数必须有着相同的参数类型，这样信号与槽函数才能成功连接。如果信号里的参数个数多于槽函数的参数，多余的参数被忽略。

```
connect(lcd,SIGNAL(over(int,const QString &)),this,SLOT(handleError(int)));
```

（2）以上是 Qt 4 与 Qt 5 都支持的信号槽用法，Qt 5 还支持直接使用信号槽函数指针语法，但是前提是一个静态的 C++ 类。在使用 QML 实例化一个项目时，QML 引擎会动态生成一个对应的 C++ 类，这时就不能使用信号槽函数指针语法，只能采用普通的方法（SIGNAL）。

```
connect(tcpServer,&newConnection,this,&sendMessage);
```

（3）在 Qt 5 中由于 C++11 标准的引入，支持 Lambda 表达式的使用，所以信号和槽中也可以使用 Lambda 表达式。

15.1.4　主窗口

主窗口为建立应用程序用户界面提供了一个框架，Qt 提供了 QMainWindow 和其他一些相关的类共同完成主窗口的管理。QMainWindow 类拥有自己的布局，通常包括如下一些部件：

（1）菜单栏（QMenuBar），菜单项由 QAction 运作类实现相应的功能。菜单项位于主窗口的顶部，一个窗口只能有一个菜单栏。

（2）工具栏（QToolBar），它通常紧挨在菜单栏下方，用来显示一些常用的菜单项目。

（3）中心部件（Central Widget），在主窗口的中心区域可以放一个窗口部件作为中心部件，是应用程序的主要功能实现区域，一个主窗口只能拥有一个中心部件。

（4）Dock 部件（QDockWidget），它常被称为停靠窗口，因为可以停靠在中心部件的四周，用来放置一些部件来实现一些功能，类似一个工具箱。

（5）状态栏（QStatusBar），状态栏用于显示程序的一些状态信息，在主窗口的最底部，一个主窗口只能拥有一个状态栏。

通常创建 Qt 对话框界面，实则默认创建的都是主窗口界面，即基于 QMainWindow 创建，无论是前面介绍的 helloword 还是 DAQSystem 项目，它们都是创建时修改了主类为 QDialog。主窗口在实际项目开发中使用得比较频繁，比如 Word、Photoshop、Qt Creator 等软件的主界面都是主窗口界面。另外，Qt 的富文本（QTextEdit 支持富文本）可以实现光标定位、浏览器、显示图像等功能。向主窗口拖入文本文件，可以直接触发 dragEnterEvent()事件处理函数，这就支持了文件直接拖放方式打开的功能，比使用文件对话框打开文件方便了很多，也更加人性化。

15.1.5　事件处理

在介绍主窗口有提到拖放，其实它就是一类事件。Qt中事件作为一个对象，它继承自QEvent类，常见有键盘事件QKeyEvent、鼠标事件QMouseEvent和定时器事件QTimerEvent等。除这些常见的事件，Qt提供了一百多种事件类型，由QEvent类的枚举型QEvent::Type来表示。当某个事件发生，Qt如何处理这个事件，在QCoreApplication类的notify()函数的帮助文档中提供了5种处理事件的方法。

（1）重新实现部件的paintEvent()、mousePressEvent()等事件处理函数，这是最常用的一种方法，不过只能用来处理特定部件的特定事件，比如拖放事件、鼠标按下事件等。

（2）重新实现notify()函数，这个函数功能强大，提供了完全的控制，可以在事件过滤器得到事件之前就获得它们，但是，它一次只能处理一个事件。

（3）向QApplication对象上安装事件过滤器。因为一个程序只有一个QApplication对象，所以这样实现的功能与使用notify()函数是相同的，优点是可以同时处理多个事件。

（4）重新实现event()函数。QObject类的event()函数可以在事件到达默认的事件处理函数之前获得该事件。

（5）在对象上安装事件过滤器，使用事件过滤器可以在一个界面中同时处理不同子部件的不同事件。

在实际编程中，方法（1）是最常用的，其次是方法（5），比如本书DAQSystem例子中的键盘功能，就是对文本框lineEdit安装了过滤器，从而可以接收键盘控件事件，实现输入功能。

15.1.6　数据处理

1. 文件、目录和输入/输出

应用程序经常需要对文件或设备进行读/写操作，也经常会对本地文件系统中的文件或目录进行操作。Qt针对这些操作提供了一个抽象接口QIODevice，它的子类包括QFile、QBuffer、QTcpSocket等。QIODevice类是抽象的，无法被实例化，一般是使用它所定义的接口来提供设备无关的I/O功能。

2. 模型/视图

应用程序往往需要存储大量的数据，并对它们进行处理，然后通过各种形式显示给用户，用户需要时还可以对其进行编辑。Qt中的模型/视图框架就是用来针对大量数据处理的，它其实就是常见的软件设计模型MVC（Model-View-Controller）。模型（Model）是应用对象，用来表示数据；视图（View）是模型的用户界面，用来显示数据；控制（Controller）定义了用户界面对用户输入的反应方式。Qt针对这个框架将相关的类分为3组：模型、视图和委托（即控制），下面分别介绍这3组中相关的类。

1）模型

QAbstractItemModel类是所有模型的基类，这个类定义了一个接口可以供视图和委托来访问数据。数据本身并不一定要存储在模型中，也可以存储在一个数据结构、一个独立的类、文件、数据库或者应用程序的其他一些组件中。

QAbstractItemModel类为数据提供了一个十分灵活的接口来处理各种视图，这些视图可以将数据表现为表格（table）、列表（list）和树（tree）等形式，通常使用它的子类化模型比较多，这些模型如下：

- QStringListModel用来存储一个简单的QString项目列表；

- QStandardItemMode 管理复杂的树型结构数据项,每一个数据项可以包括任意的数据;
- QFileSystemMode 提供了本地文件系统中文件、目录的信息;
- QSqlQueryModel、QSqlTableModel 和 QSqlRelationalTableModel 用来访问数据库。

如果 Qt 提供的这些标准模型无法满足需要,还可以子类化 QAbstractItemModel,或者用 QAbstractListModel、QAbstractTableModel 来创建自定义的模型。

2）视图

Qt 提供了几种不同类型的视图,它们都基于 QAbstractItemModel 抽象基类,这些类可以直接使用,也可以被子类化来提供定制的视图。

- QListView 将数据项显示为一个列表;
- QTableView 将模型中的数据显示在一个表格中;
- QTreeView 将模型的数据项显示在具有层次的列表中。

3）委托（Delegate）

QAbstractItemModel 类也是委托的抽象基类,从 Qt 4.4 开始,默认的委托实现由 QStyledItemDelegate 提供,也是 Qt 标准视图默认委托。然后 QStyledItemDelegate 和 QItemDelegate 是相互独立的,只能选择其一来为视图中的项目绘制和提供编辑器。它们的主要的不同就是,QStyledItemDelegate 使用当前的样式来绘制项目,因此,当要实现自定义的委托或要和 Qt 样式表一起应用时,建议使用 QStyledItemDelegate 作为基类。

在 DAQSystem 例子中,就使用到了模型 QSqlQueryModel、QSqlTableModel 和视图 QListView,通过它们实现采集数据的显示,如图 15-4 所示。

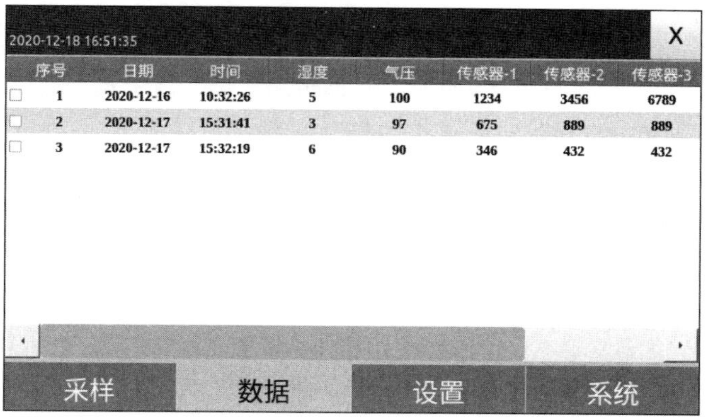

图 15-4　DAQSystem 数据显示页面

3. 数据库和 XML 文档

1）数据库

Qt SQL 模块提供了对数据库的支持,相关类如表 15-2 所示。

表 15-2　Qt SQL 模块的类分层

层	对应的类
用户接口层	QSqlQueryModel、QSqlTableModel 和 QSqlRelationalTableModel
SQL 接口层	QSqlDatabase、QSqlQuery、QSqlError、QSqlField、QSqlIndex、QSqlRecord
驱动层	QSqlDriver、QSqlDriverCreator、QSqlDriverCreatorBase、QSqlDriverPlugin 和 QSqlResult

其中，驱动层为具体的数据库和 SQL 接口层之间提供了底层的桥梁；SQL 接口层提供了对数据库的访问，其中，QSqlDatabase 类用来创建连接数据库，QSqlQuery 类可以使用 SQL 语句来实现与数据库交互，其他几个类对该层提供了支持。用户接口层的几个类实现了将数据库中的数据链接到窗口部件上，即前面的 MVC 模型实现，它们是更高层次的抽象，即便不熟悉 SQL 也可以操作数据库。另外，在项目中使用 Qt SQL 模块，需要在项目的 pro 文件中添加"QT += sql"这一行代码。

Qt 对日常使用较广的数据库都提供了驱动支持，比如 IBM DB2、MySQL、Oracle、ODBC、SQLite 等，本书实验使用的是 SQLite 数据库，使用 QSqlDatabase 创建了一个数据库连接。

```
QSqlDatabase m_db;
m_db = QSqlDatabase::addDatabase("QSQLITE", "jxes_conn");      /*第一个参数指明数据库驱动类
型,第二参数为连接起了一个名字,如果没有第二个参数,即使用默认连接*/
m_db.setDatabaseName("../DAQSystem/daq.db");      /* daq.db 是数据库的名字,这里后缀 db 只是习
惯写法,对于数据库名称没有这方面限制,只要是合法字符即可*/
```

2）XML

XML（eXtensible Markup Language，可扩展标记语言）是一种类似于 HTML 的标记语言，设计目的是用来传输数据，而不是显示数据。它是以一种树形结构来表现数据之间的包含关系。Qt 提供了 Qt XML 模块来进行 XML 文档的处理，这里主要提供了两种解析方法：DOM 方法可进行读/写；SAX 方法可进行读取。但是从 Qt 5 开始，Qt XML 模块不再提供维护，而是推荐使用 Qt Core 模块中的 QXmlStreamReader 和 QXmlStreamWriter 进行 XML 的读/写操作，这是一种基于流的方法。更多关于 XML 相关的介绍可以参考 Qt 帮助文档。

15.1.7　通信编程

1. 网络通信

Qt Network 模块用来编写基于 TCP/IP 的网络程序，其中提供了较低层次的类，比如 QTcpSocket、QTcpServer 和 QUdpSocket 等来表示低层的网络概念；另外，还有高层次的类，比如 QNetworkRequest、QNetworkReply 和 QNetworkAccessManager，使用通用的协议来执行网络操作；也提供了 QNetworkConfiguration、QNetworkConfigurationManager、QNetworkSession 等类来实现负载管理。项目中要使用 Qt Network 需要在 pro 文件中添加"QT += network"这一行代码。

关于网络通信的应用非常多，比如基于 TCP 的客户端/服务器(C/S)应用、基于 UDP 的数据传输、HTTP/FTP 网络访问等，除 UDP 外，HTTP、FTP 和 TCP 都是基于 TCP (Transmission Control Protocol，传输控制协议)，用于数据传输的低层网络协议。下面主要介绍两个比较常用的网络通信相关的应用：TCP 和 HTTP 网络通信。

1）TCP

TCP 是一个面向数据流和连接的可靠的传输协议，QTcpSocket 类为 TCP 提供了一个接口，它继承自 QAbstractSocket，可以使用 QTcpSocket 来实现 POP3、SMTP 和 NNTP 等标准的网络协议，也可以实现自定义的网络协议。QTcpSocket 传输的数据报是连续的数据流，尤其适合于连续的数据传输，TCP 编辑一般分为客户端和服务端，即 C/S(Client/Server)模型，如图 15-5 所示。

QTcpSocket 类也继承自 QIODevice，所以可以使用 QTextStream 和 QDataStream 来对数据进行读/写处理。另外 QTcpSocket 支持同步(阻塞)，通过调用 connectToHost()函数实

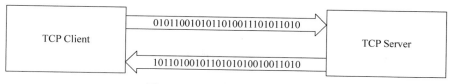

图 15-5　TCP 数据传输示意图

现；也支持异步(非阻塞)，通过 waitForConnected()来实现，方便在多线程中的操作。

下面通过一个客户端/服务端程序来演示 QTcpSocket 相关接口的使用。

(1) TCP 服务端程序。

在 DAQSystem 项目的 pro 文件中添加"QT += network"代码。在 daqsystem.ui 对话框界面上拖入一个 Label 部件，用于显示"等待连接"字样。下面进入 daqsystem.h 文件，先添加类的前置声明：

```
class QTcpServer; //也可以直接包含头文件形式使用此类 #include<QTcpServer>
```

然后添加私有对象：

```
QTcpServer * tcpServer;
```

最后添加一个私有槽声明：

```
private slots:
    void sendMessage();
```

下面转到 daqsystem.cpp 文件中，先添加头文件#include<QtNetwork>，然后在构造函数中添加如下代码：

```
tcpServer = new QTcpServer(this);
//使用了 IPv4 的本地主机地址,等价于 QHostAddress("127.0.0.1")
//listen()函数监听到来的客户端连接,6666 为端口号
if (!tcpServer->listen(QHostAddress::LocalHost, 6666)) {
    qDebug() << tcpServer->errorString();
    close();
}
connect(tcpServer, &QTcpServer::newConnection,this, &DaqSystem::sendMessage);
```

注：直接取函数的地址(&)作为信号和槽的方式是在 Qt 5.0 以后才支持的。

下面实现有客户端连接到服务端时的槽函数 sendMessage 如下：

```
void DaqSystem::sendMessage()
{
    //用来缓存要发送的数据
    QByteArray block;
    QDataStreamout(&block, QIODevice::WriteOnly);
    //设置数据流的版本,客户端和服务端使用的版本要相同
    out.setVersion(QDataStream::Qt_5_12);
    out <<(quint16)0;                                  //2 字节保存数据的长度
    out << tr("hello TCP!");                            //tr 多国语言支持
    out.device()->seek(0);                             //定位到字节流起始位置
    out <<(quint16)(block.size() - sizeof(quinit16));  //实际数据长度
    //获取已经建立的连接的套接字
    QTcpSocket * clientConnection = tcpServer->nextPendingConnection();
    connect(clientConnection, &QTcpSocket::disconnected,
```

```
                              clientConnection, &QTcpSocket::deleteLater);
        clientConnection->write(block);                    //发送数据给客户端
        clientConnection->disconnectFromHost();            //断开与客户端的连接
        //发送数据成功后,显示提示
        ui->label_senddata->setText(tr("send data ok!"));
    }
```

（2）TCP 客户端。

客户端程序需要新建一个项目,名称为 tcpclient,基类仍然为 QDialog,类名为 Client,同样要在 pro 文件中添加"QT ＋= network"代码。在 client.ui 界面上添加 3 个 Label、2 个 lineEdit 和 1 个 pushButton,2 个文本框分别用来表示主机名、端口号,标签框用来接收数据,按钮用来连接服务端。

进入 client.h 文件中,添加头文件和类的前置声明:

```
#include <QAbstractSocket>
class QTcpSocket;
```

然后添加私有对象和变量:

```
QTcpSocket * tcpSocket;
QString message;
qint16 blockSize;                                    //存放数据大小信息
```

最后添加几个私有槽的声明如下:

```
private slots:
    void newConnect();
    void readMessage();
    void displayError(QAbstractSocket::SocketError);
```

在 client.cpp 文件中实现上面的槽函数,并且在构造函数中添加如下代码:

```
tcpSocket = new QTcpSocket(this);
connect(tcpSocket,& QTcpSocket::readyRead,this, &Client::readMessage);
connect(tcpSocket,SIGNAL(error(QAbstractSocket::SocketError)),
            this,SLOT(displayError(QAbstractSocket::SocketError)));
```

下面添加 newConnect()槽函数的定义:

```
void Client::newConnect()
{
    //初始化数据大小信息为 0
    blockSize = 0;
    //取消已有的连接
    tcpSocket->abort();                                //取消当前已经存在的连接,并重置套接字
    //连接到指定的服务端
    tcpSocket->connectToHost(ui->hostLineEdit->text(),ui->portLineEdit->text().toInt
());
}
```

下面添加读数据的槽函数如下:

```
void Client::readMessage()
{
    QDataStream in(tcpSocket);
    //设置数据流版本,与前面服务端相同
    in.setVersion(QDataStream::Qt_5_12);
```

```
    //如果是刚开始接收数据
    if (blockSize == 0){
        //判断接收的数据是否大于2字节
        //如果是则保存到blockSize变量中,否则直接返回,继续接收数据
        if (tcpSocket->bytesAvailable()<(int)sizeof(qint16)) return;
        in >> blockSize;
    }
    //如果没有得到全部的数据则返回,继续接收数据
    if (tcpSocket->bytesAvailable()< blockSize) return;
    //将接收到的数据存到变量中
    in >> message;
    //显示接收到的数据
    ui->messageLabel->setText(message);
}
```

读取数据出错时的槽函数如下:

```
void Client::displayError(QAbstractSocket::SocketError)
{
    qDebug() << tcpSocket->errorString();        //输出错误信息
}
```

最后在"连接"按钮中调用对应的槽函数如下:

```
void Client::on_connectButton_clicked()
{
    newConnect();
}
```

2) HTTP

HTTP(HyperText Transfer Protocol,超文本传输协议)是一个客户端和服务端之间进行请求和应答的标准。低层也是遵循 TCP 连接,默认端口是 80,常用在网络访问中,比如日常的在线支付、网页浏览等,都是基于 HTTP 协议实现客户端与服务端之间的通信的,因此 Qt 针对 HTTP 提供了丰富的接口,其中网络请求由 QNetworkRequest 类来表示,它也作为与请求有关的信息(比如 HTTP 的头信息、SOAP 的头信息、加密信息等)的容器。在创建请求对象时指定的 URL 决定了请求使用的协议,目前支持 HTTP、FTP 和本地文件 URL 的上传与下载。

QNetworkAccessManager 类用来协调网络操作,可以调度创建好的请求,并发射信号来报告进度。该类还可以协调 cookies 的使用、身份验证请求和代理的使用等。每一个应用程序或库文件都可以创建一个或多个 QNetworkAccessManager 实例来处理网络通信。

网络请求的应答使用 QNetworkReply 类表示,它在请求调度完成时由 QNetworkAccess-Manager 创建。QNetworkReply 提供的信号可以用来单独监视每一个应答,也可以使用 QNetworkAccessManager 的信号来实现,这样就可以丢弃对应答对象的引用。因为 QnetworkReply 是 QIODevice 的子类,应答可以使用同步或者异步的方式来处理,比如作为阻塞或非阻塞操作。

2. 进程和线程

进程和线程在多任务系统、并发处理等领域都是非常重要的一种技术,关于它们原理的详细介绍可参考操作系统相关的书籍。下面主要介绍 Qt 的进程和线程的使用。

1) 进程

Qt 的 QProcess 类用来启动一个外部程序并与其进行通信，要启动一个进程可以使用 start()函数，然后将程序名称和运行这个程序所要使用的命令行参数作为该函数的参数。执行完 start()函数后，QProcess 进入 Starting 状态，当程序已经运行后，QProcess 就会进入 Running 状态并发射 started()信号。当进程退出后，QProcess 重新进入 NotRunning 状态(初始状态)并发射 finished()信号。发射的 finished()信号提供了进程的退出代码和退出状态，也可以调用 exitCode()来获取上一个结束的进程的退出代码，使用 exitStatus()来获取它的退出状态。任何时间发生错误，QProcess 都会发 error()信号，也可以调用 error()来查看错误的类型和上次发生的错误。使用 state()可以查看当前进程的状态。

QProcess 允许将一个进程视为一个顺序 I/O 设备，可以调用 write()向进程的标准输入进行写入，调用 read()、readLine()和 getChar 等从标准输出进行读取。下面在 DAQSystem 项目中通过进程来运行前面 helloworld 的程序。

在 daqsystem.h 文件中添加进程头文件如下：

```
# include < QProcess >
```

添加一个私有进程对象：

```
QProcess myProcess;
```

在设计模式下，添加一个按钮用来启动一个进程运行 helloworld 程序。

```
void DaqSystem::on_pushButton_clicked()
{
myProcess.start("../build - helloworld - Desktop_Qt_5_12_4_GCC_64bit - Release/helloworld");
}
```

上面是最简单的进程用法，另外，Qt 还提供了很多接口来与启动的进程通信，以及进程的阻塞与非阻塞运行等，关于这方面更多的介绍可以参考 Qt 帮助文档了解相关函数的使用。

2) 线程

Qt 提供了对线程的支持，包括一组与平台无关的线程类、一个线程安全地发送事件的方式以及跨线程的信号-槽的关联。这些使得可以很轻松地开发可移植的多线程 Qt 应用程序，可以充分发挥多处理器的作用。

(1) QThread 方式启动线程。

Qt 中的 QThread 类提供了与平台无关的线程，一个 QThread 代表了一个在应用程序中可以独立控制的线程，它与进程中的其他线程分享数据，但是是独立执行的。QThread 从 run()函数开始执行，要创建一个线程，需要子类化 QThread，并且重新实现 run()函数。QThread 会在开始、结束和终止时发射 started()、finished()和 terminated()等信号，也可使用 isFinished()和 isRunning()来查询线程的状态。可以使用 wait()来阻塞，直到线程结束执行。每个线程都会从操作系统获得自己的堆栈，操作系统会决定堆栈的默认大小，也可以使用 setStackSize()来设置一个自定义的堆栈大小。

每一个线程可以有自己的事件循环，可以通过调用 exec()函数来启动事件循环，可以通过调用 exit()或 quit()函数来停止事件循环。

在极端情况下，可以使用 terminate()函数强制终止一个正在执行的线程，但是线程是否会被立即终止，依赖于操作系统的调度策略，可以在调用完 terminate()函数后调用

QThread::wait()来同步终止。使用 teriminate()函数可能在任何时刻被终止而无法进行一些清理工作,因此,该函数是很危险的,一般不建议使用它,只是在万不得已的时候使用。

(2) moveToThread()函数。

QObject 对象的 moveToThread()函数创建线程,使用这种方法可以很容易地将一些费时的操作放到单独的工作线程中来完成。而且可以将任意线程中的任意对象的任意一个信号关联到工作线程的槽上,不同线程间的信号和槽进行关联是安全的。通常在日常的多线程开发中,比较推荐使用此种方法处理一些并发任务、费时事务等。下面是一个使用此方法的简单例子。

假设 Worker 类是用来处理费时事务的,有类似如下的代码:

```cpp
class Worker : public QObject
{
    Q_OBJECT
signals:
    void resultReady(const QString &result);
public slots:
    Void doWork(const QString &param) {
        …
        emit resultReady(result);
    }
};
```

假设主程序的代码如下:

```cpp
//mainwindow.h
class Worker;
class MainWindow : public QObject
{
    Q_OBJECT
public:
    explicit void MainWindow(QObject * parent);
    ~MainWindow();
signals:
    Void operate(const QString &);
public slots:
    Void handleResults(const QString &);
private:
    QThread workerThread;
}
//mainwindow.cpp
MainWindow:: MainWindow(QObject * parent)
{
    Worker * worker = new Worker;
    Worker -> moveToThread(&workerThread);
    connect(&workerThread,SIGNAL(finished()),worker,SLOT(deleteLater()));
    connect(this,SIGNAL(operate(QString)),worker,SLOT(doWork(QString)));
    connect(worker,SIGNAL(resultReady(QString)),this,SLOT(handleResults(QString)));
    workerThread. start();
}
MainWindow::~ MainWindow()
{
```

```
workerThread.quit();
workerThread.wait();
}
```

3. Qt WebEngine

从 Qt 5.5 开始，Qt WebKit 模块被废弃，取而代之的是 Qt WebEngine 模块。它提供了一个 Web 浏览器引擎，可以很容易地将万维网（World Wide Web）中的内容嵌入到 Qt 应用程序中。另外需要注意的是，如果在 Windows 平台上开发 Web 浏览器功能，需要安装 MSVC 版本的 Qt，原因是 MinGW 版本现在已经被 Qt 逐渐"淡忘"，因为维护它代价太大，重要的是 Qt WebEngine 是基于 Google Chromium 项目的，而 Chrominum 现在并不支持使用 mingw 进行构建。关于 Web 浏览器引擎相关的开发，有兴趣的读者可以深入学习这部分 API 函数的使用。

15.1.8　国际化

一个应用程序的国际化就是使用该应用程序可以让其他国家的用户使用的过程，简单说就是支持多国语言。Qt 支持现在使用的大多数语言，例如，所有东亚语言（汉语、日语和朝鲜语）、所有西方语言（使用拉丁字母）、阿拉伯语、西里尔语言（俄语和乌克兰语等）、希腊语、希伯来语、泰语和老挝语等。

在 Qt 中编写代码时要对需要显示的字符串调用 tr()函数，例如，tr("Chinese")，完成代码编写后对这个应用程序的翻译主要包括如下 3 步：

（1）运行 lupdate 工具，从 C++源代码中提取要翻译的文本，这时会生成一个.ts 文件，这个文件是 XML 格式的。

（2）在 Qt linguist 中打开.ts 文件，并完成翻译工作。

（3）运行 lrelease 工具，将.ts 文件转换成.qm 文件，它是一个二进制文件，这里.ts 文件是供翻译人员使用的，而.qm 文件是程序运行时需要的，它们都是与平台无关的。

通常生成代码的.ts 文件，可以直接从 Qt Creator 的菜单 Tools→External→Linguist 下选择 lupdate 生成.ts 文件，并且在此菜单下面还有一个 lrelease 工具，当翻译好后单击它即可生成.qm 文件。

上面介绍的 3 个工具都在 Qt IDE 的安装目录下，对应的都是可执行文件。

```
book@jxes:/opt/tools/Qt5.12.4/5.12.4/gcc_64/bin$ ls l*
lconvert  licheck64  linguist  lrelease  lupdate
```

除在代码中对需要翻译的内容使用 tr()函数外，还需要在项目的 pro 文件中添加如下内容：

```
TRANSLATIONS = daqsystem_zh_CN.ts
```

关于名称习惯命名法是：

自定义名称_国家语言简称_国家代码.ts

下面是翻译人员使用的 linguist 工具截图，如图 15-6 所示。

15.1.9　应用程序发布

所谓程序发布，就是让开发好的应用程序（App）可以在别人的计算机、嵌入式系统上运行。通常发布程序都是基于 Release 版本发布（Debug 版本程序体量大），在 Linux、Mac 系统

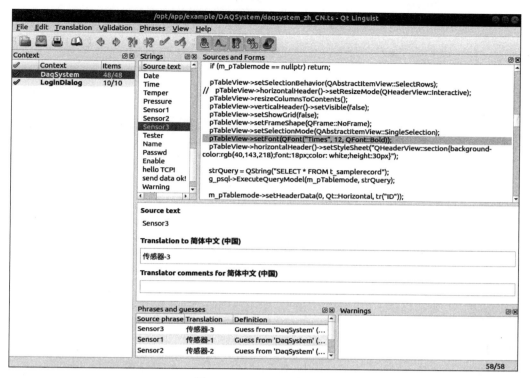

图 15-6　linguist 翻译工具

下发布应用程序通常比较简单,只需将使用到的 Qt 库与应用程序打包到一起就可以。而在 Windows 系统下,由于对系统依赖比较大,除将 Qt 相关的库包含进来还不够,还需将依赖的系统库也包含进来。Qt 针对 Windows 版本提供了一个工具 windeployqt,使用它就可以自动把需要的库都列举出来,比如 Release 版本可执行文件在 D 盘根目录的 myapp 文件夹中,只需输入命令"windeployqt D:\myapp"即可。经过这样处理之后,开发的应用程序就可以在别人的系统上运行了。

15.2　基于 Qt Quick 的应用开发

视频讲解

15.2.1　Qt Quick 与 Qt Design Studio 介绍

1. Qt Quick 概述

基于 Qt Quick 开发过程与 C++开发是完全不同的两个世界,可以说是极具革命性的改变,它将用户界面(UI)设计和业务逻辑、数据处理完全分离。在 Qt 5 时代,QML 和 Qt Quick 得到更好的支持,技术也越来越成熟,是 Qt 未来发展的一个核心,因此在 Qt 5 和 Qt 4 中 Qt Quick 架构也发生了很大变化,如图 15-7 和图 15-8 所示。

1) 什么是 QML

QML(Qt Meta-Object Language,Qt 元对象语言)是一种用于描述应用程序用户界面的声明式编程语言,使用一些可视组件以及这些组件之间的交互来描述用户界面。QML 提供了一个具有高可读性的类似 JSON 的声明式语法,并提供了必要的 JavaScript 语句和动态属性绑定的支持。QML 语言和引擎框架由 Qt QML 模块提供,此模块同时提供了 QML 和 C++两套接口。

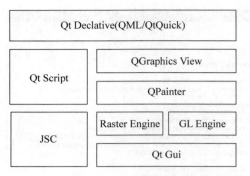

图 15-7　Qt 4 的 Qt Quick 框架

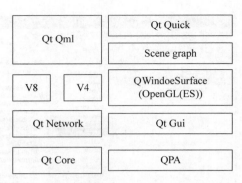

图 15-8　Qt 5 的 Qt QML 和 Qt Quick 框架

2）什么是 Qt Quick

Qt Quick 是 QML 的一个数据类型和功能的标准库，包含了可视化的类型、交互类型、动画、模型与视图、粒子特效和渲染特效等。在 QML 应用程序中，可以通过一个简单的 import 语句来使用该模块提供的所有功能。

Qt Quick 模块也提供了两种接口：使用 QML 语言创建应用的 QML 接口和使用 C++ 语言扩展 QML 的 C++接口。

3）Qt Quick 项目

为了使读者对 Qt QML、Qt Quick 应用程序和 Qt Widget 程序有个更清晰的认识，下面先介绍几个 Qt Quick 项目。

（1）Qt Quick UI 项目。

Qt Quick UI 项目中只包含 QML 和 JavaScript 代码，没有添加任何 C++代码，对于 QML 文件，无须编译就可直接在预览工具（qmlscene）中预览效果，所以 Qt Quick UI 项目比较适合构建具有现代化界面（比如智能手机屏、大小屏兼容显示等）的应用程序。创建 UI 项目只需在 Qt Creator 的菜单项中选择 File→New File or Project，在弹出的对话框中选择 Other Project→Qt Quick UI Prototype 即可创建一个 UI 的项目，如图 15-9 所示。

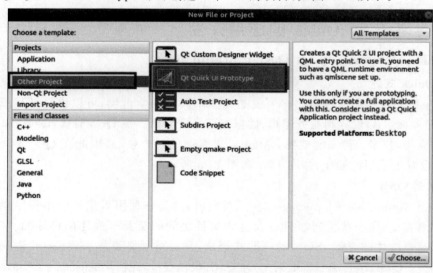

图 15-9　Qt Quick UI 项目

（2）Qt Quick Application 项目。

上面的 UI 项目无法作为一个独立的应用程序发布运行，如果也要像 Qt C++项目一样，编译后可以直接运行，这就需要创建 Qt Quick Application 项目，它是将 QML 与 C++混合，QML 只负责界面的设计，C++负责后端业务逻辑的设计。创建项目步骤与上面类似，只是在弹出的对话框中选择 Application→Qt Quick Application，如图 15-10 所示。

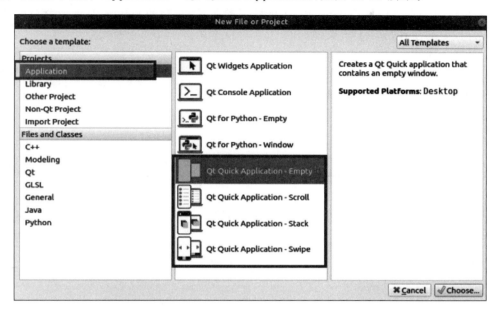

图 15-10　Qt Quick Application 项目

4）Qt Design Studio

Qt Design Studio 目前已经发布到 2.0 版本，是一款商业软件，它是一个 UI 设计和开发工具，它让设计师和开发者可以迅速设计原型，并且开发复杂的可伸缩的 UI，最重要的是它能让 UI 设计最终转换为 QML，这样就方便开发人员设计出更复杂的应用程序，目前在很多高端嵌入式系统 UI 设计中发挥了重要作用，比如汽车仪表显示系统等。

2. QML 语法简介

QML 文档是调试可读的、声明式的文档，具有类似 JSON 的语法，支持使用 JavaScript 表达式，具有动态属性绑定等特性。

1）QML 语法基础

下面通过一个简单的例子来了解一下 QML 基本语法，更多 QML 语法请参阅 Qt 帮助文档通过关键字"The QML Reference"查看。

```
1  import QtQuick 2.12              /* 导入 Qt Quick 模块,包含了 QML 类型等 */
2
3  Rectangle {                      /* 声明一个矩形对象 */
4      width: 400                   /* 矩形框宽度 */
5      height: 400                  /* 矩形框高度 */
6      color: "blue"                /* 矩形框背景色 */
7
8      Image {                      /* 声明一个子对象 */
9          source: "pics/logo.png"  /* 图片资源 */
10         anchors.centerIn: parent /* 布局居中 */
```

```
11    }
12 }
```

第 1 行是导入语句 import，每个 QML 文件中至少包含一条语句"import QtQuick 2.12"（本书基于 Qt 5.12，所以对应 Qt Quick 模块最高版本是 2.12），除导入模块外，import 还可以导入目录和目录清单，甚至有时还可以导入 JavaScript 资源。第 4～6 行为 Rectangle 对象的属性。第 8 行为一个子对象 Image，第 10 行是它的布局，它会使 Image 处于一个对象的中心位置。QML 中的注释与 C/C++ 类似。

2）QML 类型

QML 数据类型可以是 QML 语言原生的，也可以通过 C++ 注册，可以由独立的 QML 文档作为模块进行加载。QML 类型可概括为如下 3 种。

（1）基本类型。

QML 默认支持的基本类型如表 15-3 所示。

表 15-3　QML 默认支持的基本类型

类　　型	描　　述
int	整型，如 0、10、−10
bool	布尔值，二进制 True/False 值
real	单精度浮点数
double	双精度浮点数
string	字符串
url	资源定位符
list	QML 对象列表
var	通用属性类型
enumeration	枚举值

Qt Quick 模块提供的基本类型如表 15-4 所示。

表 15-4　Qt Quick 的基本数据类型

类　　型	描　　述
color	ARGB 颜色值
font	QFont 的 QML 类型，包含了 QFont 的属性值
matrix4x4	一个 4 行 4 列的矩阵
quaternion	一个 4 元数，包含一个标量以及 x、y 和 z 属性
vector2d	二维向量，包含 x 和 y 两个属性
vector3d	三维向量，包含 x、y 和 z 共 3 个属性
vector4d	四维向量，包含 x、y、z 和 w 共 4 个属性
date	日期值
point	点值，包含 x 和 y 两个属性
size	大小值，包含 width 和 height 两属性
rect	矩形值，包含 x、y、width 和 height 共 4 个属性

（2）JavaScript 类型。

QML 引擎直接支持 JavaScript 对象和数组，任何标准 JavaScript 类型都可以在 QML 中使用 var 类型进行创建和存储。

（3）对象类型。

QML 对象类型用于 QML 对象的实例化，对象类型与基本类型最大的区别是：基本类型不能声明一个对象；而对象类型可以通过指定类型名称并在其后的一组大括号里面包含相应属性的方式来声明一个对象，例如上面的 Rectangle 就是一个 QML 对象类型，它可以用来创建 Rectangle 类型的对象。另外 QML 对象类型继承自 Qt Object 类。

对于对象类型创建的对象，可以把它看成 Qt C++ 开发中的一个模块类的实例，所以它也有信号和信号处理器（类似 C++ 编程中的槽），也可以定义方法函数等。

3）QML 文档

一个 QML 文档就是一个符合 QML 文档语法的字符串，它定义了一个 QML 对象类型。比如使用 QML 文件定义对象类型，需要将一个 QML 文档放置到一个以< TypeName >. qml 命名的文本文件中，这里的< TypeName >是类型的名称，必须以大写字母开头，不能包含除字母、数字和下画线以外的字符。这个文档会自动被引擎识别为一个 QML 类型的定义，在同一个目录下的其他 QML 文件就可以引用刚定义的对象类型。

QML 也支持国际化，即与 Qt C++ 开发下的多语言支持类似。QML 中可以使用 qsTr()、qsTranslate()、qsTrld()、QT_TR_NOOP()、QT_TRANSLATE_NOOP() 和 QT_TRID_NOOP() 等函数将字符串标记为可翻译的。更多关于 QML 文档的介绍可以参考 Qt 帮助文档通过关键字"QML Documents"查看。

3. Qt Quick 模块和控件

1）Qt Quick 模块

Qt Quick 模块中提供了多种 QML 类型，用于创建 QML 用户界面和应用程序，要使用 Qt Quick 模块可以用 import 导入，例如 import QtQuick 2.12。对于 Qt Quick 的介绍可以参考 Qt 帮助文档通过关键字"Qt Quick QML Types"查看。

Qt Quick 的所有可视项目都继承自 Item。Item 对象没有可视化外观，但它定义了可视化项目所有通用的特性，例如关于位置的 x 和 y 属性，关于大小的 width 和 height 属性、关于布局的 anchors 相关属性等。所以当用 Qt Creator 创建一个 qml 文档时，默认都会自动生成一个 Item 对象。

Qt Quick 除了 Rectangle、TextEdit 等可视化项目，还有布局管理功能，用来管理各个可视化项目的布局；事件处理器与可视项目配合工作，可以处理诸如鼠标、拖放、定时器等事件。Qt Quick 的 Loader 机制可以用来动态加载 QML 组件，可以使组件的创建被延迟到真正需要的时候。

2）Qt Quick 控件和对话框

Qt Quick 控件和对话框基于 Qt Quick 模块实现，可以把它看成是一些控件模块的封装，从 Qt 5.1 开始为 QML 增加了独立的模块 Qt Quick Controls 和 Qt Quick Dialogs，这些模块提供了很多 QML 的通用控件以及通用对话框，用于构建完整的应用程序界面，其中的 ApplicationWindow 可以充当应用程序顶层窗口，与 Qt C++ 开发中的 QMainWindows 类似，在 Qt C++ 开发中用到的控件，现在 Qt Quick 从 5.12 版本开始基本都有相对应的控件支持，极大地提高了开发效率。更多关于这方面的知识点可以在 Qt 帮助文档中通过 Qt Quick Controls 和 Qt Quick Dialogs 关键字查看。

15.2.2 QML 与 C++混合编程

现在我们知道 QML 的引入主要是为满足现代界面风格的需要，另外将界面设计与业务逻辑、数据处理分离，但它们之间还是可以相互访问的，比如 C++ 代码中可以访问某个对象类型的属性、信号与信号处理器、JavaScript 方法等。反之，在 QML 中也可以直接访问 QObject 子类的属性、方法。这得益于 QML 引擎与 Qt 的元对象系统的集成，使得在 QML 中可以直接调用 C++ 的功能，这种机制允许将 QML、JavaScript 和 C++ 三者进行混合开发。

　　在实际开发中，一般不建议在 C++ 中操作 QML 的对象树，否则就打破了这种分离开发的解耦性。例如，使用 C++ 维护需要使用 objectName，但是 C++ 开发人员并不能保证每一个 QML 组件都设置了 objectName，这就要求 C++ 开发人员再去了解 QML 文档。更多关于 QML 和 C++ 的混合开发可以参考 Qt 帮助文档通过关键字"Integrating QML and C++"查看，下面通过一个例子来演示 QML 中如何调用 C++ 类中的成员，即注册 QML 类型。

　　1）C++ 类定义

```
//message.h
1   class Message : public QObject
2   {
3       Q_OBJECT
4       Q_PROPERTY(QString author READ author WRITE setAuthor NOTIFY authorChanged)
5       Q_PROPERTY(QDateTime creationDate  READ  creationDate  WRITE  setCreationDate  NOTIFY
            creationDateChanged)
6   public:
7                                             // ...
8   };
```

第 4 行使用宏 Q_PROPERTY 指定了属性 author 可以在 QML 中读、写以及信号操作。

　　2）main 函数

```
1    # include < QGuiApplication >
2    # include < QQmlApplicationEngine >
3    # include "message.h"
4    int main( int argc, char * argv[ ])
5    {
6        QGuiApplication app(argc, argv);
7        qmlRegisterType < Message >("io.qt.examples.message", 1, 0, "Message");
8        QQmlApplicationEngine engine;
9        engine.load(QUrl(QStringLiteral("qrc:/main.qml")));
10       return app.exec();
11   }
```

第 7 行将 Message 类注册到命名空间 io.qt.examples.message，版本号为 1.0，注册成功后就可以在 QML 中声明和创建这个类型的对象，并使用其属性。

　　3）QML 中使用注册的新类型

```
1    import QtQuick 2.12
2    import QtQuick.Controls 2.12
3    import io.qt.examples.message 1.0
4    ApplicationWindow {
5      id: root
6      width: 300
7      height: 480
8      visible: true
9
10     Message {
11         author: "jxes"
```

```
12   creationDate: new Date()
13   }
14   …
15 }
```

15.2.3 基于 Qt Quick 的 DAQSystem 系统

下面按照界面与业务逻辑分离的思想重新设计上一节的 DAQSystem 系统(原来是纯 C++语言实现)。

1. main 主程序

```
1  int main(int argc, char * argv[])
2  {
3    …
4    qmlRegisterType<DaqTableModel>("io.qt.DaqTableModel", 1, 0, "DaqTableModel");
5    QQmlApplicationEngine engine;
6    engine.load(QUrl(QStringLiteral("qrc:/main.qml")));
7    QSqlDatabase db;
8    createConnection("../DAQSystemQml/daq.db", &db);
9    DaqTableModel model(Q_NULLPTR, db);
10   model.setTable("t_samplerecord");
11   model.setEditStrategy(QSqlTableModel::OnManualSubmit);
12   model.select();
13   engine.rootContext()->setContextProperty("modelItems", &model);
14   return app.exec();
15 }
```

第 4 行注册了一个 DaqTableModel 类型,DaqTableModel 就是上一节中定义的纯 C++类(继承 QSqlTableModel),它的主要功能是与数据库交互,在本书例子中是将采样数据显示到 TableView 控件上。第 6 行是加载 QML 主模块,这里默认是 main.qml,后面介绍的 QML 界面都是由这个主模块加载显示的。第 7～12 行是对数据库(daq.db)中表(t_samplerecord)的查询操作。第 13 行将这个新类型添加到 QML 元系统,这样由 QML 引擎实例化的所有组件都可以像使用 QML 标准类型一样使用它。

2. C++程序

C++程序主要是关于业务逻辑和数据处理的,本书主要作为数据处理使用,对数据库做查询和插入操作,另外将一些自定义功能函数也放在这个类中定义,都是一些比较简单的函数定义,具体可以参考本书源码。

```
1 class DaqTableModel : public QSqlTableModel
2 {
3   Q_OBJECT
4 public:
5   explicit DaqTableModel(QObject * parent = Q_NULLPTR, QSqlDatabase db = QSqlDatabase());
     // 构造函数
6   …
7   // 设置表格项数据
8   bool setData(const QModelIndex &index, const QVariant &value, int role) override;
9   //QML 可以直接访问的函数
10  Q_INVOKABLE void runMyApp();
11  …
12 };
```

3. 纯 QML 界面设计

关于 QML 数据类型、Qt Quick 部件的使用，可以参考 Qt 的帮助文档，下面将简要介绍 DAQSystem 的 QML 界面组成，具体实现可以参考本书源码，对照源码都不难理解。

1）主界面（main. qml）

```
import QtQuick 2.12
import QtQuick.Window 2.12
Window {
    id: mainWindow
    …
    // 1. Loader 加载不同组件,实现切换页面的功能
    Loader{
        id:myLoader
        anchors.centerIn: parent        // 弹出的界面居中显示
    }
    Component.onCompleted: myLoader.sourceComponent = loginPage      //登录页面
    // 2. 登录页面
    Component{
        id:loginPage
        DaqLogin {…}                    // DaqLogin 用户登录界面对应的 QML
    }
    // 3.主页面 - Component
    Component{
        id:mainPage
        DaqMain {…}                     // DaqMain 主程序界面对应的 QML
    }
```

2）JavaScript 文件（DaqJsScript. js）

```
//当前日期时间
function currentDateTime(){
    return Qt.formatDateTime(new Date(), "yyyy - MM - dd hh:mm:ss.zzz ddd");
}
```

3）功能页面

DAQSystem 系统主要有 4 个页面：采集、数据、设置和系统页面。通常可以将每个页面对应一个 QML 文档，由于本系统比较简单，主要放在两个 QML 文档中实现：DaqData. qml 和 DaqSetting. qml。

4）个性化组件

Qt Quick 的组件很多，而且每个组件都可以个性化设计，做出比较漂亮的界面，所以一般可以将需要的组件个性化自定义，比如本书的 DaqCheckBox、DaqButton、DaqLabel、DaqTextField、DaqFrame 等。而且这些自定义的组件，可以在不同的项目中重复使用。

4. 国际化与应用程序发布

基于 Qt Quick 组件开发的应用程序国际化和发布的方式都与上一节纯 C++ 开发的 Qt 应用程序一致，这里不做重复介绍。

参 考 文 献

［1］ 毛德操,胡希明.Linux内核源代码情景分析[M].杭州：浙江大学出版社,2001.

［2］ (英)克里斯·西蒙兹.嵌入式Linux编程[M].王春雷,梁洪亮,朱华,译.北京：机械工业出版社,2017.

［3］ 刘洪涛.ARM体系结构与接口技术[M].北京：人民邮电出版社,2009.

图书资源支持

感谢您一直以来对清华大学出版社图书的支持和爱护。为了配合本书的使用，本书提供配套的资源，有需求的读者请扫描下方的"书圈"微信公众号二维码，在图书专区下载，也可以拨打电话或发送电子邮件咨询。

如果您在使用本书的过程中遇到了什么问题，或者有相关图书出版计划，也请您发邮件告诉我们，以便我们更好地为您服务。

我们的联系方式：

教学资源·教学样书·新书信息

地　　址：北京市海淀区双清路学研大厦 A 座 714

邮　　编：100084

电　　话：010-83470236　010-83470237

资源下载：http://www.tup.com.cn

客服邮箱：tupjsj@vip.163.com

QQ：2301891038（请写明您的单位和姓名）

用微信扫一扫右边的二维码，即可关注清华大学出版社公众号。

人工智能科学与技术
人工智能|电子通信|自动控制

资料下载·样书申请

书圈